KB249158

와전류검사 입문 및 현장 실무를 위한

# 와전류검사 기초 및 응용

## Fundamentals and Applications of Eddy Current Testing

이희종·이정기·정구범·이진이 공저

NODE MEDIA
노드 미디어

# 머/리/말

최근 산업의 발전에 따라 비파괴검사 기술의 중요성은 날로 증대되고 있다. 비파괴검사 기술은 검사 대상체를 파괴하지 않고 건전성을 확인할 수 있는 기술로서 우리 인체의 건강 검진을 비롯한 산업 현장의 많은 분야에 중요하게 적용되고 있다. 여러 비파괴검사 기술 중 와전류검사는 발전소, 항공우주, 국방, 조선 등 국가 기간 산업과 국가 기간 시설 운영에 필수적인 비파괴검사 기술로서 활용도가 매우 높은 기술이다. 특히 와전류검사는 전자기 유도 현상을 이용한 비접촉식 검사 기술로서 다른 검사 기술에 비해 검사 속도가 매우 빠르고 방사선 피폭과 같은 위험이 없다는 장점을 가지고 있다. 이러한 장점으로 인해 와전류검사는 원자력발전소 터빈 구동을 위한 수 만개의 튜브로 구성된 증기 발생기의 튜브를 일정한 기간(약 2주) 내에 빠르게 검사를 수행할 수 있는 유일한 비파괴검사 기술로 활용되고 있다.

산업 전반에 걸쳐 와전류검사의 활용도와 중요성이 증대되고 있음에도 불구하고, 와전류검사의 이론 및 실무에 대한 국내 참고자료가 부족하고, 특히 와전류 신호 평가에 대한 국내 참고자료는 거의 없는 실정이어서 이 책을 발간하게 되었다. 이 책은 와전류검사 기사 자격을 비롯한 ASNT Level I, II, III 자격 시험을 준비하는 응시자에게 필요한 핵심 이론을 정리하였으며, 특히 열교환기 튜브 와전류검사 적용과 와전류 신호 평가에 중요한 기본 절차를 정리하였다.

이 책의 발간에 참여한 공동저자인 이희종 박사, 이정기 박사, 정구범 소장은 원자력을 포함한 수화력발전소 비파괴검사 연구개발 및 현장 적용에 많은 실무 경험을 보유한 전문가이고, 이진이 교수는 대학에서 전자기 비파괴검사 분야 교수로서 후학을 양성하고 있다. 이 책은 공저자들이 수행하여 왔던 교육 내용과 실제 현장에서 경험하였던 실무 지식을 모아서 정리하였기 때문에 와전류검사에 대한 자격 시험을 준비하고 있는 응시자와 현장 검사를 수행하는 기술자에게 도움이 될 것으로 믿는다.

이 책은 항공 분야와 용접부에 대한 와전류검사의 실무를 다루지 못한 점이 아쉽지만, 앞으로 독자 여러분의 협력과 충고를 반영하여 더욱 좋은 책으로 개정해 나갈 것을 기약하며, 와전류검사 기술에 관심 있는 기술자와 학생들이 이 책을 통하여 와전류검사에 대한 기술을 쉽게 이해하고 실무 능력 향상에 도움이 된다면 저자들은 큰 보람이 될 것이다.

끝으로 이 책의 내용을 전반적으로 검토하여 교정에 크게 역할을 한 나우(주) 황춘욱 이사와 출판에 힘써 주신 노드미디어 출판사 여러분에게 깊은 감사를 드립니다.

공저자 이희종, 이정기, 정구범, 이진이 적음

# 목/차

## 3. 와전류검사 원리

## 4. 와전류검사 장치

## 5. 와전류검사 기법과 적용

## 6. 와전류검사 신호 분석

　도선에 전류가 흐르면 도선 주변에 자기장을 형성한다. 또한 시간에 따라 변화하는 자기장 내에 있는 도체에 전류가 유도된다. 즉, 코일에 교류를 인가하여 시간에 따라 변화하는 자기장을 형성시키고, 이러한 자기장의 영향권에 놓여있는 도체인 검사 대상체에 유도 전류를 흐르게 한다. 이러한 전자기 유도 현상에 의해 형성된 유도 전류는 검사 대상체 내부에 불연속이 존재하거나 전기전도도의 변화가 있으면, 유도 전류의 흐름에 영향을 미친다. 따라서 와전류검사는 코일에 교류를 인가하여 전자기 유도 현상에 의해 검사 대상체에 형성되는 유도 전류의 변화를 측정하여 검사 대상체의 정보를 파악하는 비파괴검사 방법이다.

　와전류검사는 비접촉 방식으로 검사 속도가 매우 빠르고 표면 불연속에 대한 검출 능력이 우수하므로, 원자력발전소의 각종 열교환기를 포함한 주요 산업설비의 건전성 평가 및 항공기의 안전진단을 위한 비파괴검사 기술로 널리 적용되고 있다. 특히, 높은 신뢰도와 빠른 검사 속도가 요구되는 원자력발전소 증기발생기 전열관의 건전성 평가에 필수적인 비파괴검사 기술로 활용되고 있다.

## 1.2 역사적 배경

와전류검사 기술의 발전은 19세기 초의 전기와 자기 사이 관계에 대한 여러 발견에서 비롯되었다. 1820년에 덴마크의 에르스텟(Hans Christian Oersted)은 전류가 흐르는 도체 주위에 자기장이 형성되는 현상을 우연히 발견하여 전기와 자기가 독립적인 자연현상이 아니라 결합된 자연현상임을 밝혔다. 도선에 전류가 흐를 때 열이 발생하는 것을 실증하는 실험 중에 자기 나침반 바늘의 방향이 전류가 흐르는 도선 주변에서 변하는 것을 발견하였다. 이후 1831년 영국의 패러데이(Michael Faraday)는 자기장과 도체 사이의 상대적인 움직임에 의해 도체에 전압이 유도되는 패러데이 법칙을 발견함으로써 와전류검사 기술의 기초가 되었다. 이후 1834년 독일의 렌츠(Heinrich Lenz)는 변화하는 자기장에 의해 도체에 유도된 전류는 초기 자기장의 변화를 방해하는 방향의 자기장을 형성하는 것을 발견하였는데, 이를 렌츠의 법칙이라고 한다. 즉, 렌츠의 법칙은 검사 대상체 내의 유도 전류에 의해 생성된 2차 자기장이 유도 전류를 유발한 탐촉자 코일의 1차 자기장의 변화를 방해하는 방향으로 형성되는 법칙이다. 이것은 검사 대상체 내에 유도된 와전류는 2차 자기장을 형성시켜 코일에 의해 형성된 1차 자기장에 영향을 미친다.

이후 1864년 영국의 맥스웰(James Maxwell)은 실험을 통해 와전류 발생을 확인하였다. "와전류(eddy current)"는 전류가 흐르는 모양이 물속의 소용돌이와 유사하여 붙여진 이름이다. 와전류는 교류 자기장에 의해 도체에 간접적으로 유도되는 순환전류로 정의한다. 교류 자기장은 와전류검사 장치의 교류 발전기 출력에 연결된 코일 주위에 발생한다. 맥스웰은 와전류 발생의 전자기 이론에 대한 수학적 방정식을 최초로 수립하였다. 이후 와전류의 비파괴검사에 최초 적용은 1879년 휴즈(D. E. Hughes)의 금속 재료 분류 시험이었다. 위와 같이 와전류검사에 대한 기술의 발전은 에르스텟, 패러데이와 렌츠, 그리고 맥스웰의 순차적인 발견을 기반으로 한다.

와전류검사의 기본 원리가 되는 전자기학은 와전류 탐촉자 코일의 작동 원리를 설명하기 위한 중요한 원리이다. 에르스텟이 전자기 현상을 발견할 당시에는 건전지의 직류를 사용했지만 와전류검사 장치는 코일 주위에 시간에 따라 변화하는 자기장을 형성하기 위해 탐촉자 코일에 교류를 통전시킨다. 이와 같은 와전류검사는 현대 산업 설비의 건전성을 평가하기 위한 필수 기술로서 여러 산업 분야에 중요한 비파괴검사 기술로 적용되고 있다.

최초의 상용화된 와전류검사 장치는 1926년경에 개발되었다. 계속된 연구와 전자기술에 따라 더 우수한 와전류 장치 개발이 가능하게 되었다. 1950년대에 독일의 푀르스터(Friedreich Föerster)는 와전류 신호 분석을 쉽게 할 수 있는 임피던스 평면 디스플레이 방법을 개발하였으며, 이 방법은 현재 와전류검사 신호 분석에 중요하게 활용되고 있다. 이 시기에 미국 해군의 원자력 잠수함 및 항공우주 산업에서 품질 요건에 대한 요구가 폭발적으로 발생하여 와전류검사 기술의 적용과 개발을 촉진하였다.

이후 와전류검사 기술은 1974년에 프랑스의 Intercontrolle 사가 푀르스터에 의해 제시된 다중 주파수 와전류검사 기법을 채용한 장비를 개발함으로써 새로운 전환기를 맞이하였다. 이 기법은 와전류 탐촉자 코일에 다중 주파수를 적용하기 위한 기법으로서 와전류검사에서 흔히 발생할 수 있는 불필요한 변수에 의한 신호를 소거하기 위해 개발되었으며, 검사 감도 및 와전류 침투와 같은 성능 인자도 최적화할 수 있을 뿐만 아니라 의심되는 특정 신호 응답의 특성을 정확하게 확인할 수 있다. 이러한 다중 주파수 기법은 와전류검사 기술을 혁신하여 첨단 기술로 발전시키는 데 크게 기여하였다.

1980년대 이후 마이크로프로세서 기반의 와전류검사 장치의 개발에 따라 검사방법에 대한 사용자 친화성이 크게 향상되었다. 이 장치는 기록 능력이 크게 개선되어 검사 수행 후 신호 분석이 가능하고, 다중 주파수 신호의 자동 혼합이 가능하다. 마이크로프로세서 기반의 와전류 검사 장치의 주요 제작사는 미국의 지텍(Zetec), 노텍(Nortec), 호킹(Hocking), 독일의 푀르스터(Föerster) 등이 있으며, 이들 제작사들이 현재의 성능을 발휘하는 장비 개발에 많은 기여를 하였다.

와전류검사는 여러 인자가 검사 결과에 영향을 미칠 수 있으며, 사소한 특정 인자의 영향으로 인해 중요한 정보 해석이 방해되거나 잘못 해석될 수 있다. 따라서 검사 결과에 잠재적으로 영향을 미칠 수 있는 많은 인자는 와전류검사의 다음과 같은 장점과 단점으로 작용한다. 실제로 신뢰도를 갖는 검사 결과를 얻기 위해서는 와전류 흐름에 영향을 미치거나 탐촉자 임피던스에 영향을 줄 수 있는 모든 인자를 고려하여 검사를 수행하고 결과를 분석하여야 한다.

### 1.3.1 장점

- 전자기를 활용한 비접촉 방식으로 고속 자동화가 가능하다.
- 자동화 검사가 가능하고, 상대적으로 검사 속도가 빠르다.
  (열교환기 튜브 검사 속도: 약 6 m/s~8 m/s)
- 표면의 미세 균열에 대한 감도가 우수하다.
- 고온, 고압 등 열악한 조건에서 검사할 수 있다.
- 검사 재료의 재료 물성 변화(전기적/기계적/화학적)에 대해 우수한 감도를 나타낸다.
- 휴대가 가능하다.
- 탐촉자 이외의 소모품(특히 화학물질)이 거의 필요 없는 환경친화적인 기술이다.
- 영구적인 디지털 데이터 저장이 가능하므로 필요시 재분석할 수 있다.
- 다중 주파수 및 채널의 적용이 가능하다.
- 검사 결과를 즉시 알 수 있다.

### 1.3.2 단점

- 여러 인자(불연속을 포함한 검사 재료의 전기전도도, 투자율, 형상, 리프트 오프 등)가 와전류검사 신호에 영향을 미친다.
- 와전류의 흐름은 방향성이 있으므로 불연속의 방향에 따라 검출능에 영향을 미친다.

- 검출 감도가 검사 재료 전체를 통해 일정하지 않다. 검출 감도는 탐촉자 코일에 가장 가까운 검사 재료 표면에서 가장 높고 표면 아래로 깊어질수록 지수함수적으로 감소한다.
- 와전류 신호 분석을 위해 검사원의 체계적인 교육 훈련과 관련 지식 습득이 필요하다.
- 검사 장치(특히 자동화 장치)가 상대적으로 고가이다.

## 1.3.3 제한 사항

- 검사는 전기 전도성 재료로 제한된다.
- 표피 효과로 인해 주로 두께가 얇은 재료로 적용이 국한된다.
- 와전류 흐름 방향과 평행인 불연속은 검출이 어렵다.
- 강자성 재료는 전기전도도와 상충하는 투자율 효과가 있다.
- 검사 결과는 검사자의 기량에 따라 크게 좌우될 수 있다.

와전류검사는 그 용도가 매우 다양한 비파괴검사 방법이다. 이 기술은 와전류 침투력의 제한으로 인해 주로 두께가 얇은 재료에 사용되고, 두꺼운 재료의 경우 재료의 검사가 가능한 체적은 얇은 표면층으로 제한된다. 와전류검사는 불연속 검출 외에 전기적 및 자기적 물성과 연관되는 기계적 및 금속학적 물성을 간접적으로 측정하기 위해 사용할 수 있다. 또한, 와전류 흐름에 영향을 미치는 검사 재료 두께, 곡률, 탐촉자와 재료 사이 거리와 같은 기하학적 특성을 측정할 수 있다.

또한 와전류검사는 상대 비교 검사이다. 즉, 검사 전에 이미 알고 있는 교정시험편에 포함된 인공결함의 진폭과 위상각을 측정하여 교정곡선을 작성하고, 실제 검사에서 얻어진 와전류 신호의 진폭과 위상각을 교정곡선의 진폭과 위상각과 비교하여 불연속의 진위와 크기를 측정한다. 교정시험편은 검사 대상 재료와 동일한 규격의 재료이어야 하며 특정 크기의 평저공(flat bottomed hole), 홈(groove), 마모(wear), 노치(notch) 등의 인공결함을 가공하여 갖도록 한다.

와전류검사는 성능이 뛰어나고 신뢰도가 높은 중요한 비파괴검사 방법으로서 다양성으로 인해 여러 산업 분야에 적용되고 있다. 숙련된 검사원의 경우 표면 및 표면 직하 균열의 검출, 재료 물성 결정, 전도성 모재 위의 얇은 전도성 및 비전도성 코팅의 두께를 측정하는 데 적용할 수 있다. 주요 적용 분야는 다음을 포함한다.

- 표면 불연속 검출
- 용접부 및 모재의 표면 균열 검사
- 항공기 동체(리벳 및 볼트 구멍) 검사
- 와이어 로프 및 환봉 제품의 검사
- 전기전도도, 투자율, 경도 변화 및 열처리 정도 측정
- 금속 재료 및 합금 분류
- 탐촉자 코일과 재료 사이의 간격(리프트 오프) 측정
- 비전도성 코팅 및 도금 두께 측정

1960년대 미 해군에서 발생한 잠수함의 증기발생기 전열관 누설 사건이 발생되어 미 해군의 증기발생기 검사 프로그램에 Battelle Northwest Laboratories가 지원함으로써 비파괴검사에 와전류검사의 적용을 본격적으로 추진하였다. 이때 와전류검사는 단일 주파수의 아날로그 장치를 사용하였고, 초음파검사를 보충적으로 수행하였다. 이 검사 적용 이후 원자력산업에 와전류검사의 적용이 크게 확대되었고 이를 계기로 당시의 최신 기술을 채택한 와전류검사 장치의 개발을 촉진시켰다.

이후 1970년대 초에 4개의 다른 운전 주파수를 사용하는 다중 주파수 아날로그 장비가 처음 소개되었다. 이 장치는 단일 주파수 장치를 사용하여 획득하기 어려운 전열관 지지판과 관판 신호의 영향을 최소화하기 위한 주파수 혼합이 가능하다. 기술이 더욱 진보됨에 따라 1985년에 디지털 와전류검사 장치가 처음으로 소개되었으며, 이를 계기로 와전류검사 장치의 전반적인 성능과 품질이 크게 향상되었다. 최신의 와전류검사 장치는 대략 10 Hz~10 MHz 주파수 범위에서 최대 32채널로 8개의 주파수까지 운전할 수 있고, 컬러 디스플레이, 다중 채널 디스플레이 기능, 대략 8 m/s까지 가능한 검사 속도, 높은 샘플링 속도(sampling rate) 등의 혁신적인 기술 진전은 신뢰도와 재현성을 향상시켜 더욱 높은 검사 성능을 제공하고 있다.

기존의 스트립 챠트, 자기 테이프, 광디스크 등을 사용한 다중 주파수 장치의 데이터 기록 및 저장장치는 현재 컴퓨터 하드 디스크와 외장 SSD[1]로 대체되었다. 데이터 분석은 컴퓨터 기반의 데이터 분석 소프트웨어의 도입에 따라 분석의 용이성과 신뢰도가 더욱 향상되었으며, 기존의 UNIX 기반의 컴퓨터 운영체계는 MS Window 운영체계로 변경되어 사용자가 더욱 쉽게 소프트웨어에 접근하여 활용할 수 있게 되었다. 이 같은 컴퓨터 시스템은 와전류 신호의 일관성 확보와 높은 신뢰도로 데이터를 분석하기 위한 재현 가능한 신호 방향, 위상각, 진폭을 제공한다. 탐촉자를 튜브 내부로 삽입하고 인출하기 위한 자동화된 탐촉자 인입/인출 장치의 도입에 따라 일관된 데이터 수집 속도가 더욱 향상되었으며 원격 위치제어 장치의 사용이 가능하게 되었다. 이러한 장치의 사용은 데이터 수집 생산성을 크게 향상시켰고, 극한 및 방사 능 오염 조건에서도 검사할 수 있게 되었다. 이에 따라, 원자력발전소 증기발생기 전열관 검사 결과의 신뢰도가 크게 향상되었으며 검사원에 대한 방사선 피폭이 많이 감소하였다.

---

1) SSD : Solid State Drive

# 2. 전자기 기본 이론

### 2.1.1 기본 전하와 정전기력

모든 물질은 원자로 구성되어 있고, 원자는 (+) 전하를 갖는 양성자와 (-) 전하를 갖는 전자, 그리고 전기적으로 중성인 중성자로 구성된 결합체이다. 양성자와 전자의 전하량은 크기는 같으나 부호는 반대이고, 양성자와 전자의 전하량 크기를 기본 전하(e)라고 하고 SI 단위인 쿨롱(C)으로 나타낸 기본 전하(e)의 값은 다음과 같다.

$$e = 1.602 \times 10^{-19} \text{ C} \tag{2-1}$$

대부분의 물질은 같은 수의 양성자와 전자를 가지고 있어 전기적으로 균형을 이루는 중성원자로 이루어져 있다. 그리고 이러한 전하들은 부호가 같은 종류의 전하는 서로 밀어내고, 다른 종류의 전하는 서로 끌어당기는 정전기력을 발휘한다. 만일 전하량이 각각 $q_1$과 $q_2$인 점전하가 $r$만큼의 거리에 있을 때 두 점전하 사이에 작용하는 정전기력은 다음과 같다.

$$F = k\frac{q_1 q_2}{r^2} \tag{2-2}$$

여기에서, $k = 8.99 \times 10^9 [\text{N} \cdot \text{m}^2/\text{C}^2]$으로 쿨롱 상수이고, 위의 법칙을 쿨롱의 법칙이라고 한다.

### 2.1.2 도체와 부도체

모든 물질은 (+) 전하의 핵 주변에 (-) 전하의 전자들이 궤도에 구속되어 있다. 이러한 전자들이 느슨하게 구속되어 물질 내에서 쉽게 이동할 수 있는 물질을 도체라고 하며, 전자들이 단단하게 구속되어 잘 이동할 수 없는 물질을 부도체(절연체)라고 한다. 금속은 일부 전자들이 핵에 약하게 구속되어 금속 내부에서 자유롭게 이동하는 자유전자를 갖고 있어 좋은 도체가 되며, 전자가 핵에 단단히 구속되어 자유전자를 갖지 않는 유리, 고무, 나무, 플라스틱 등은 부도체가 된다. 도체와 부도체의 중간 물질을 반도체라고 하는데, 순수한 반도체 원료는 원래

부도체이지만, 미세한 불순물을 첨가해 특정한 조건에 도달하면 도체의 특성을 갖는다.

### 2.1.3 전위차와 전압

두 전하 사이에 정전기력이 존재할 때, 그들 사이에 전위차가 존재한다고 한다. 전위차는 두 전하 사이에 작용하는 힘이 얼마나 큰가를 설명하는 데 사용하는 용어이다. 즉, 그림 2-1과 같이 양극과 음극 사이에 (-) 전하를 갖는 전자가 놓여 있다면, 전자는 음극과 양극 사이에 형성된 전기장에 의한 힘을 받아 음극에서 양극으로 움직일 것이다.

전위차의 SI 단위는 V(볼트)이며, 이것은 1 A의 전류가 흐르는 도체에서 소모되는 전력이 1 W일 때 양단에 걸린 전위차를 1 V로 정한다. 즉, 1 V=1 W/1 A의 관계를 갖는다. 일반적으로 전위차는 전하의 위치에너지 차이를 말하는 것이지만, 전기 회로에서 전위차를 전압이라고 한다.

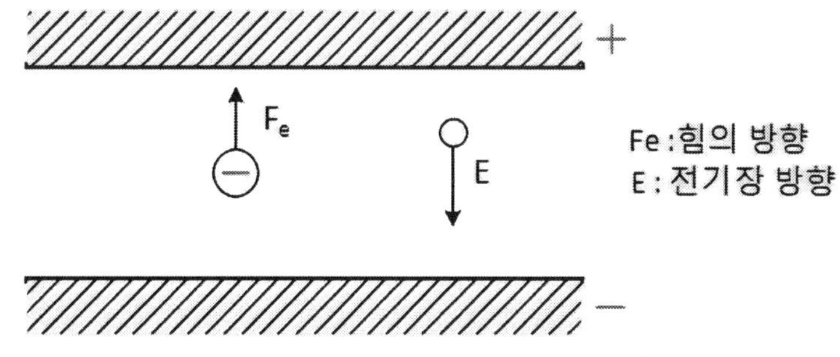


그림 2-1　양극과 음극 사이에 있는 전자가 받는 힘과 이동 방향

### 2.2.1 기전력과 전류

도선에서 전자를 이동시키려면 도선 양 끝 사이에 일정한 전위차를 유지하여야 한다. 이러한 전위차를 유지하여 전하를 이동하도록 하는 것을 기전력(emf; electromotive force)이라고 하고, 크기는 전위차의 단위인 볼트(V)로 나타낸다. 이러한 기전력의 원천은 전지, 발전기, 태양 전지, 연료 전지 등이 있다.

도선에 걸리는 전위차는 도선 내의 자유전자의 움직임을 만든다. 이처럼 전하의 움직임이 있을 때, 전류($I$)는 단위 시간당 통과한 전하량으로 정의한다. 전류의 SI 단위는 암페어(A)로 나타내며, 1 A는 1초 동안에 1 쿨롱(C)의 전하량을 이동시키는 전류의 크기이다. 전하의 흐름 (전류)의 크기를 암페어(A)로 표시하고, 방향은 (+) 전하가 이동하는 방향으로 정의한다. 따라서 전자는 (-) 전하를 가지므로, 전자의 이동 방향과 전류의 방향은 서로 반대 방향이다.

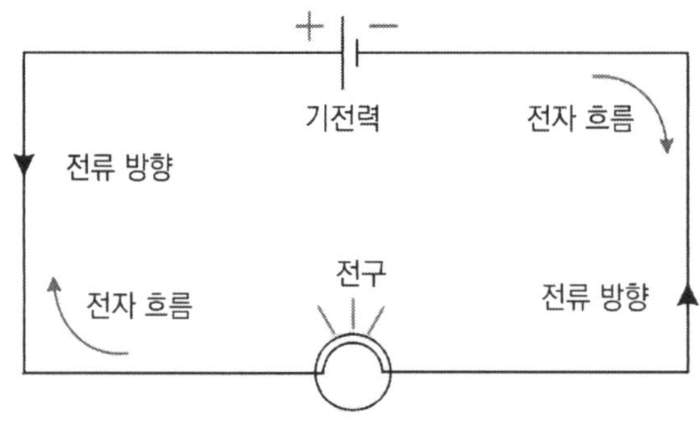


그림 2-2  기전력과 전류의 방향

### 2.2.2 전류(직류와 교류)와 키르히호프 법칙

전류가 계속해서 흐르려면 완전히 닫혀 있는 회로를 구성해야 한다. 즉, 그림 2-2와 같이 기전력을 발생시키는 전원의 한 전극에서 다른 전극을 연결한 회로를 구성해야 한다. 이러한 전기 회로에 흐르는 전류는 일정하게 한 쪽 방향으로만 흐르는 직류와 주기적으로 흐름의 방향을 바꾸는 교류가 있다.

또한 모든 전기 회로의 분기점에 대해 독일의 물리학자인 키르히호프(Kirchhoff)는 "전기 회로에서 분기점으로 흘러 들어오는 전류는 같은 분기점에서 흘러나가는 전류와 같다."고 제안하였고 이를 키르히호프 전류 법칙이라고 한다. 이러한 관점에서 어떤 분기점으로 들어가는 전류를 (+)로 하고, 그 분기점에서 나가는 전류를 (-)로 하면, 분기점에서 모든 전류의 합은 영(0)이 된다. 즉, 그림 2-3의 분기점 A에 들어가고 나가는 전류에 대해 이를 적용하면, $I_1 + I_2 - I_3 = 0$ 가 된다. 즉 $I_1 + I_2 = I_3$ 이다.

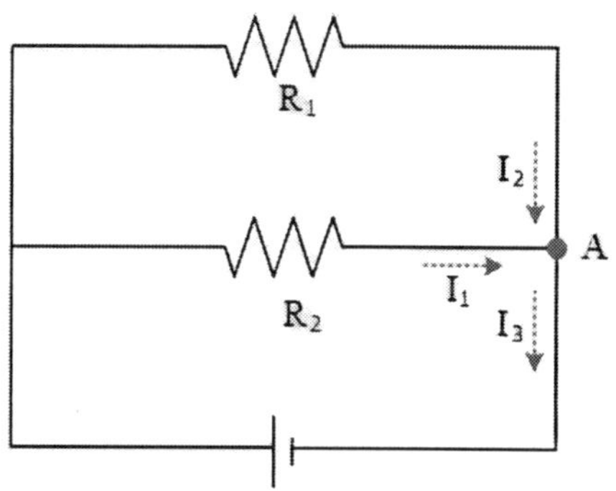


그림 2-3  키르히호프 법칙, 분기점 A에서 모든 전류의 합은 0이다.

## 2.2.3 옴(Ohm)의 법칙

전기 회로에 전류가 흐를 때, 전류의 흐름을 방해하는 것을 저항이라고 한다. 도체에 흐르는 전류($I$)는 그 도선 양단에 걸린 전위차($V$)에 비례하는 옴(Ohm)의 법칙을 따른다.

$$I = GV \quad \text{또는} \quad I = V/R \tag{2-3}$$

여기에서, $G$는 전도율(conductance)로 단위는 지멘스(Siemens; S(=1/R)) 또는 모(Mho; ℧)를 사용하며, $R$은 저항으로 단위는 옴(Ohm; Ω)을 사용한다. 앞의 식 (2-3)에 나타낸 바와 같이 전도율과 저항은 서로 역수의 관계를 갖는다.

## 2.2.4 비저항과 전기전도도

재료의 전기저항은 전류가 흐르는 부위의 단면적($A$)에 반비례하고 길이($l$)에 비례한다. 즉, 재료의 전기저항은 다음과 같이 표현할 수 있다.

$$R = \rho \frac{l}{A} \qquad (2-4)$$

여기에서, 비례상수인 $\rho$를 재료의 비저항(resistivity)이라고 하며, 물질상수이다. 비저항은 재료의 크기와 형태에 의존하지 않으나 온도에 영향을 받는다. 금속의 비저항을 결정하는 주된 요소는 단위부피당 전도전자의 개수와 전자와 이온 사이의 충돌률이다. 이들 중 전자와 이온의 충돌률은 온도가 높을수록 더 자주 충돌하므로 충돌 사이에 가속되는 시간이 줄어들어 온도가 증가할수록 비저항은 증가한다. 그리고 비저항의 역수를 전기전도도(conductivity)라고 한다.

## 2.2.5 축전기(capacitor)와 커패시턴스(capacitance)

전하를 저장하는 장치를 축전기(또는 콘덴서, 캐퍼시터)라고 한다. 축전기는 두 개의 전도체(금속판)와 그 사이에 유전체층으로 구성된다. 일반적으로 두 금속판은 같은 크기의 음전하와 양전하를 갖는다. 두 금속판 사이의 전하로 인하여 두 판 사이의 전위차(전압)가 만들어진다. 이러한 축전기에 쌓이는 전하량($Q$)은 전위차($V$)에 비례하며, 다음과 같이 나타낼 수 있다.

$$Q = CV \qquad (2-5)$$

여기에서 비례상수 $C$를 커패시턴스(다른 용어로 정전용량이라고 함)라고 하며, 단위로 패럿(F)을 사용한다.

## 2.2.6 인덕터(inductor)와 인덕턴스(inductance)

인덕터는 도선을 나선 구조로 감은 코일의 형태를 갖는 것으로 유도기라고도 한다. 이러한 인덕터는 강자성체 물질 외부에 코일을 감거나 그냥 공기 중에 코일을 감은 것일 수도 있다.

인덕터에 직류가 흐를 때 인덕터는 오직 도선의 저항만 작용하고 인덕터의 영향은 없으나, 교류가 흐르는 경우, 전자기 유도로 전류의 흐름이 방해를 받는다. 이러한 전류 흐름의 방해 정도를 인덕턴스(다른 용어로 유도 용량이라고 함) 또는 자체 인덕턴스(self inductance)라고 한다.

모든 재료는 강자성(ferromagnetic), 상자성(paramagnetic) 및 반자성(diamagnetic)의 자기 특성이 있다. 이 중에서 강자성체는 외부의 자기장에 강하게 자화되는 재료로 철강, 코발트, 니켈, 코발트 및 코발트 합금 등의 금속이 해당한다. 그리고 상자성체는 외부의 자기장에 거의 영향을 받지 않는 재료로 백금, 알루미늄, 마그네슘, 타이타늄 등의 금속이 해당한다. 마지막으로 반자성체는 외부 자기장에 대해 반대로 자화되어 외부 자기장의 자극을 밀쳐내는 척력을 작용한다. 강자성체로 만들어진 영구자석은 자기장을 형성하는 원천의 하나로 고대 그리스 시대부터 발견되었으며, 나침반으로 사용되었다.

이러한 자기 현상에 대해 1824년 에르스텟(Oersted)은 나침반 주위에 흐르는 전류에 의해 나침반 바늘이 움직이는 것을 발견하여 전기와 자기 현상이 상호 연결되어 있음을 알게 되었고, 이를 수학적으로 표현한 것이 앙페르(Ampere) 법칙이다. 이러한 전류와 자기의 대표적인 상호 관계는 다음과 같다.

### 2.3.1 직선 도선에 의한 자기장

직선 도선에 전류가 흐르면 도선 주변에 도선을 중심으로 동심원의 자기장을 형성하며, 이러한 자기장의 자속밀도($B$)와 전류($I$)와의 관계는 다음과 같다.

$$B = \frac{\mu_0}{2\pi r} I \tag{2-6}$$

여기에서 $\mu_0$는 자유 공간의 투자율로 $4\pi \times 10^{-7} [\text{T m/A}]$ 의 값을 갖는 상수이고, $r$은 도선으로부터 떨어진 거리이다. 즉, 직선 도선에 의해 형성된 주변의 자속밀도($B$)는 도선에 흐르는 전류에 비례하고 도선으로부터 거리에 반비례한다.

이러한 직선 도선에 의한 자기장의 방향은 맥스웰의 오른나사 법칙을 적용하여 결정할 수 있다. 이것은 그림 2-4(a)와 같이 오른손 엄지를 전류의 방향을 향하게 하였을 때 다른 손가락이 감기는 방향으로 결정한다.

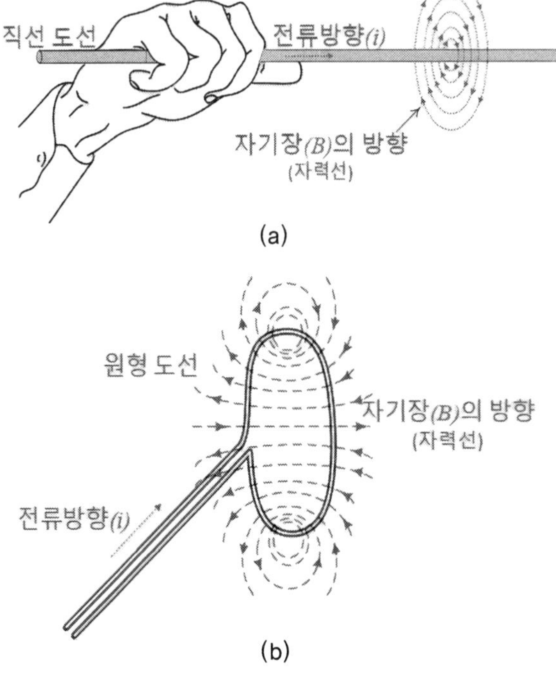



그림 2-4　직선 도선(a)과 원형 도선(b)에 의한 자기장

## 2.3.2 원형 도선에 의한 자기장

원형 도선에 흐르는 전류에 의한 자기장은 도선의 짧은 부분은 각각이 직선 도선과 같이 자기장은 도선 주변으로 둥글게 돈다. 그러나 각 부분에서 형성된 자기장은 서로 합성되어 원형 도선 내부에서 더욱 집중됨으로 그림 **2-4(b)**에 나타낸 바와 같이 N극과 S극을 갖는 짧은 막대자석에 의한 자기장과 유사하다. 이러한 자기장의 자속밀도($B$)와 전류($I$)와의 관계는 다음과 같다.

$$B = \frac{\mu_0 R^2}{2(x^2 + R^2)^{3/2}} I \tag{2-7}$$

여기에서 $x$는 원형 도선이 만든 평면 위에서 원형 도선 중심으로부터 떨어진 거리이고, $R$은 원형 도선의 반지름이다. 원형 도선의 내부에 형성된 자속밀도는 원형 도선의 중심인 $x = 0$에서 $B = \frac{\mu_0}{2R} I$ 로 가장 강하며, 중심 위치의 자속밀도는 원형 도선 반지름에 반비례하고 전류에 비례한다.

### 2.3.3 코일(솔레노이드)에 의한 자기장

도선을 여러 번 감은 긴 코일을 솔레노이드(solenoid)라고 한다. 이러한 솔레노이드는 원형 도선이 겹친 것으로 볼 수 있으므로, 이러한 솔레노이드에 의해 형성된 자기장은 각각의 원형 도선에서 형성한 자기장이 중첩된 것이다. 만일 길이가 지름보다 매우 큰 솔레노이드에 전류($I$)가 흐르면, 솔레노이드 내부의 자기장은 거의 균일하며, 그때의 자속밀도($B$)는 다음과 같다.

$$B = \mu_0 \frac{N}{l} I = \mu_0 n I \tag{2-8}$$

여기에서 $l$은 솔레노이드의 길이, $N$은 솔레노이드를 구성하는 도선의 총 권선수, $n$은 단위 길이당 도선의 권선수이다. 하지만 이것은 솔레노이드의 지름에 비해 길이가 매우 긴 이상적인 경우에 해당하며, 한정된 길이($l$)와 일정 크기의 반지름($R$)을 지닌 코일에 의해 형성된 코일 축 상의 자속밀도는 다음과 같은 관계를 갖는다.

$$B = \mu_0 \frac{nI}{\sqrt{R^2 + (l/2)^2}} \tag{2-9}$$

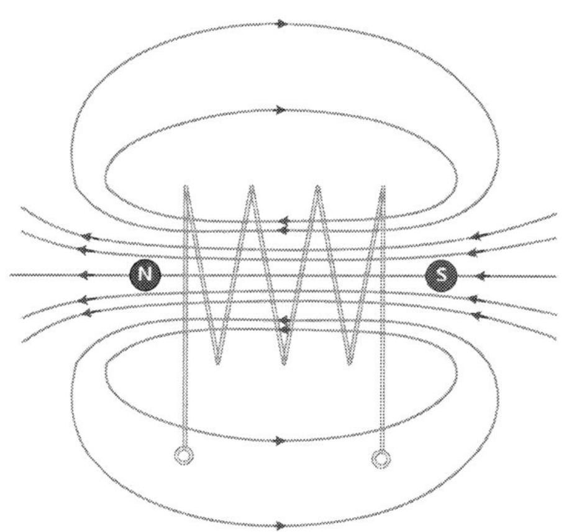


그림 2-5  솔레노이드 코일에 의한 자기장

에르스텟이 전류와 자기에 대한 상호 연결되어 있음을 발견한 이후 패러데이와 렌츠는 움직이는 자기장에 의해 전도체 내에 전류가 유도되는 현상을 발견하였다. 이같이 움직이는 자기장 내에 있는 도체에 전류를 생성시키는 과정을 "전자기 유도" 또는 단순하게 "유도"라고 한다.

전기 회로에서 유도가 발생하면 전기 흐름에 영향을 주는데, 자체 코일의 전류 흐름에 영향을 주는 "자체 유도"와 인접한 다른 회로에 전류 흐름에 영향을 주는 "상호 유도"가 있다. 이러한 "자체 유도"와 "상호 유도"는 다음과 같다.

- 자체 유도: 코일에 시간에 따라 크기가 변하는 전류를 인가할 때 자체 코일에 역기전력(emf)이 생성되는 현상
- 상호 유도: 코일에 시간에 따라 크기가 변하는 전류를 인가할 때 인접한 다른 코일에 역기전력(emf)이 생성되는 현상


## 2.4.1 패러데이 법칙(Faraday's law)과 렌츠의 법칙(Lenz's law)

패러데이는 또한 자기장의 변화율이 유도되는 전류 또는 전압의 크기에 영향을 미치는 것을 발견하였다. 그림 2-4(b)와 같이 원형 도선에 대한 패러데이 법칙에 따르면 유도되는 전압의 크기는 원형 도선이 형성하는 원형의 면적을 통과하는 자속 변화율에 비례한다. 즉, 원형 도선에 대한 패러데이의 법칙은 다음 식으로 타낼 수 있다.

$$V_L = \frac{d\Phi}{dt} \tag{2-10}$$

여기에서, $V_L$은 유도 기전력(V)이고, $d\Phi/dt$는 시간에 따른 자속 변화율(Wb/s)이다.

앞의 패러데이 법칙은 오직 자속의 변화에 의해 유도되는 기전력의 크기만 알 수 있고, 유도 전류의 방향을 결정할 수 없었다. 그러나 이후 렌츠는 자속의 변화에 의해 발생하는 유도 기전력과 전류는 항상 자속의 변화를 방해하려는 방향을 향하는 것을 발견하였다. 그림 2-6에 나타낸 바와 같이 외부에서 작용하는 자속을 증가시키면(즉, 자석을 코일로 가깝게 이동시키면) 유도전류는 자속의 증가를 방해하도록 역방향의 자기장을 발생시키는 유도전류와 기전력을

형성하며, 외부 자기장의 자속을 감소시키면(즉, 자석을 코일에서 멀리 이동시키면) 유도전류
는 자속의 감소를 방해하도록 같은 방향의 자기장을 발생시키는 유도전류와 기전력을 형성한
다. 이것이 렌츠의 법칙이다. 따라서 패러데이 법칙에 렌츠의 법칙을 적용하면 식 (2-10)은
다음과 같이 수정된다.

$$V_L = -\frac{d\Phi}{dt} \tag{2-11}$$

와전류검사에서 패러데이 법칙과 렌츠의 법칙은 유도 와전류의 방향과 와전류에 의해 유도
되는 자기장의 방향이 결정되기 때문에 중요한 의미가 있다.

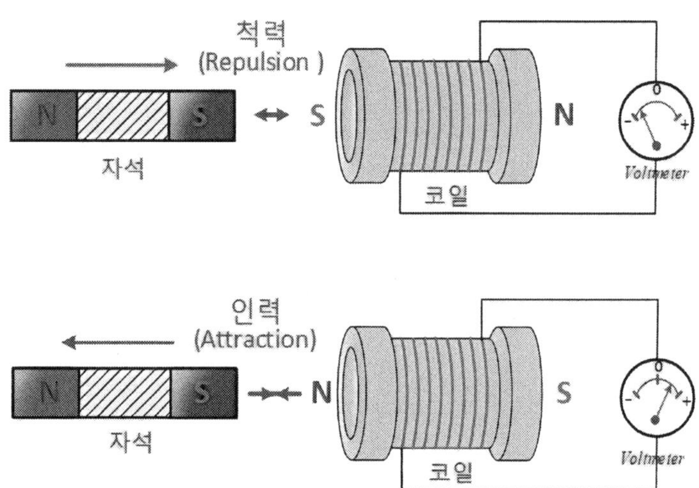


그림 2-6  패러데이의 법칙과 렌츠의 법칙에 따라 유도된 전류 특성

## 2.4.2 자체 인덕턴스

그림 2-7에 나타낸 바와 같이 코일에 교류를 인가하면 시간에 따라 변하는 자기장이 형성되
고 이에 따라 코일에 역기전력이 발생되어 전류가 유도되는데 이를 자체 유도라고 한다.
　자체 인덕턴스는 코일에 인가하는 전류($I$)와 이에 따라 형성된 자속($\Phi$) 사이의 비례상수로
정의된다. 즉,

$$\Phi = LI \tag{2-12}$$

여기에서 $L$은 인덕턴스로 단위는 헨리이고, H로 표현한다.

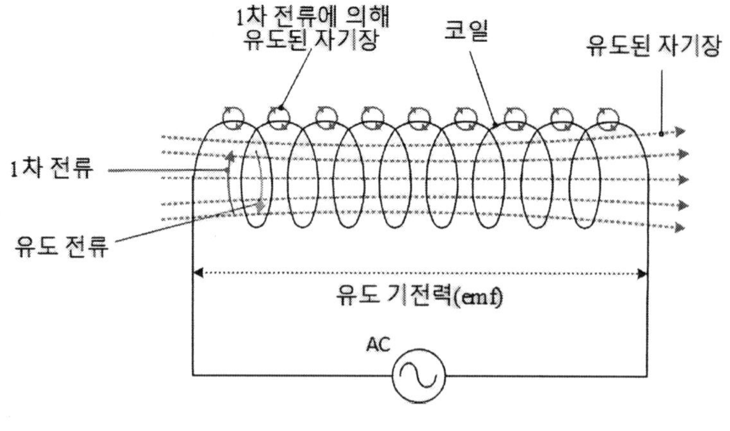



그림 2-7 **자체 인덕턴스**

앞의 패러데이 법칙을 위 식에 적용하면 다음과 같이 표현된다.

$$V_L = -\frac{d\Phi}{dt} = -L\frac{dI}{dt}$$

(2-13)

따라서 1 H의 자체 인덕턴스 값은 전류 변화율이 초당 1 A일 때 1 V의 유도 기전력을 만들어 낼 수 있는 양이다.

인덕터의 가장 일반적인 모양은 솔레노이드이다. 솔레노이드 내부가 공기로 채워져 있고, 코일 권선 총수가 $N$이고 길이가 $l$이며, 반지름이 $r$인 솔레노이드의 자체 인덕턴스는 다음과 같이 주어진다.

$$L = \frac{\mu_0 N^2 \pi r^2}{l}$$

(2-14)

즉, 코어가 없는 빈 코일의 인덕턴스는 코일 권선수의 제곱과 직경의 제곱에 비례하여 증가한다. 또한 코일 내에 페라이트 코어를 삽입하면 코어의 투자율만큼 인덕턴스값이 증가한다.

위의 식은 코일을 한 층으로 감은 경우에 해당된다. 일반적으로 와전류 탐촉자에 사용되는 코일은 탐촉자의 길이 제한으로 인하여 여러 층으로 감아서 만든다. 즉, 페라이트 코어를 사용하지 않은 다층 코일의 자체 인덕턴스는 다음의 식을 이용하여 계산된다.

$$L = \frac{0.8 \times (rN)^2}{6r + 9l + 10b}\,[\mu\mathrm{H}]$$

(2-15)

여기에서 $N$은 코일의 총 권선수이고, $r$은 코일의 평균 지름이며, $l$은 코일의 길이이고, $b$는 코일의 두께(또는 깊이)로 모두 inch 단위를 사용한다. 만일 mm 단위를 사용한다면, 비례상수

0.8을 0.0315(=0.8/25.4)로 변경하여서 계산하면 된다. 이러한 식을 적용하는 코일의 개략도를 그림 2-8에 나타내었다.

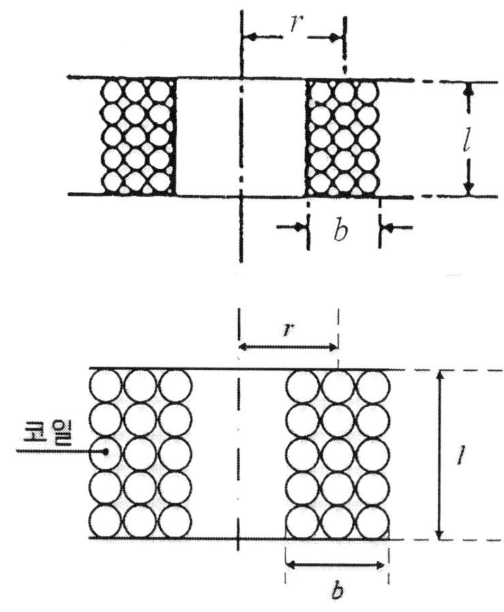


그림 2-8  다층 코일의 개요도와 매개변수

## 2.4.3 상호 인덕턴스

그림 2-9는 상호유도의 대표적인 예시인 전기 변압기를 나타낸 것이다. 전기 변압기는 전기의 전압을 더 높거나 낮은 전압으로 변환하기 위해 이 같은 유도를 사용한다. 변압기는 그림 2-9와 같이 코어에 1차와 2차 코일이 감겨 있다. 두 코일은 전기적으로 연결되어 있지 않지만 1차 코일에 교류를 인가하면 교류에 의해 코어에 자기장이 유도되고 이 자기장에 의해 2차 코일에 전류가 유도된다. 이 변압기 회로의 1차 코일에 인가된 교류에 따라 자기장의 크기와 방향이 변화되고 이러한 자기장의 변화는 2차 코일에 전류를 유도한다. 이렇게 유도된 2차 코일의 전류는 1차 코일에 인가된 전류와 유사한 교류가 된다.

두 코일을 통과하는 코어에 형성된 자기장의 크기가 1차 코일에 인가된 전류 $I_1$에 비례하므로 자속의 크기 또한 1차 코일에 인가된 전류 $I_1$에 비례한다. 이 자속의 변화는 인접한 2차 코일에 유도 기전력을 발생시켜 유도전류를 발생시킨다. 따라서 2차 코일에 유도된 기전력 ($V_{21}$)은 패러데이 법칙을 적용하면 다음과 같이 주어진다.

$$V_{21} = -\frac{d\Phi}{dt} = -L_m \frac{dI_1}{dt} \qquad\qquad (2\text{-}16)$$

역으로 2차 코일에서 전류 $I_2$를 인가하였을 때 1차 코일에 유도된 기전력($V_{12}$)은 같은 관계를 갖는다.

$$V_{12} = -\frac{d\Phi}{dt} = -L_m \frac{dI_2}{dt} \qquad\qquad (2\text{-}17)$$

즉 두 코일의 상호 인덕턴스는 하나의 시스템에서 하나의 값을 갖는다.

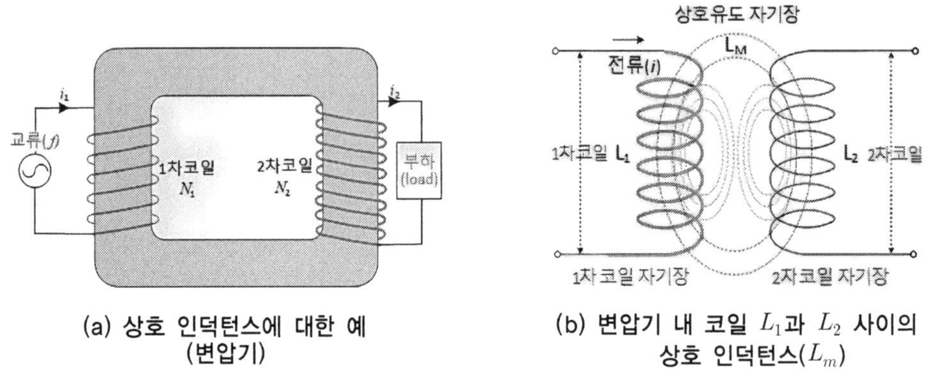


(a) 상호 인덕턴스에 대한 예
(변압기)

(b) 변압기 내 코일 $L_1$과 $L_2$ 사이의
상호 인덕턴스($L_m$)

그림 2-9　**코일의 상호 인덕턴스**

앞에서 언급한 직류는 전류를 한쪽으로만 흐르게 하며 기전력에 의한 전압도 일정한 값을 갖는다. 그러나 교류의 전류와 전압은 시간에 따라 크기가 변화된다. 일반적으로 교류발전기에서 생성되는 교류는 발전 과정의 특성 때문에 (+), (-) 극성이 주기적으로 바뀐다. 따라서 그림 2-10(b)와 같이 사인파(sine wave)로 표현할 수 있다.

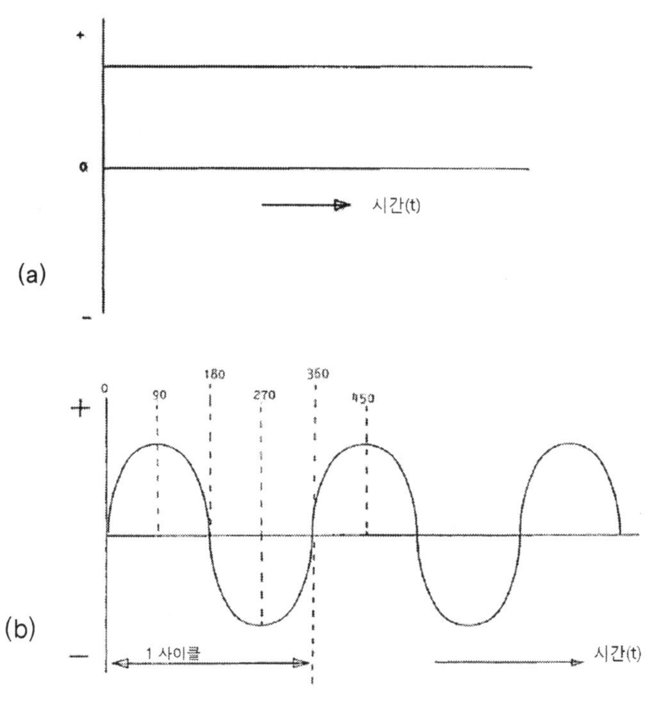


그림 2-10   **전류의 그래프 적 표현; (a) 직류, (b) 교류**

## 2.5.1 교류 전압과 전류

교류는 전압과 전류의 크기가 최댓값과 최솟값 내에서 시간($t$)에 따라 주기적으로 변화한다. 이러한 시간에 따라 변화하는 교류의 전류($I(t)$)와 전압($V(t)$)은 일반적으로 다음과 같이 사인함수로 표현할 수 있어 사인파(sine wave)라고 하기도 한다.

$$V(t) = V_0 \sin(\omega t + \phi_0) = V_0 \sin(2\pi f t + \phi_0)$$

$$I(t) = I_0 \sin(\omega t + \phi_0) = I_0 \sin(2\pi f t + \phi_0)$$

(2-18)

여기에서 $I_0$와 $V_0$는 각각 전류와 전압의 진폭이고, $\omega$는 각주파수이고 $f$는 주파수로 $\omega = 2\pi f$인 관계를 갖는다. 그리고 $\phi_0$는 $t = 0$일 때의 위상으로 초기 위상이라고 한다.

### (1) 주기와 주파수

앞에서 전압과 전류를 표현한 사인함수는 일정 시간 간격으로 반복적인 값을 갖는다. 이러한 반복 현상이 1초 동안에 몇 회 반복되는가를 나타내는 값이 주파수($f$)이며 단위는 cps 또는 Hz(헤르츠)이다. 또한 이와 같은 반복 현상이 한번 순환하는 데 소요된 시간을 주기(T)라고 하며, 단위는 초(s)이다.

만일 교류 전류/전압이 60 Hz의 주파수를 갖는다면, 1초 동안 반복 횟수는 60회이고, 따라서 1회 반복하는 데 걸린 시간은 1/60초가 된다. 즉, 주파수와 주기는 서로 역수의 관계를 갖는다.

### (2) 위상자(phasor)과 위상 선도

앞에 사용한 사인함수에서 $(\omega t + \phi_0) = (2\pi f t + \phi_0)$를 위상(phase) 항이라고 하며 라디안(radian)으로 표시한다. 1라디안은 반지름과 같은 크기의 원주 길이에 의해 형성된 각도로 정의된 것이다. 따라서 1회전의 원주 길이는 $2\pi r$이므로 360°는 $2\pi$ 라디안이다. 즉, 라디안과 각도와의 관계는 다음과 같다.

$$1 \ \text{rad} = \frac{360^\circ}{2\pi} = 57.296^\circ \approx 59.3^\circ$$

그림 2-11(a)에서 사인파 ②는 최대에서 시작하고, 사인파 ①은 영(0)에서 시작한다. 사인파 ②의 완전한 주기는 처음 시작점인 최댓값으로 이동한다. 사인파 ①는 영(0)에서 사이클을 시작하여 360°에서 종료된다. 따라서 시간을 기준으로 할 때 파동 ②는 생성된 전압 값에서 파동 ①보다 앞서 있으며 시간적으로 앞선 양은 1/4 회전 즉 90°에 해당한다. 이 각도 차이는 사인파 대역 ① 사이의 위상각이다. 사인파 ②는 위상각 90°만큼 사인파 ①에 앞선다.

두 사인파는 각기 자신의 위상을 가지며, 두 사인파의 위상차가 0°이면 두 사인파는 같은 위상에 있어 보강 간섭을 일으켜서 각각의 전류/전압의 진폭보다 더 큰 진폭을 갖는다. 반면에 위상차가 180°이면 두 사인파는 서로 반대 위상에 있어 상쇄 간섭을 일으켜 각각의 전류/전압의 진폭보다 더 작은 진폭을 갖는다. 이러한 간섭 현상은 같은 주파수를 갖는 파에 대해서만 일어난다.

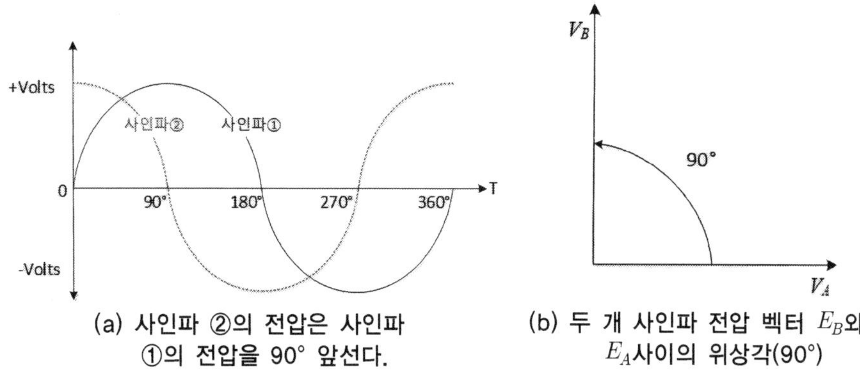



(a) 사인파 ②의 전압은 사인파
①의 전압을 90° 앞선다.

(b) 두 개 사인파 전압 벡터 $E_B$와
$E_A$ 사이의 위상각(90°)

그림 2-11  위상이 90° 벗어난 두 사인파의 변화와 위상선도

위상자는 전압($V$)과 전류($i$)의 위상 변화를 나타내는 데 사용하는 복소 평면의 벡터적 표현이다. 그림 2-12와 같이 진폭과 같은 길이를 가진 선분을 수직 축에 투영하여 사인파 형태로 변화하는 전압과 전류를 나타낸다. 위상자는 그림 2-12의 왼쪽 그림에서 원점을 중심으로 특정 각속도($\omega$)로 시계 반대 방향으로 회전하는 선분이다. 그림 2-12의 오른쪽 그림은 각속도로 회전하는 위상자의 수직 성분을 나타내는 것으로 시간에 따른 전압과 전류의 진폭 변화를 나타낸 곡선이다. 위상자의 길이는 표시되는 양의 크기에 비례하며, 위상자의 각도는 저항을 통과하는 전류의 위상에 대한 위상자의 위상을 나타낸다.

- 위상자의 선분 길이는 교류 전압($V$)과 전류($i$)의 피크값을 나타낸다.
- 각속도($\omega$)는 교류 전압($V$)과 전류($i$)의 각 주파수와 같다.
- 위상자의 수직축에 대한 투영은 교류 전압($V$)과 전류($i$)의 순간 값을 지시한다.
- 위상자와 기준 축인 X축 사이의 각도는 교류 전압($V$)과 전류($i$)의 위상을 나타낸다.

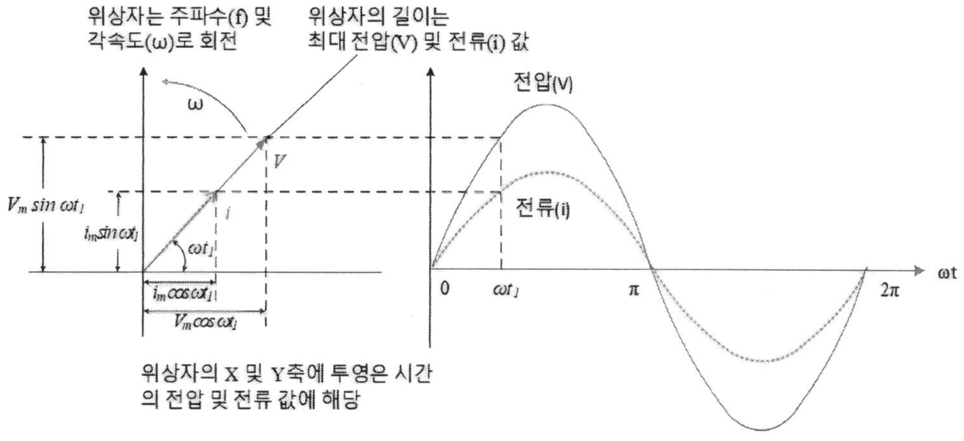



그림 2-12  위상자(phasor)와 위상 선도(phase diagram)

## 2.5.2 교류회로의 저항(resistance)

그림 2-13에 나타낸 바와 같이 순수 저항만 갖는 회로에 교류가 흐를 때, 저항 양단에 걸리는 전압과 저항에 흐르는 전류는 같은 위상으로 변화하며, 그 진폭은 다음과 같이 옴의 법칙을 따른다.

$$V(t) = RI(t)$$

$$V_0 \sin(\omega t + \phi_0) = RI_0 \sin(\omega t + \phi_0) \qquad (2\text{-}19)$$

즉, 저항으로만 구성된 회로에 교류의 전압과 전류의 시간에 따른 변화는 같은 위상 (in-phase) 또는 위상이 동조된 상태로 변화한다.

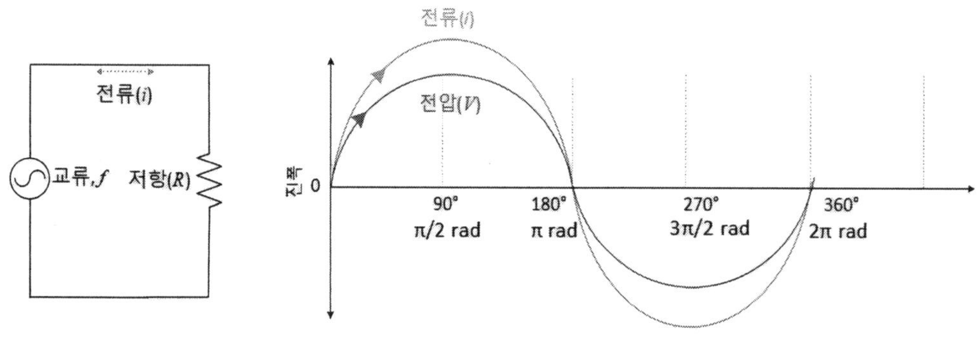


그림 2-13  **저항으로 구성된 교류회로의 전압과 전류**

## 2.5.3 교류회로의 리액턴스(reactance)

### (1) 인덕턴스 효과

그림 2-14에 나타낸 바와 같이 코일로 구성된 회로에 교류가 흐를 때, 코일 양단에 걸리는 전압과 코일에 흐르는 전류의 최댓값이 동시에 일어나지 않는다. 즉, 코일의 자체 인덕턴스가 전압과 전류의 위상 관계에 영향을 미친다.

만일 교류와 전압의 주파수가 영(0), 즉 직류이면, 코일은 오직 저항을 갖는 전도체로만 작용하고 인덕턴스는 작용하지 않지만, 주파수가 증가하면, 자기장의 변화율이 증가하여 코일은 자기장의 변화를 방해하는 유도전류를 더 많이 발생시켜 유도성 리액턴스를 증가시킨다. 또한 인덕터는 전류의 위상을 전압의 위상보다 90° 뒤지게 한다.

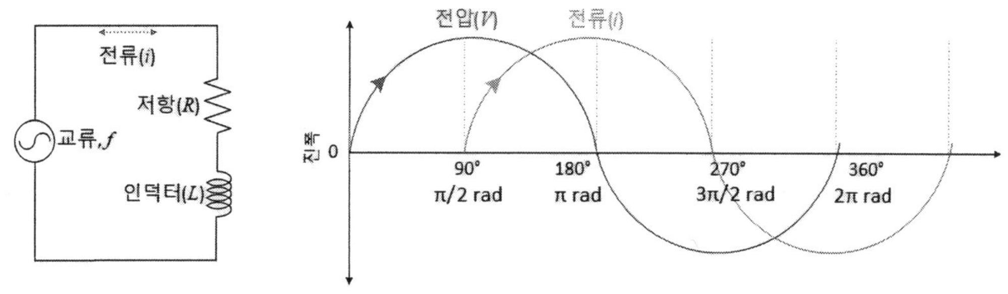


그림 2-14 **코일로 구성된 교류회로의 전압과 전류**

유도성 리액턴스($X_L$)는 교류의 주파수($f$)에 비례하여 증가하며, 옴($\Omega$) 단위로 측정되고 다음 식을 사용하여 계산된다.

$$X_L = \omega L = 2\pi f L \qquad (2\text{--}20)$$

여기에서, $L$은 코일의 인덕턴스(H)이고, $\omega = 2\pi f$인 각주파수이다. 인덕턴스($L$)는 코일을 설계하고 제작할 때 결정되는 코일의 고유값이며, 유도 리액턴스($X_L$)는 교류의 주파수($f$)에 영향을 받는다.

유도성 리액턴스는 인덕턴스($L$)에 따라 증가하는데, 인덕턴스($L$)의 값이 클수록 인덕터에 의한 자기장의 변화에 역행하는 유도 기전력을 더 크게 만들기 때문이다. 마찬가지로 주파수가 높을수록 유도 기전력을 증가시켜 유도성 리액턴스($X_L$)가 커진다.

## (2) 커패시턴스 효과

그림 2-15에 나타낸 바와 같이 축전기가 연결된 회로에 교류가 흐를 때, 축전기 양단에 걸리는 전압과 축전기에 연결된 도선에 흐르는 전류의 최댓값이 동시에 일어나지 않는다. 즉, 축전기의 커패시턴스가 전압과 전류의 위상 관계에 영향을 미친다.

만일 교류와 전압의 주파수가 영(0)이면, 즉 직류이면, 축전기에 충전되는 순간 동안만 전류가 흐르고 완전 충전이 되면 더 이상 전류는 흐르지 않는다. 즉, 직류에 대해 축전기는 무한대의 저항값을 갖는다. 하지만 교류가 적용되면 축전기는 충전과 방전을 반복할 수 있기 때문에 주파수($f$)가 증가할수록 전류는 더 잘 흐르게 한다. 교류회로에서 축전기에 의한 전류에 미치는 영향을 용량성 리액턴스($X_C$)라고 하고, 옴($\Omega$) 단위로 측정되며, 다음 식을 사용하여 계산된다.

$$X_C = \frac{1}{\omega C} = \frac{1}{2\pi f C} \qquad (2\text{--}21)$$

여기에서, $C$는 축전기의 커패시턴스(F)이고, $\omega = 2\pi f$인 각주파수이다. 이러한 축전기는 전류의 위상을 전압의 위상보다 90° 앞서게 한다.

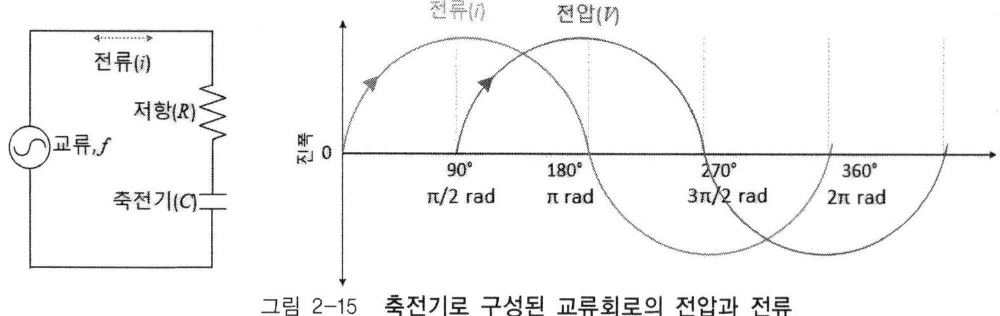

그림 2-15 **축전기로 구성된 교류회로의 전압과 전류**

## 2.5.4 교류회로의 임피던스(impedance($\Omega$), $Z$)

와전류검사에서 결함에 대한 정보를 포함한 검사 재료의 모든 정보는 코일에 의해 형성되는 자기장과 이 자기장이 재료와 결합하여 코일에 영향을 미치는 임피던스($Z$) 변화를 관찰하여 얻어진다. 전기 임피던스는 코일과 같은 인덕터(inductor)가 포함된 회로에서 교류 흐름을 방해하는 총 성분이다. 임피던스는 옴($\Omega$) 단위로 측정되며 순수 저항($R$), 유도성 리액턴스($X_L$) 및 용량성 리액턴스($X_C$) 성분을 모두 포함한다.

그림 2-16(a)와 같이 저항, 코일이나 축전기가 직렬로 연결된 RLC 직렬회로에 교류가 인가되면 키르히호프 전압 법칙에 따라 3개의 각 소자에 걸리는 전압의 합은 인가한 전압과 같아야 한다. 즉, 다음의 관계를 갖는다.

$$v(t) = v_L(t) + v_R(t) + v_C(t) \tag{2-22}$$

앞에서 축전기에 흐르는 전압은 전류보다 90° 뒤진 위상을 가지며 인덕터(코일)에 흐르는 전압은 전류보다 90° 앞선 위상을 갖는다(그림 2-16(b) 참조). 따라서 위의 식은 다음과 같이 표현할 수 있다.

$$\begin{aligned} v(t) &= V\sin(\omega t + \Theta) \\ &= V_L\sin(\omega t + \frac{\pi}{2}) + V_R(\omega t) + V_C\sin(\omega t - \frac{\pi}{2}) \end{aligned} \tag{2-23}$$

2.5.1에서 설명한 위상 선도를 사용하여 각 소자에 걸리는 전압의 진폭과 위상을 나타낸 것이 그림 2-16(b)이고, 각각의 전압을 벡터와 비슷한 성격의 위상각으로 나타낸 것이 그림 2-16(c)이다.

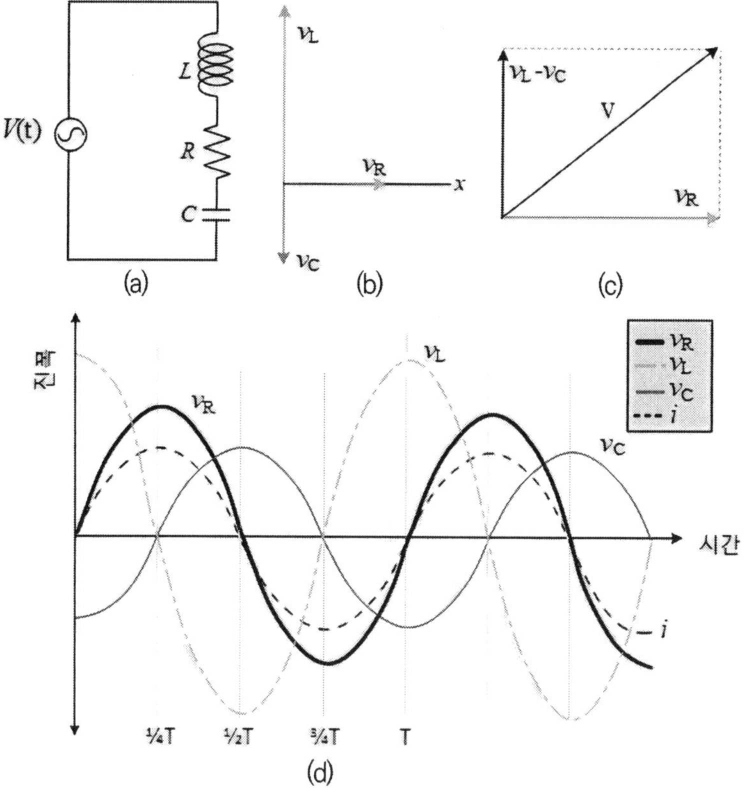



그림 2-16　(a) RLC **직렬회로**, (b) 각 소자의 전압과 전류, (c) 각 전압의 위상차,
(d) 전체 회로의 전원 전압과 저항에 인가된 전압 사이의 위상각

그림 2-16(c)의 수직 축은 코일(인덕터)에 걸리는 전압 $v_L(t)$과 축전기에 걸리는 전압 $v_C(t)$을 합한 진폭으로 두 전압은 180°의 위상차를 가지므로, 진폭의 차인 $V_L - V_C$가 된다. 따라서 이 회로에 걸리는 전압의 진폭은 벡터적으로 합해진 값이 되므로 피타고라스의 정리로부터 다음과 같이 표현할 수 있다.

$$V = \sqrt{V_R^2 + (V_L - V_C)^2} = \sqrt{(RI)^2 + (X_L I - X_C I)^2} \\ = IZ \tag{2-24}$$

여기에서, $Z$는 회로의 임피던스이고, 다음과 같은 관계를 갖는다.

$$Z = \sqrt{R^2 + (X_L - X_C)^2} \tag{2-25}$$

만일 순수 저항만으로 존재한다면 임피던스는 수순 저항과 같은 값이 되어 $V = RI$이 된다. 하지만, 유도성 리액턴스 또는 용량성 리액턴스가 존재한다면, 옴의 법칙은 $I = V/Z$ 같이 회로의 총 임피던스로 표현된다.

그림 2-16(a)와 같이 코일과 축전기가 존재할 때 인가되는 전압은 전류의 위상과 다르게 되는 것을 보았다. 이러한 전류와 전압의 위상 차이는 그림 2-16(c)에 나타낸 위상각(phase angle)과 같으며, 그 위상각($\Theta$)은 다음과 같다.

$$\Theta = \tan^{-1}\frac{V_L - V_C}{V_R} = \tan^{-1}\frac{X_L I - X_C I}{RI}$$
$$= \tan^{-1}\frac{X_L - X_C}{R}$$

(2-26)

식 (2-25)와 식 (2-26)은 회로에 유도성 리액턴스와 용량성 리액턴스가 모두 존재할 때 유도된 식이다. 하지만 와전류검사의 탐촉자에 사용되는 코일의 용량성 리액턴스($X_C$)는 아주 작거나 거의 무시할 수 있으므로 와전류검사에서 임피던스는 순수 저항($R$)과 유도성 리액턴스($X_L$)만 주로 고려한다. 따라서 식 (2-25)의 임피던스와 식 (2-26)의 위상각은 다음과 같이 근사된다.

$$Z = \sqrt{R^2 + X_L^2}$$

(2-27)

$$\Theta = \tan^{-1}\frac{X_L}{R}$$

(2-28)

# 3. 와전류검사 원리

　와전류검사는 전도성 재료에 유도된 와전류와 재료 사이의 상호작용을 관찰하는 것을 기반으로 하며 검사 재료와 직접적인 접촉이나 접촉 매질을 요구하지 않는다. 교류가 흐르는 와전류 탐촉자를 전도성의 검사 재료에 가까이하면, 코일 주변에 형성된 자기장에 의해 검사 재료에 와전류가 유도된다. 재료 내에 결함이 존재하거나 물성(전기전도도 등)이 국부적으로 변화하는 곳에서 와전류의 경로가 변화되고 이러한 변화는 결과적으로 코일의 임피던스에 반영된다(그림 3-1 참조). 따라서 결함의 깊이와 임피던스 변화 사이의 상관관계를 구할 수 있다면 와전류 신호로부터 결함의 크기를 평가할 수 있다.

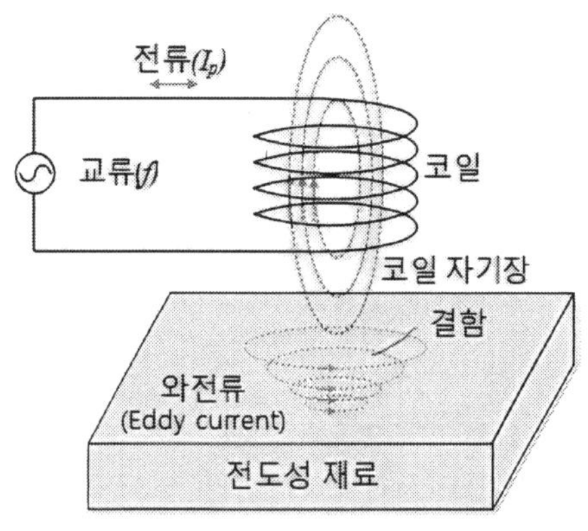


그림 3-1　**와전류검사 원리**

　차동형 보빈 코일을 사용하는 튜브에 대한 와전류검사에서 코일 임피던스의 변화를 위상각과 진폭으로 화면에 리사주(Lissajous) 선도로 표현할 수 있고 이러한 선도를 분석함으로써 결함의 정보를 얻는다. 그림 3-2는 차동형 보빈 코일을 사용한 튜브 와전류검사에서 얻어지는 리사주 선도의 대표적인 예이다. 와전류 코일에 근접해 있는 재료에 결함이 존재하지 않을 때 임피던스의 진폭과 위상각을 기준으로 잡으면 그림 3-2(a)와 같이 평형 조건의 리사주 선도를 나타내며 이러한 조건을 설정하는 것을 영(0)점 조정 또는 평형 조정(balancing)이라고 한다. 이러한 코일을 결함이 있는 위치로 접근시키면 임피던스가 변화하여 화면에서 임피던스를 나타내는 지점이 이동한다. 그림 3-2(b)는 차동형 보빈 코일이 벽두께 100 %를 관통한 구멍을 지나갈 때 얻어지는 리사주 선도이다. 이러한 리사주 선도의 피크-피크 진폭($V_{pp}$)은 와전류 신호의 최대 전압을 나타내고 위상각은 X축을 기준으로 피크-피크 진폭($V_{pp}$) 선과 시계 방향으로 이루는 각도이다.

와전류 신호의 임피던스 변화는 진폭과 위상의 두 가지 매개변수로 벡터와 같이 표현할 수 있다. 이러한 벡터 표현은 일반적으로 화면에 "8"자 모양의 리사주 선도로 나타낼 수 있으며, 와전류검사에 의한 결함 검출, 지시의 발생원인 확인, 벽두께 감육 평가를 위하여 와전류 신호의 진폭과 위상 두 가지를 모두 이용하므로 리사주 선도를 이용하는 것이 편리하다.

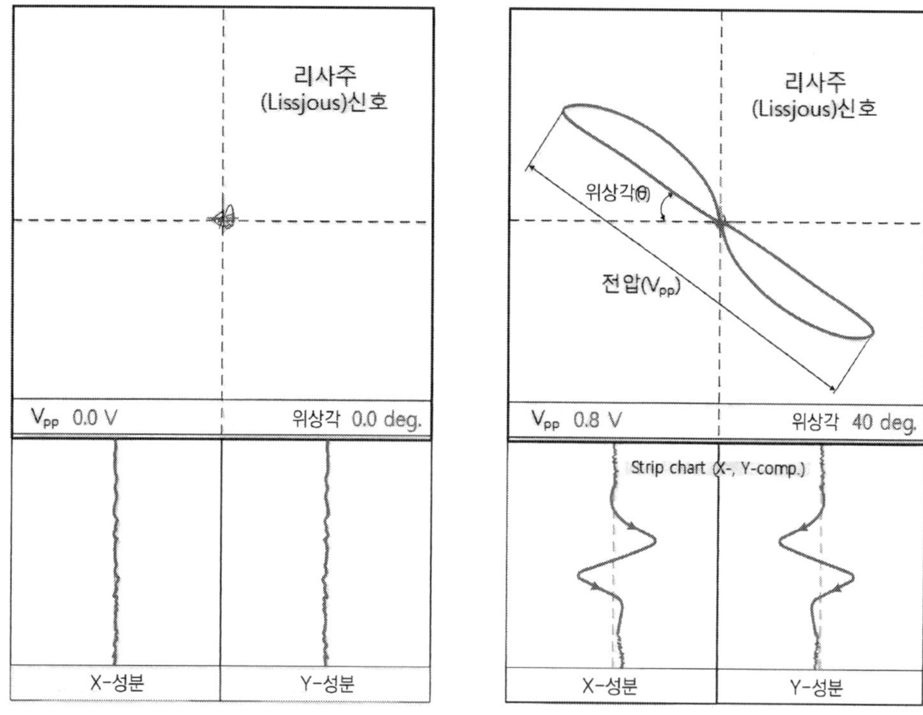


(a) 결함이 없는 건전 부위의 리사주 선도와 평형 신호　(b) 결함 부위의 리사주 선도와 와전류 신호

그림 3-2　보빈 코일의 대표적인 와전류 리사주 선도와 신호

교류가 흐르는 와전류 탐촉자를 전도성의 검사 재료에 가까이하면, 코일 주변에 형성된 자기장에 의해 검사 재료 내에 소용돌이치는 전류가 유도되는데, 이와 같은 소용돌이 모양의 전류를 '와전류'라고 한다. 이러한 와전류의 거동은 외부에서 가해지는 교류전류에 의해 형성되는 자기장과 재료의 특성에 영향을 받는다.

그림 3-3은 교류가 흐르는 원형 코일을 전도성 재료 위에 근접시킬 때 와전류의 발생을 표현한 것으로, 와전류는 기본적으로 다음과 같은 특성을 갖는다.

- 와전류는 동심원적 원형의 폐회로를 형성한다.
- 와전류의 경로는 코일의 감긴 방향과 평행하고 자기장의 방향과 수직 방향이다.
- 와전류 밀도는 표면으로부터 깊어질수록 지수함수적으로 감소한다.

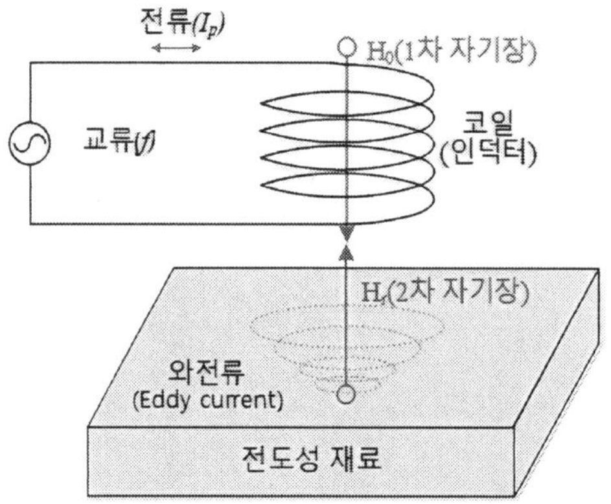


그림 3-3   전도성 재료에서 와전류의 발생

## 3.2.1 와전류 유도 과정

와전류 발생의 세부적인 유도 과정은 다음과 같다.

그림 3-4는 탐촉자 코일이 재료와 접촉하지 않은 공기 중에 있을 때인 빈 코일의 임피던스와 코일이 재료에 근접할 때 전도성 재료에 와전류 유도 현상과 이에 따른 부하 코일의 임피던스 변화의 과정을 나타낸 것이다.

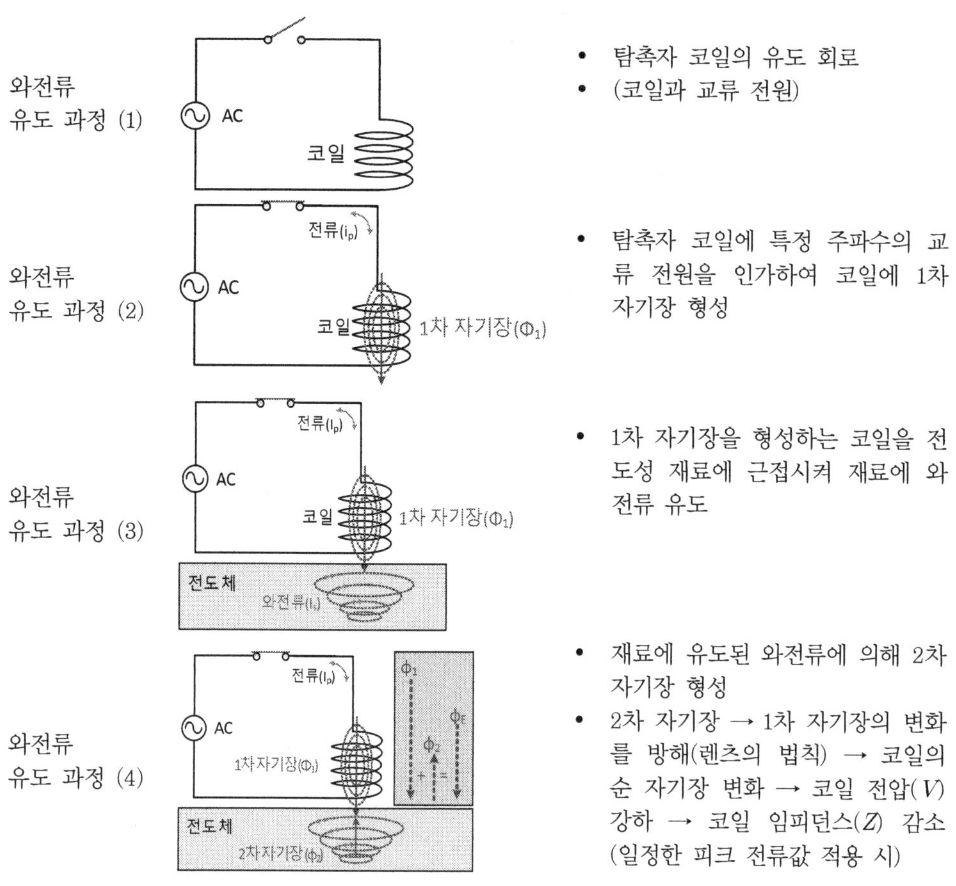


그림 3-4  **와전류의 유도 과정**

### ① 탐촉자 코일에 의한 1차 자기장 형성

검사 재료에 와전류를 유도하기 위한 첫 번째 단계는 탐촉자 코일에 교류를 흐르게 하여 자기장을 형성하는 것이다. 코일에 교류를 인가하면, 코일 주변에 인가한 교류 주파수와 같은 주파수의 교류 자기장을 형성한다. 한 가닥의 동선에 흐르는 전류로 형성한 자기장은 와전류검사에 필요한 와전류 양을 유도하기에 충분하지 않으므로, 동선을 코일 형태로 감아 더욱 강력한 자기장을 형성시킨다. 코일에 유도된 1차 교류 자기장의 세기는 전류의 크기와 코일의 권선수가 증가함에 따라 증가한다. 또한 자기장의 분포는 인가된 교류의 주파수에 따라 달라지고, 주파수가 증가할수록 자기장은 표면으로 더 집중된다. (그림 3-4. 유도 과정 (1), (2) 참조).

### ② 와전류의 유도

1차 자기장을 형성하는 코일을 전도성 재료에 접근시키면 교류 자기장이 시간에 따라 변화하기 때문에 그림 3-3에 나타낸 것과 같이 전도성 재료에 와전류가 유도되며, 이것은 코일의 권선 방향과 같은 형태의 폐회로를 형성한다. 유도된 와전류는 1차 자기장의 변화를 방해하는 2차 자기장을 형성하기 때문에, 탐촉자 코일을 재료에 가까이하면 전기적 부하를 가하는 효과로 나타나 탐촉자 코일의 임피던스가 감소하는 결과를 가져온다. 즉, 전도성 재료를 코일의 1차 자기장 내에 들어오면 빈 코일에 의해 형성된 최초 자기장은 재료에 유도된 와전류에 의해 형성된 2차 자기장의 영향을 받아 코일의 임피던스가 변화되는 것이다(그림 3-4 유도 과정 (3), (4) 참조).

### ③ 2차 자기장의 유도

전도성 재료에 유도된 와전류에 의해 형성되는 2차 자기장은 1차 자기장의 변화를 방해하는 반작용의 자기장이다. 2차 자기장의 세기는 재료에 유도된 와전류의 크기에 의해 결정되므로, 와전류 흐름을 방해하는 결함의 유무와 재료의 이방성에 따라 2차 자기장의 세기가 결정된다(그림 3-4. 유도 과정(4) 참조).

### ④ 코일의 순 자기장 변화

결함이 존재하지 않는 튜브의 건전부에 탐촉자 코일을 위치시켰을 때, 측정되는 임피던스 값을 검사의 기준이 되는 평형상태 또는 기준점으로 한다. 하지만 재료에 존재하는 결함 또는 불연속은 와전류의 흐름을 방해하여 와전류는 이를 피해 최단 경로를 따라 흐르게 된다. 이에 따라 와전류의 경로가 길어지고 저항이 증가하여 에너지 손실이 발생한다.

교류가 흐르는 코일을 재료에 근접시키면 재료에 와전류가 유도되고, 유도된 와전류는 코일의 1차 자기장의 변화를 방해하는 2차 자기장을 생성하고, 이에 따라 코일에 걸리는 순 전압이 감소하여 결과적으로 코일의 임피던스 값이 감소한다. 와전류검사 장치는 일반적으로 피크 전류 값이 일정하게 유지되는 정전류 방식을 적용하기 때문에 코일의 전압이 감소하면 이에 따라 임피던스도 감소하여 신호 크기가 작아지게 된다. 즉 공기 중의 코일을 재료에 가까이하면 코일의 전압과 임피던스가 감소하여 와전류 신호 크기가 작아지게 된다(그림 3-4 유도 과정 (4) 참조).

와전류검사에서 전도성 재료는 코일의 임피던스 변화에 영향을 미친다. 그림 3-5는 코일을 공기 중에서 전도성 재료에 근접시킬 때 임피던스 평면에서 그 변화를 표현한 것이다. 공기 중에 있는 빈 코일의 임피던스는 코일 고유의 리액턴스($\omega L_0$)와 저항($R_0$)에 해당하는 운전점

$(P_0)$에 위치한다. 이 코일을 재료에 근접시키면, 코일의 임피던스는 새로운 리액턴스$(\omega L_1)$와 저항$(R_1)$에 해당하는 운전점$(P_1)$으로 이동한다. 이때 코일의 새로운 임피던스$(P_1)$는 빈 코일의 임피던스$(P_0)$보다 작아진다.

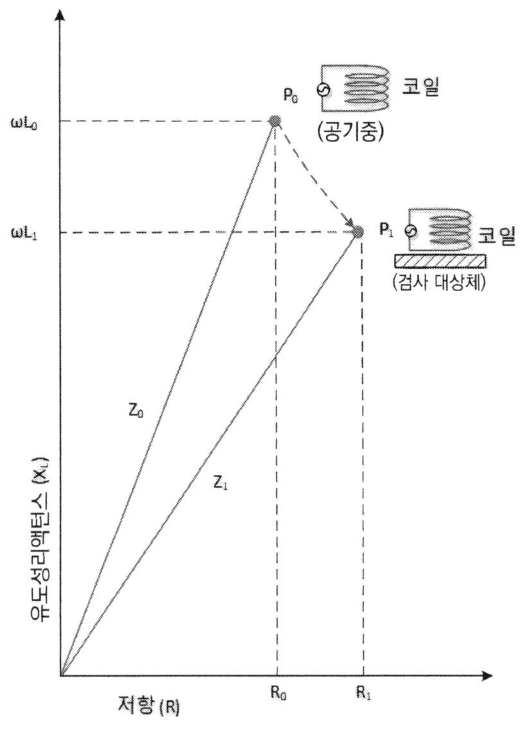


그림 3-5  **임피던스 평면에서 코일 임피던스 변화**

와전류 신호의 임피던스는 진폭과 위상 두 가지의 매개변수를 사용하여 복소평면 상에서 벡터적으로 표현할 수 있다. 벡터란 크기와 방향을 갖는 물리량으로 임피던스의 성분인 유도성 저항(리액턴스와 캐패시턴스)과 순수 저항을 합성할 때 벡터적 합성이 편리하여 도입한 것일 뿐 임피던스는 물리적으로 "스칼라량"이고 "벡터량"은 아니다.

와전류검사 장치의 임피던스 화면에 나타내는 "8"자 모양의 리사주 도형이 이러한 벡터적 표현의 한 예이다. 코일이 재료의 영향을 받을 경우 임피던스가 운전점 $P_0$에서 운전점 $P_1$으로 이동하는 크기와 방향은 검사 재료 특성과 검사장치의 특성에 따라 결정된다. 이같이 임피던스 변화에 영향을 미치는 재료의 중요한 특성은 다음과 같다.

- 전기전도도$(\sigma)$ 또는 비저항$(\rho)$
- 두께, 지름 등의 검사 대상체의 치수

- 투자율($\mu$)
- 균열, 마모 또는 기공과 같은 불연속의 존재

임피던스 변화에 영향을 미치는 검사 장치의 중요한 특성은 다음을 포함한다.

- 코일에 인가된 교류 주파수
- 코일의 크기 및 형상
- 코일과 재료 간의 거리(리프트 오프), 즉 코일과 재료 간의 전자기 결합


## 3.2.2 와전류 유도 관련 식[1]

와전류 전기회로에서 전류는 옴의 법칙에 따라 1차 회로의 구동 전압을 1차 회로의 임피던스로 나눈 값에 해당하므로 식 (3-1)로 주어진다.

$$I_P = V_P / Z_P \tag{3-1}$$

와전류 코일은 1차 회로를 구성하는 일부분이므로 코일에 흐르는 전류($I_P$)는 식 (3-2)와 같이 크기가 시간에 따라 변화하는 사인함수로 나타낼 수 있다.

$$I_P = I_0 \times \sin(\omega t) \tag{3-2}$$

여기서 $I_0$는 1차 회로에 흐르는 전류의 피크 값이고 $\omega(=2\pi f)$는 각속도(rad/s)이다. 에르스텟(Oersted)의 발견에 의하면 전류가 흐르는 코일 주위에 그림 3-6에 나타낸 것과 같이 자속($\phi_P$)이 존재하고, 그 크기는 코일의 권선수($N_P$)와 전류($I_P$)에 비례한다. 따라서 코일 주위의 자속은 식 (3-3)으로 주어진다.

$$\phi_P \propto N_P I_P \tag{3-3}$$

패러데이 법칙에 의하면, 시간에 따라 변하는 자기장은 유도 기전력($V_S$)을 생성하여 이러한 유도 기전력에 의해 코일 주변 공간에 식 (3-4)와 같이 주어지는 기전력(전압)이 작용한다.

$$V_S = -N_P \frac{d\phi_P}{dt} \tag{3-4}$$

여기서 $\dfrac{d\phi_P}{dt}$는 시간에 따른 자속($\phi_P$)의 변화율이다.

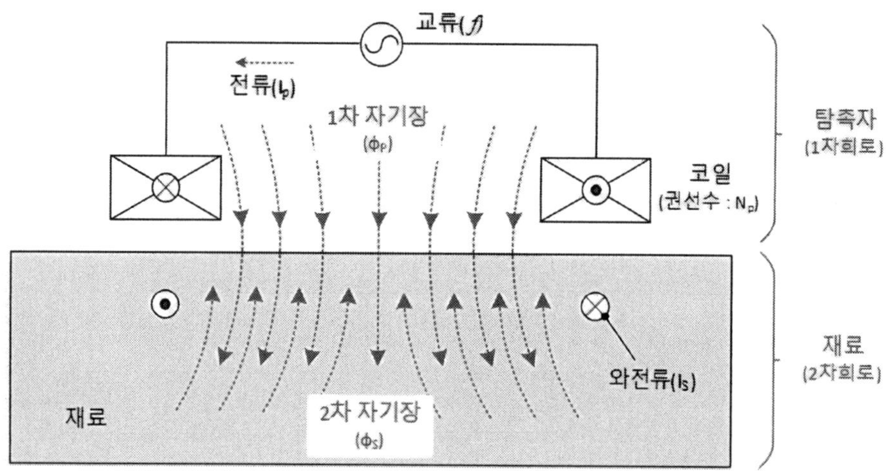


그림 3-6   전도성 재료에 인접한 교류가 흐르는 코일에 의해 형성되는 자기장

코일의 전류가 시간에 따라 변화하는 사인함수이고 코일에 발생하는 총 자속($\phi_P$)과 시간에 따른 자속의 변화($d\phi_P/dt$)는 전류의 변화에 의존하므로, 총 자속($\phi_P$)과 자속의 변화($d\phi_P/dt$)는 식 (3-5)와 같은 관계로 표현할 수 있다.

$$\phi_p = \phi_o \sin(\omega t), \quad \frac{d\phi_P}{dt} = \omega\phi_o \cos(\omega t) \tag{3-5}$$

여기서 자속($\phi_0$)은 전류($I_0$)에 의해 생성된 자속이다. 위 식의 $d\phi_P/dt$를 식 (3-4)에 대입하면 유도 기전력($V_S$)도 시간에 따라 주기적으로 변화하는 식 (3-6)으로 주어진다.

$$V_S = - N_P \omega\phi_0 \cos(\omega t) \tag{3-6}$$

이러한 유도 기전력을 생성하는 코일을 검사 재료에 근접시키면 옴의 법칙에 따라 재료에 흐르는 전류는 식 (3-7)과 같이 주어진다.

$$I_S = V_S/Z_S \tag{3-7}$$

여기에서 $I_S$는 재료에 유도된 전류의 크기이고, $V_S$는 유도 기전력, $Z_S$는 재료의 임피던스 또는 전류의 흐름을 방해하는 성분이다. 재료에 유도된 이 전류는 순환하는 경로로 인해 와전류라고 부른다. 이 와전류는 다시 렌츠의 법칙에 따라 1차 자기장의 변화를 방해하는 자체의 자기장을 생성한다. 식 (3-8)은 유도된 와전류와 이에 의해 형성된 2차 자기장의 자속과의 관계를 나타낸 것으로 음(-)의 부호는 1차 자기장의 변화를 방해하는 방향의 자기장 형성을 나타낸다.

$$\phi_S \ \propto \ - \ I_S \tag{3-8}$$

따라서 코일 주변에 형성된 총 자속은 1차 자기장의 자속($\phi_P$)과 1차 자기장의 변화를 방해하는 2차 자기장의 자속($\phi_S$)을 합성한 것으로 이를 코일의 평형 자속($\phi_E$)이라고 하며 식 (3-9)로 주어진다.

$$\phi_E \ = \ \phi_P \ - \ \phi_S \tag{3-9}$$

재료에 유도된 와전류가 재료 내에서 흐를 때 저항 손실이 발생하고 이에 따라 자속도 감소하여 탐촉자 코일의 임피던스가 감소하게 된다. 식 (3-9)의 코일의 평형 자속은 코일의 자체 인덕턴스에 비례하므로, 평형 자속과 코일의 임피던스와 다음과 같은 관계로 나타낼 수 있다.

$$\phi_E \propto Z \tag{3-10}$$

그리고 코일에 걸리는 최종 전압은 코일에 인가하는 전류와 최종 임피던스를 옴의 법칙에 따라 식 (3-11)로 주어진다.

$$V \ = \ Z \cdot I_P \tag{3-11}$$

결과적으로 코일 주변에 형성되는 자속은 재료에 유도된 와전류의 지배를 받는다[(식 (3-10) 및 식 (3-11) 참조]. 와전류검사에서 필요한 정보 추출에 대한 기초는 코일의 1차 자기장과 재료에 생성된 와전류에 의한 2차 자기장의 상호작용이다. 이때 2차 자기장은 1차 자기장의 변화를 방해하는 방향으로 형성되어, 결과적으로 코일의 임피던스를 변화시킨다.

전술한 내용을 요약하면 탐촉자 코일에 교류를 가하면 자속이 생성되고, 이 코일을 전도성 재료에 근접시키면 와전류가 유도된다. 이 와전류에 의해 생성된 자기장은 코일에 의해 형성된 자속이 시간에 따른 변화를 방해하는 방향으로 작용하여 총 자속은 결과적으로 감소한다. 이에 따라 코일의 임피던스($Z$)와 전압($V$)이 감소한다.

재료가 강자성 재료일 경우에도 식 (3-10)을 적용할 수 있지만, 와전류 효과에 의한 2차 자기장에 의한 자속의 감소에도 불구하고 재료의 투자율에 의해 영향이 더 크기 때문에 강자성 재료 내부의 자속은 증가한다. 이러한 이유로 높은 투자율을 가진 강자성 재료에서 와전류의 유도는 비자성 재료와 구별되며, 강자성 재료의 투자율은 와전류검사에 큰 영향을 미친다.

와전류검사의 성공 여부는 측정하고자 하는 물성(전기전도도, 불연속 등)에 의해 유도된 와전류 흐름에 측정할 수 있는 정도의 영향을 미치는가에 의존한다. 즉 재료에 존재하는 불연속(균열, 국부 부식 등)을 검출하고자 할 때, 이러한 불연속이 유도된 와전류의 흐름을 효과적으로 방해하는가에 따라 불연속의 검출 여부가 결정된다. 와전류 흐름의 방해로 인한 와전류의 변화는 코일의 임피던스 변화로 반영되어 나타나서 와전류검사의 중요한 기초를 제공한다. 따라서 와전류의 특성을 이해하는 것은 와전류검사를 적용하는 데 매우 중요하다.

### 3.3.1 와전류의 경로

와전류검사 결과에 영향을 미치는 와전류의 경로는 다음과 같은 특성을 갖는다.

① 와전류는 동심의 폐회로를 형성한다. 와전류의 경로는 재료 경계 또는 불연속에 의해 방해받지 않으면 원형으로 형성된다. 보빈 코일의 경우 와전류의 경로는 그림 3-7과 같이 코일 권선 방향과 평행하고 코일의 자기장 방향에 수직으로 위치한다.

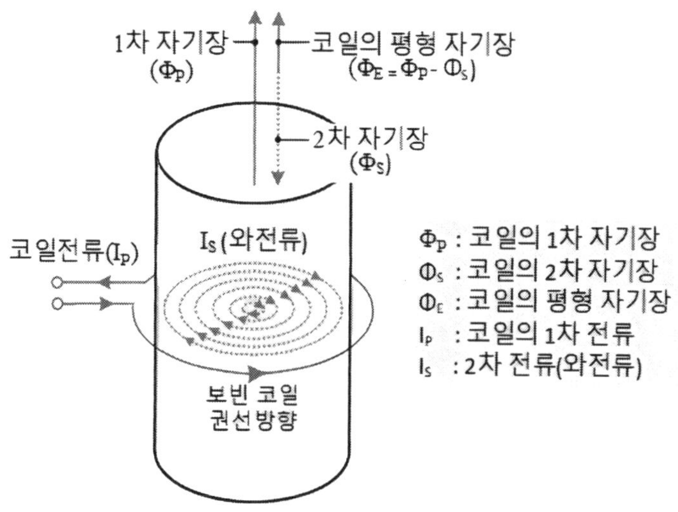


그림 3-7  보빈 코일에 의한 와전류의 경로

② 재료 내에서 와전류의 경로는 검사 재료에 대한 코일의 방향에 따라 결정된다. 검사 재료에서 코일 방향은 검사원이 제어할 수 있고 최적의 결과를 얻기 위해 재료에 적합하도록 코일 형상을 적절하게 설계하여 적용해야 한다.

③ 불연속에 대한 검출 감도는 불연속이 와전류의 흐름을 방해하는 정도에 따라 결정된다. 그림 3-8(a)와 같이 불연속이 와전류의 경로와 평행할 때 검출 감도가 가장 낮으며, 그림 3-8(b)와 같이 불연속이 와전류의 경로와 수직일 때 검출 감도가 가장 높다. 부피가 작고 와전류의 경로와 평행한 방향의 불연속은 검출되지 않을 수 있다. 발생할 수 있는 모든 방향의 불연속을 검출하는 것은 코일의 설계와 선정에서 중요한 부분이다. 더구나 와전류는 항상 비전도성 방해물(불연속) 주변으로 저항이 가장 작은 경로를 택하여 흐른다. 즉 모양이 길고 얕은 불연속은 와전류를 불연속 아래로 흐르게 하고, 짧고 깊은 불연속은 와전류를 불연속 주변으로 돌아 흐르게 한다.

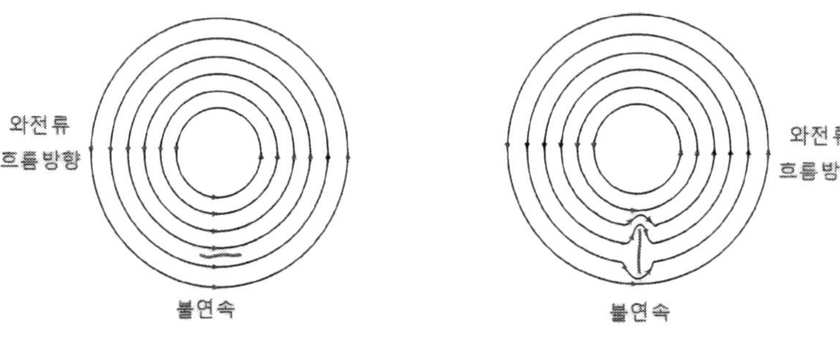



(a) 와전류 경로에 평행인 불연속　　　(b) 와전류 경로에 수직인 불연속

그림 3-8　**불연속 방향에 따른 와전류 경로의 변화**

④ 와전류의 경로는 그림 3-9(a)와 같이 재료의 경계 또는 불연속에 의해 방해받지 않으면 원형이지만, 그림 3-9(b)와 같이 흐름 경로가 방해받으면 방해받는 위치에서 왜곡되어 압축된다.

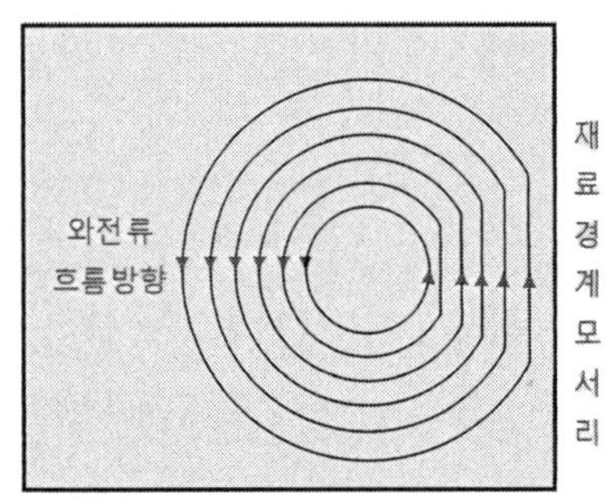



(a) 방해받지 않은 와전류의 경로　　　(b) 재료 경계에서 왜곡된 와전류 경로

그림 3-9　**와전류 경로의 왜곡**

⑤ 와전류는 교류 자기장에 의해 유도되기 때문에 재료 내의 와전류의 흐름은 시계 방향과 반시계 방향으로 교대로 변화한다. 와전류의 변화 주기는 자기장 변화의 주파수에 따라 결정된다.

## 3.3.2 와전류의 크기와 방향

와전류검사는 전자기유도 현상에 기초하기 때문에 코일에서 생성되는 자기장 세기는 코일 형태, 검사 주파수 및 게인 값과 같은 변수에 따라 크게 영향을 받는다. 전술한 것과 같이 와전류검사에서 검사 재료는 반드시 전류가 흐를 수 있는 전도성 재료이어야 한다. 자기장 세기에 따라 결정되는 코일 임피던스는 코일이 공기 중에 있을 때 최대이다. 즉 코일이 공기 중에 있을 때 와전류에 의한 2차 자기장이 존재하지 않으므로 코일의 순 자기장이 최대가 되어 임피던스는 최댓값을 갖게 된다. 그러나 코일을 전도성 재료의 결함이 없는 건전부에 위치시킬 때 코일에 걸리는 순 자기장은 재료에 유도된 와전류에 의해 생성된 2차 자기장의 양 만큼 감소한다. 이와 같이 와전류에 의한 2차 자기장은 코일의 1차 자기장의 변화를 방해하는 방향으로 작용하여 코일의 순 임피던스가 감소하게 된다.

코일이 재료의 결함이 없는 부위에 위치할 때 코일 근처에 평형조건이 형성된다. 하지만 와전류 코일의 순 자기장 세기는 다음과 같은 변수에 따라 영향을 받게 된다. 즉 다음의 변수는 와전류에 의한 2차 자기장 세기에 영향을 주어 코일의 순 자기장이 변하게 된다.

- 재료의 불연속(결함)
- 재료의 전기전도도
- 재료의 투자율
- 재료의 치수
- 와전류 코일과 재료 사이의 거리(리프트 오프, lift-off)

일반적으로 와전류의 발생 또는 흐름을 방해하는 어떤 조건은 순 자기장 세기의 증가를 유발하고 이에 따라 임피던스가 커지게 되어 코일의 평형상태가 깨진다. 반대로 더 많은 와전류를 생성시키는 어떤 조건은 순 자기장의 세기를 감소시키고 이에 따라 코일 임피던스가 감소하게 된다. 성공적인 와전류검사를 수행하기 위해서 재료 상태 검사에 필요한 적절한 와전류 크기를 유도할 수 있도록 코일 형상을 설계해야 한다.

### 3.3.3 와전류 밀도

와전류는 코일에 의해 형성된 자기장에 수직 방향의 평면 내에서 코일의 권선 방향과 평행한 방향으로 순환하는 폐회로를 따라 흐른다. 와전류의 흐름은 유도 자기장의 영향이 미치는 부위에 국한되며 적용하는 검사 주파수에 따라 재료 내 침투 깊이가 결정된다. 또한 검사 주파수는 검사 감도에 영향을 미친다. 즉 주파수가 증가함에 따라 침투 깊이는 감소하고 와전류 분포는 재료 표면에 가까울수록 밀도가 조밀해진다.

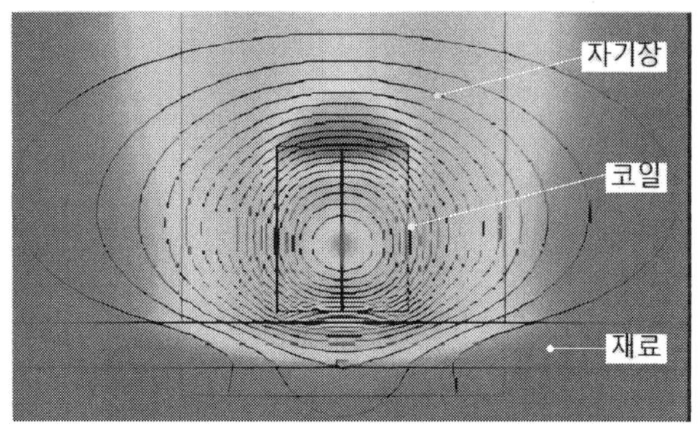


그림 3-10　검사 재료와 코일 주변의 자기장 분포

교류 자기장에 의해 유도되는 와전류는 여기 코일에 인접한 표면 근처에 집중된다. 와전류의 침투 깊이는 검사 주파수 증가에 따라 감소하고 재료의 전기전도도와 투자율의 함수이다. 즉 와전류는 검사 주파수, 재료의 전기전도도 및 투자율에 비례하여 코일에 인접한 표면에 더 강하게 집중된다. 이러한 현상을 "표피 효과(skin effect)"라 하며 표피 효과는 다음과 같이 발생한다.

재료를 흐르는 와전류는 코일의 1차 자기장의 변화를 방해하는 자기장을 생성하여 코일의 순 자속이 감소하고 깊이가 증가함에 따라 전류 흐름이 감소한다. 또는 표면 근처의 와전류가 코일의 자기장을 차폐하여 더 깊은 깊이에서 자기장이 약화하고 유도 전류를 감소시키는 것으로 볼 수도 있다.

와전류 코일에 의해 검사 재료에 유도된 와전류에 대한 미분 방정식은 다음과 같이 주어진다.

$$\nabla^2 J = \sigma \mu \frac{\partial J}{\partial t} \tag{3-12}$$

여기에서, $J$: 전류 밀도, $\sigma$: 전기전도도, $\mu$: 투자율, $\nabla^2$: 2차 편미분 연산자이다.

전도체가 반무한의 두께인 경우 위 식의 해는 식 (3-13)으로 주어진다.

전도성 재료에 유도된 와전류 밀도($J_x$)는 표면으로부터 깊이가 증가함에 따라 그 크기가 변화한다. 주어진 깊이($x$)에서 와전류 밀도는 다음 식으로 표현된다(출처: Libby).

$$J_x = J_0 \, e^{\left[- x \sqrt{(\pi f \mu \sigma)}\right]} \sin\left[\omega - x \sqrt{(\pi f \mu \sigma)}\right]$$
$$= J_0 \, [e^{-\frac{x}{\delta}}] \sin\left(\omega - \frac{x}{\delta}\right) \tag{3-13}$$

여기에서, $J_0$ = 표면에서 와전류 밀도($A/m^2$), $\pi$ = 3.1416, $f$ = 주파수(Hz), $\mu$ = 투자율(비자성 재료 = $4\pi \times 10^{-7}$ H/m), $x$ = 표면으로부터 깊이(m), $\sigma$ = 전기전도도(Mho/m)이다. 그리고 기호 $\delta$는 표피 깊이 또는 표준 침투 깊이이다.

식 (3-13)은 와전류 밀도의 세기에 해당하는 지수함수와 위상을 표현하는 사인함수로 다음과 같이 구분할 수 있다.

$$J_x / J_0 \; \propto \; e^{-\frac{x}{\delta}} \tag{3-14}$$

$$J_x / J_0 \; \propto \; \sin\left(\omega t - \frac{x}{\delta}\right) \tag{3-15}$$

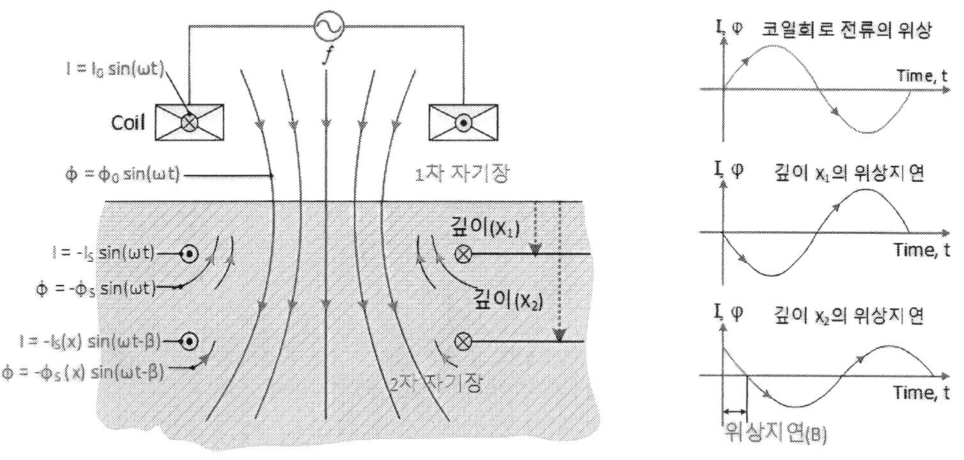


(a) 와전류 침투 깊이의 관계      (b) 재료의 깊이에 따른 위상 지연

그림 3-11   전도성 재료의 깊이에 따른 와전류와 자기장의 분포

와전류의 침투 깊이에 대한 관계가 그림 3-11(a)에 제시되어 있다. 그림 3-11(b)는 와전류의 파형과 재료 깊이에 따라 변하는 위상 지연이 나타나 있다. 와전류 및 자속 두 가지 모두 "표피 효과" 때문에 와전류의 세기가 깊이에 따라 약해지고 또한 깊이에 따라 와전류 위상이 지연된

다. 와전류 위상 지연은 와전류검사에서 불연속 깊이를 측정하는 데 사용되는 중요한 현상이다. 그림 3-11의 오른쪽 상단의 그래프는 와전류 코일 회로에 흐르는 전류의 위상이고, 중간의 그래프는 재료 표면으로부터 깊이가 $x_1$인 지점의 와전류 위상 지연이며, 아래쪽 그래프는 깊이가 $x_2$인 지점의 와전류 위상 지연을 나타낸다.

## 3.3.4 표준 침투 깊이와 유효 침투 깊이

### (1) 표준 침투 깊이

와전류의 표준 침투 깊이는 전기전도도, 상대 투자율 및 주파수의 세 가지 변수에 따라 결정된다. 하지만 검사 재료가 정해지면 전도성 재료에 유도된 와전류의 재료 내부로 침투는 주로 검사 주파수에 의해 조정된다. 와전류는 그림 3-12에 나타낸 것과 같이 재료 형상과 두께에 따라 깊이가 깊어짐에 따라 지수함수적으로 감소한다. 와전류는 표준 침투 깊이에 해당하는 깊이보다 더 깊게 침투하지만 깊이에 따라 크게 감소한다.

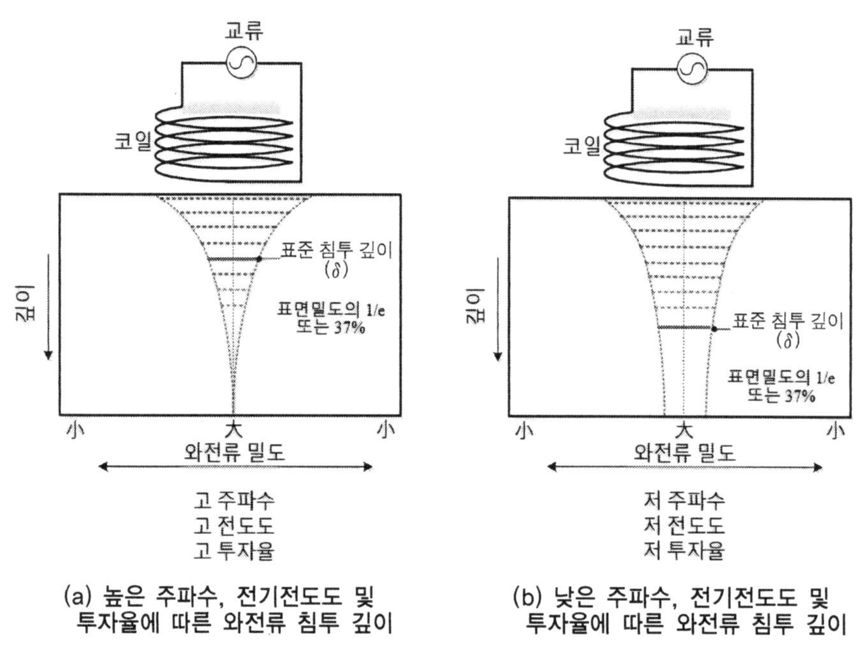


(a) 높은 주파수, 전기전도도 및
투자율에 따른 와전류 침투 깊이

(b) 낮은 주파수, 전기전도도 및
투자율에 따른 와전류 침투 깊이

그림 3-12  **주파수, 전기전도도 및 투자율이 침투 깊이에 미치는 영향**

식 (3-13) 또는 식 (3-14)으로부터 깊이($x$)가 표준 침투 깊이일 때(즉, $x = \delta$), 와전류 밀도($J_x$)의 크기는 표면에서 와전류 밀도($J_0$)에 비해 1/e(약 37 %)로 감소하며, 여기에서 $e$는 자연

대수로 그 값은 2.71828이다. 이러한 관계를 사용하여 와전류 밀도가 재료 표면 와전류 밀도의 1/e(약 37 %)과 같게 되는 재료 내부의 깊이를 "표준 침투 깊이(standard depth of penetration)"로 정의한다. 그러면 식 (3-13)으로부터 표준 침투 깊이는 다음과 같이 유도된다.

$$\delta = \frac{1}{\sqrt{\pi f \mu \sigma}}$$

(3-16)

여기에서, $\delta$ = 표준 침투 깊이(m), $\pi$ = 3.1416, $f$ = 검사 주파수(Hz), $\mu$ = 투자율(비자성 재료 = $4\pi \times 10^{-7}$ H/m), $\sigma$ = 전기전도도(mhos/m)이다.

식 (3-13) 또는 식 (3-14)로부터 표준 침투 깊이($\delta$), 표준 침투 깊이 2배($2\delta$) 및 표준 침투 깊이 3배($3\delta$)에서 와전류 밀도의 크기는 다음과 같이 계산된다.

$$(x = \delta) \Rightarrow \frac{J(x)}{J_0} = \frac{1}{e} = \frac{1}{2.71828} = 0.368 = 36.8\,\%$$

$$(x = 2\delta) \Rightarrow \frac{J(x)}{J_0} = \frac{1}{e^2} = \frac{1}{7.38906} = 0.135 = 13.5\,\%$$

$$(x = 3\delta) \Rightarrow \frac{J(x)}{J_0} = \frac{1}{e^3} = \frac{1}{20.08554} = 0.0498 = 5.0\,\%$$

표준 침투 깊이에서 와전류 밀도는 표면의 값에 비해 $(1/e)$ 또는 약 37 %인 값으로 감소하며, 표준 침투 깊이의 두 배인 깊이에서 와전류 밀도는 표면의 값에 비해 $(1/e)^2$ 또는 13.5 %인 값으로 감소하고, 표준 침투 깊이의 세 배인 깊이에서 와전류 밀도는 표면의 값에 비해 5 %인 값으로 감소한다.

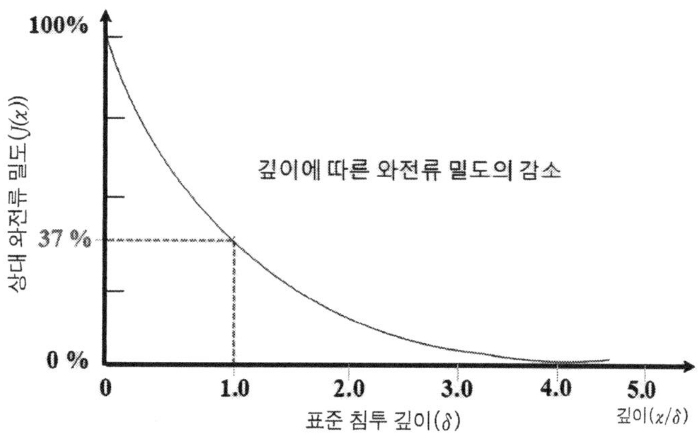


그림 3-13　깊이에 따른 와전류 밀도의 변화

## (2) 표준 침투 깊이의 계산

재료의 전기전도도와 투자율을 알고 있다면, 식 (3-16)을 사용하여 표준 침투 깊이를 계산할 수 있다. 하지만 식 (3-16)에 적용할 전기전도도와 투자율 값을 SI 단위의 값을 적용해야 하는 관계로 간단한 숫자가 아니며, 또한 계산 결과가 m 단위의 값으로 나타나기 때문에 계산할 때 주의를 기울여야 한다.

다른 방법으로 재료의 전기전도도보다 비저항과 재료의 상대 투자율을 알고 있다면, 표준 침투 깊이를 식 (3-17)에 사용하여 계산할 수 있다.

$$\delta = K\sqrt{\frac{\rho}{f\mu_r}} \tag{3-17}$$

여기에서, $\delta$ = 표준 침투 깊이(mm, 또는 inch), $\pi$ = 3.1416, $f$ = 검사 주파수(Hz), $\mu_r$ = 재료의 상대 투자율(H/m, Oe/m) 비자성 재료의 경우 1, $\rho$ = 비저항($\mu\Omega\cdot$cm), $K$ = 상수(밀리미터 단위일 때는 50, 인치 단위일 때는 1.98)이다.

식 (3-17)을 사용할 때, 투자율은 상대 투자율을 사용하므로 비자성 재료의 경우 1을 적용하고 비저항 값도 $\mu\Omega\cdot$cm 단위의 숫자를 적용하기 때문에 간단한 수를 적용할 수 있는 장점이 있다. 하지만 사용 단위에 따라 적용하는 상수가 다르므로 이에 대한 주의가 필요하다.

---

### 예제

검사 주파수 100 kHz에서 스테인리스강 304 열교환기 튜브의 표준 침투 깊이를 구해 보자.

스테인리스강 304 열교환기 튜브는 두께가 0.7 mm이고 $\rho$ = 72 $\mu\Omega\cdot$cm, $\mu_r$ = 1이다. 표준 침투 깊이는 다음과 같이 계산할 수 있다.

$$\delta = 50\sqrt{\frac{\rho}{f\times\mu_r}} = 50\sqrt{\frac{72}{100\times10^3\times1}} = 1.3 \text{ mm}$$

여기에서, $\delta$ = 표준 침투 깊이(mm), $\rho$ = 비저항($\mu\Omega\cdot$cm), $f$ = 검사 주파수(Hertz), $\mu_r$ = 상대 투자율(무차원)이다.

또한 재료의 %IACS 값을 알고 있거나, 제료의 비저항을 알고 있을 때 식 (3-18)의 변환식을 이용하여 재료의 %IACS와 비저항[$\rho(\mu\Omega\cdot$cm)]을 구할 수 있다.

$$\rho = \frac{172.41}{\%IACS} \quad \text{또는} \quad \%IACS = \frac{172.41}{\rho(\mu\Omega\cdot cm)} \tag{3-18}$$

와전류검사에서 금속의 전기전도도를 나타내는 방법은 국제연동표준International Annealed Copper Standard, IACS)을 사용한다. 이 표준은 고순도 연동(pure annealed copper)에 대해 %IACS 값을 100으로 하고 이를 기준으로 한다. 구리 외 대부분의 금속은 고순도 연동보다 더 작은 전기전도도 값을 갖는다. 와전류검사가 이루어지는 주요 금속재료의 IACS 전기전도도 값(%IACS)을 〈표 3-1〉에 나타내었다.

**예 제**

알루미늄 재료의 %IACS는 다음과 같이 구할 수 있다.

표 3-1에서 알루미늄의 비저항은 2.655 $\mu\Omega \cdot$cm이므로 알루미늄의 %IACS는 식 (3-18)에 따라 아래와 같이 구할 수 있다.

$$\%\text{IACS} = \frac{172.41}{\rho(\mu\Omega \cdot cm)} = \frac{172.41}{2.655} = 64.94 \ \%\text{IACS}$$

표 3-1  금속 및 합금의 비저항과 전기전도도

| 재 질 | 전기전도도(%IACS) | 비저항($\mu\Omega \cdot$cm) |
|---|---|---|
| 애드미럴티 황동(admiralty brass) | 24.00 | 7.184 |
| 알루미늄(99.9 %) | 64.94 | 2.655 |
| 알루미늄(6061-T6) | 40.00 | 4.066 |
| 알루미늄(7075-T6) | 32.00 | 5.388 |
| 알루미늄 청동((bronze) | 14.00 | 12.320 |
| 적색 황동(brass, red) | 37.00 | 4.660 |
| 황동(brass, yellow) | 27.00 | 6.386 |
| 연청동(annealed bronze) | 44.00 | 3.918 |
| 연동(annealed copper) | 100.00 | 1.724 |
| 탈산동(deoxidated copper) | 85.00 | 2.028 |
| 구리-니켈합금(90-10) | 9.74 | 17.710 |
| 구리-니켈합금(80-20) | 6.58 | 26.200 |
| 구리-니켈합금(70-30) | 4.50 | 38.310 |
| 하스텔로이-C(hastelloy-C) | 1.30 | 132.600 |
| 인코넬(inconel) 600 | 1.70 | 101.400 |
| 주괴철(99.9 % iron) | 15.60 | 11.050 |
| 철(iron) | 18.00 | 9.579 |
| 납(lead) | 8.40 | 20.530 |
| 모넬(monel) | 3.58 | 48.160 |
| 먼츠메탈(muntz metal)(아연4, 구리6) | 28.00 | 6.158 |

| 재 질 | 전기전도도(%IACS) | 비저항($\mu\Omega\cdot$cm) |
|---|---|---|
| 순은(pure silver) | 105.00 | 1.642 |
| 스테인리스강 304 | 2.50 | 68.970 |
| 스테인리스강 316 | 2.30 | 74.960 |
| 순 주석(pure tin) | 15.00 | 11.490 |
| 타이타늄(titanium) | 3.10 | 55.620 |
| 텅스텐(tungsten) | 31.40 | 5.491 |
| 우라늄(uranium) | 6.00 | 28.740 |
| 아연(zinc) | 29.00 | 5.945 |
| 지르칼로이(zircaloy)-2 | 2.40 | 71.840 |
| 지르코늄(zirconium) | 4.20 | 41.050 |

### (3) 유효 침투 깊이

코일에 의한 자기장의 범위는 코일 지름에 따라 변하여 와전류 유효 침투 깊이는 대략 코일의 지름으로 제한된다. 결과적으로 코일이 너무 작으면 특정 깊이에서 와전류 밀도는 표준 침투 깊이 식으로 계산된 것보다 작다. 유효 침투 깊이는 와전류 밀도가 표면 밀도의 5 %로 감소하는 깊이로 정의한다. 이것은 검출이 가능한 코일 임피던스를 변화시키기 위해 2차 자기장을 형성하는 데 필요한 최소한의 와전류 밀도이다. 이처럼 코일 지름이 최소 표준 침투 깊이의 3배만큼 큰 조건에서 유효 깊이는 표준 침투 깊이의 3배와 같다. 표준 침투 깊이의 3배인 $3\delta$를 초과하는 깊이에 유도된 와전류는 너무 작아 이곳의 불연속 검출은 매우 어렵다. 참고로 ASTM E1004[2]에 따르면 전기전도도 시험 목적으로 사용되는 유효 침투 깊이는 $2.6\delta$이다.


## 3.3.5 위상 지연

와전류는 전자기유도의 결과로 생성된다. 유도 회로에서 전류의 위상은 전압 위상보다 90° 뒤지므로 유도된 와전류의 전류 위상도 전압의 위상에 대해 90° 뒤진다. 또한 코일의 자기장에 의해 유도된 와전류가 재료 두께를 통과하는 데 시간을 소요한다. 이러한 시간 소요는 깊이에 따라 와전류의 위상 지연을 발생시키며, 이를 통해 결함의 깊이를 추정할 수 있다. 즉, 위상 지연은 와전류가 두께를 통과하는 소요 시간과 관련된다. 이러한 위상 지연은 사인 함수의 교류 파형에서 시간차에 대한 관계를 설명하는 데 사용되며 보통 라디안(radian) 또는 도(degree)로 나타낸다.

와전류는 표면 아래 깊이가 증가함에 따라 전류 밀도가 감소하면서 위상이 지연된다. 표면에

---

2) ASTM E1004: Standard test method for determining electrical conductivity using the electromagnetic(eddy current) method

서 와전류의 위상각을 기준 각도로 하여 깊이에 따른 위상 지연은 다음과 같이 주어진다.

$$\alpha = x\sqrt{\pi f \mu \sigma} = \frac{x}{\delta} \tag{3-19}$$

여기에서, $\alpha$ = 위상 지연, $x$ = 표면으로부터 깊이(m), $\pi$ = 3.1416, $f$ = 검사 주파수(Hz), $\mu$ = 투자율(비자성 재료 = $4\pi \times 10^{-7}$ H/m), $\sigma$ = 전기전도도(Mho/m), $\delta$ = 표준 침투 깊이(m)이다.

식 (3-17)에 나타낸 것과 같이 와전류의 위상은 깊이와 선형적인 관계를 갖는다. 즉, 재료 내에서 와전류의 위상은 표준 침투 깊이마다 1라디안(1 rad = 57.3°)의 비율로 지연된다. 이에 따라 와전류검사에서 위상 지연 신호는 불연속의 깊이와 재료 두께를 나타낸다. 두꺼운 재료에서 깊이에 따른 와전류 위상각의 변화가 그림 3-14에 나타나 있다. 깊이($x$)가 표준 침투 깊이와 같을 때 위상 지연은 57.3° 또는 1 rad이다.

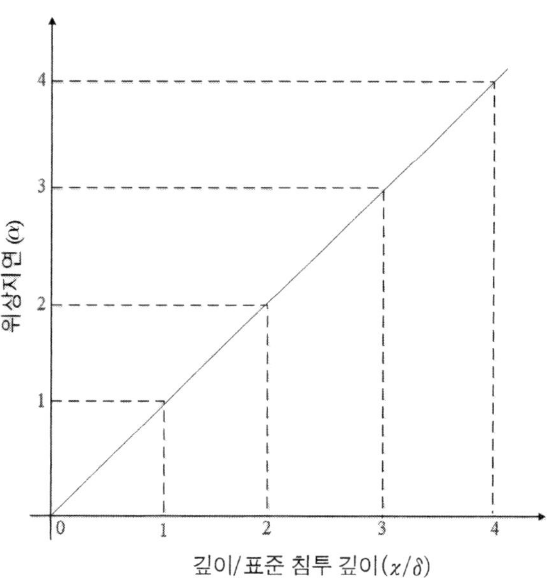

그림 3-14　**깊이에 따른 와전류 위상각의 변화(평면파)**

그림 3-14에서 깊이에 따른 위상 지연을 라디안이 아닌 각도 값으로 환산하려면 식 (3-20)을 사용한다.

$$\beta = 57.3 \times \left(\frac{x}{\delta}\right) \tag{3-20}$$

여기에서 $\beta$ = 위상 지연 각도(degree), $x$ = 재료 표면으로부터 깊이(mm), $\delta$ = 표준 침투 깊이(mm) 이다.

검사 주파수 100 kHz에서 스테인리스강 304의 표면으로부터 1.5 mm 깊이에서 위상 지연을 구해 보자.

위상 지연을 계산하기 위해서는 먼저 스테인리스강 304의 표준 침투 깊이를 알아야 한다. 앞의 식 (3-17)을 이용한 예제에서 스테인리스강 304의 표준 침투 깊이는 1.3 mm이다. 스테인리스강 304의 위상 지연은 이 표준 침투 깊이와 식 (3-20)을 사용하여 다음과 같이 구할 수 있다.

$$\beta = 57.3 \times \left(\frac{x}{\delta}\right) = 57.3 \times \left(\frac{1.5}{1.3}\right) = 66 \text{ 도(degree)}$$

여기에서, $\beta$ = 위상 지연(degree), $x$ = 표면으로부터 깊이(mm), $\delta$ = 표준 침투 깊이 (mm)이다.

와전류 결함 신호는 결함에 의해 방해를 받은 와전류의 진폭과 위상에 따라 결정된다. 크기가 작은 표면 불연속과 크기가 큰 내부 불연속은 코일 임피던스 크기 변화에 비슷한 영향을 미친다. 그러나 깊이에 따라 위상 지연이 증가하므로, 임피던스의 벡터 표현으로 임피던스 평면에서 다른 위치에 운전점이 위치한다. 이러한 관계를 분석하여 불연속의 위치와 크기(범위)를 결정할 수 있다. 위상 지연은 두께가 유한한 재료의 경우 식 (3-18)로 결정할 수 있다. 재료 표면의 와전류와 표면직하의 와전류는 $x/\delta$ 라디안의 위상 지연이 존재한다.

## 3.3.6 주파수 선정

와전류검사에서 검사 목적에 적합한 검사 주파수를 선정하는 것은 검사의 성패를 좌우하는 가장 중요한 요소이다. 일반적으로 관심 부위에 집중되는 와전류를 유도하려면 충분히 높은 주파수를 사용해야 하고, 반면에 결함에 의해 유발되는 코일 임피던스의 변화를 효과적으로 측정하려면 충분히 낮은 주파수를 선택해야 한다.

열교환기 튜브류 와전류검사는 일반적으로 최소 4개의 주파수를 사용한다. 이를 통해 4개 채널의 차동형 모드인 4개의 주파수 신호가 얻어지고, 추가로 4개 채널의 절대형 모드인 4개의 주파수 신호가 얻어진다. 열교환기 튜브류 와전류검사에서 일반적으로 표준 침투 깊이가 튜브 벽두께를 초과하도록 검사 주파수를 선정한다. 이 때 검사 주파수는 식 (3-21)로부터 구할 수 있다.

$$f_S = K \frac{\rho}{t^2}$$

(3-21)

여기에서 $f_S$ = 표준 침투 깊이에 해당하는 주파수(kHz), $\rho$ = 비저항($\mu\Omega\cdot$cm), $t$ = 튜브 벽두께(mm 또는 in.), $K$ = 상수(밀리미터 단위일 때는 2.5, 인치 단위일 때는 0.00388)이다.

그러나 실제 열교환기 튜브류에 대한 일반적인 와전류검사의 경우 크기 측정 최적 주파수($f_o$)와 검출 주파수($f_{90}$)에 추가로 2개의 저주파수를 사용한다. 최적의 와전류검사 결과를 얻으려면, 일반적으로 최대 4개까지 주파수와 8개 채널을 사용한다. 이러한 다중 주파수는 관련 지시와 비관련 지시를 구분하는데 매우 유용하고 신호 분석에 필수적이다. 이러한 4개 주파수는 아래와 같이 8개의 채널로 신호가 나타난다.

- 최적 주파수($f_o$): 채널 1 차동형 신호와 채널 2 절대형 신호
- 검출 주파수($f_{90}$): 채널 3 차동형 신호 및 채널 4 절대형 신호
- 중간주파수($f_o/4$): 채널 5 차동형 신호 및 채널 6 절대형 신호
- 저주파수($f_o/8$): 채널 7 차동형 신호 및 채널 8 절대형 신호

결함 검출을 위한 최적의 검사 주파수를 선정하기 위해 추가로 고려해야 할 사항은 와전류 탐촉자의 주파수 응답 특성이다. 필요한 검사 주파수가 결정되면 탐촉자는 검사 주파수 부근의 사용 가능한 주파수 범위 내에서 운영하도록 설계되어야 한다. 탐촉자를 이러한 범위 밖의 주파수로 운전할 때 결함 검출 감도는 크게 저하된다. 또한 탐촉자의 연장 케이블은 케이블의 용량성 리액턴스로 인해 탐촉자의 주파수 응답 특성에 큰 영향을 미친다. 이러한 문제를 최소화하기 위한 접근 방법은 사용이 예상되는 연장 케이블의 길이에 따라 적용할 검사 주파수의 적용 범위를 명시하는 것이며, 또 다른 방법은 임피던스 측정기를 사용하여 주파수의 응답 특성을 확인하는 것이다.

보우디 선도(Bode plot) 또는 스위프(sweep) 주파수 선도는 특정 와전류 탐촉자의 운전 가능한 주파수 범위를 나타내기 위해 사용된다. 그림 3-15는 스테인리스 304 튜브의 검사 주파수 범위에서 코일 임피던스와 위상각을 나타낸 보우디 선도이다.

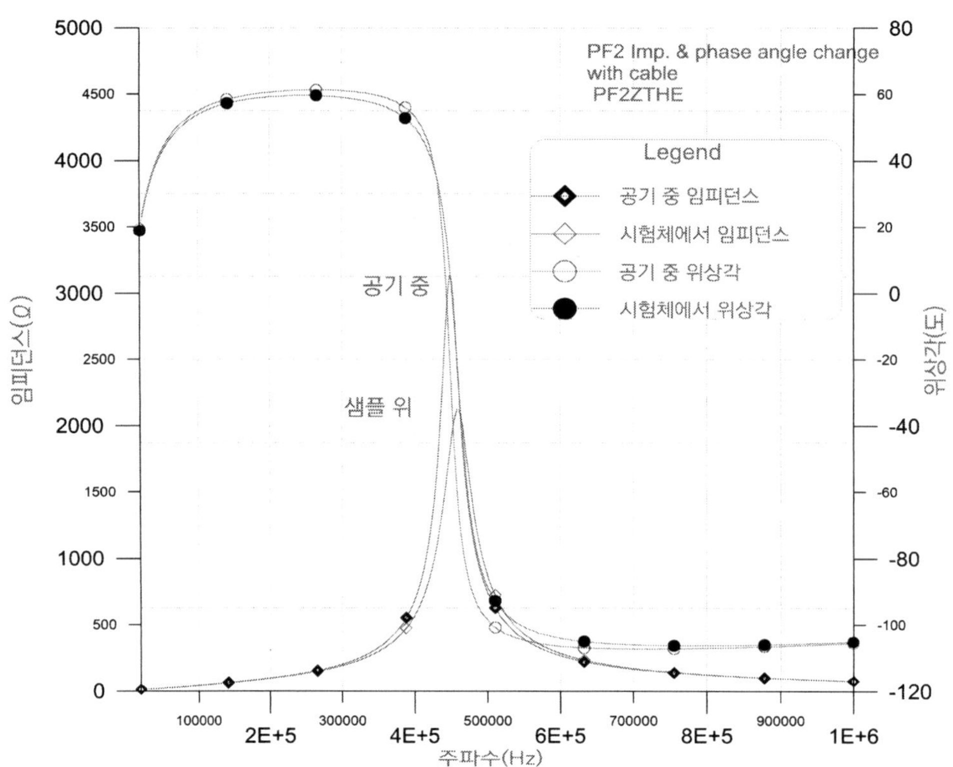



그림 3-15    보빈 코일의 특정 검사 주파수 범위에서 임피던스 및 위상 응답을 나
타내는 보우디 선도(또는 스위프 주파수 선도)

일반적으로 결함 검출 감도는 와전류 코일의 임피던스가 최고인 주파수 부근에서 가장 좋으
며 그림 3-15에서 최고 감도 주파수는 450 kHz이고, 이 주파수에서 위상각이 180° 반전된다.
이 주파수를 공진 주파수(resonant frequency)라 하며 주파수 공진은 탐촉자 코일의 유도성
리액턴스가 연장 케이블의 용량성 리액턴스와 같은 크기일 때 발생하며, 식 (3-22)의 조건을
만족한다.

$$\omega L = \frac{1}{\omega C} \qquad (3\text{--}22)$$

여기에서 $\omega$ = 각주파수($2\pi f$, rad/s), $L$ = 코일의 인덕턴스(H), $C$ = 케이블의 총 커패시턴스
(F)이다.

위 식에서 $\omega = 2\pi f$를 대체하면 와전류 탐촉자의 공진 주파수는 식 (3-23)으로 주어진다.

$$f_r = \frac{1}{2\pi \sqrt{LC}} \qquad (3\text{--}23)$$

코일의 저항($R$)이 무시할 수 있을 정도로 작을 때 공진 주파수는 다음 식으로 주어진다.

$$f_r = \frac{1}{2\pi\sqrt{LC}} \left( \frac{Q^2}{1+Q^2} \right) \tag{3-24}$$

여기에서 $Q$는 품질계수(quality factor)로서 다음의 관계를 갖는다.

$$Q = \frac{X_L}{R} \tag{3-25}$$

품질계수($Q$)는 유도 회로에서 인덕터(코일)의 유도성 리액턴스($X_L$)와 저항($R$)의 비로, 인덕턴스($L$), 커패시턴스($C$) 및 저항($R$)을 포함하는 공진 회로에 적용할 수 있다. 인덕터의 품질계수($Q$) 수준은 인덕터의 전체적인 성능을 나타내며 유도 회로 설계에서 많이 사용되는 인자이다. 인덕터는 보통 순수한 인덕턴스를 갖는 것으로 간주할 수 있지만 실제로는 약간의 저항을 갖는다. 이 저항은 에너지 손실을 유발하고 이에 따라 인덕터의 품질계수($Q$)가 감소한다. 사실 인덕터 저항은 인덕터의 주요 성능을 제한할 수 있는 인자 중 하나이다. 인덕터의 품질계수($Q$)가 중요한 회로에 인덕터가 사용될 때는 저항이 중요한 인자가 된다. 어떤 저항이라도 회로 전체 인덕터의 품질계수($Q$)가 감소한다.

대부분의 아날로그 와전류검사 장치에 사용되는 탐촉자는 공진 주파수 이하에서 운전된다. 이것은 주파수가 공진점 부근에서 표류하는 현상을 방지하기 위한 것이며, 이에 따라 탐촉자의 운전 주파수 영역에서 위상각이 180° 반전되는 현상을 피할 수 있다. 이에 비해 최근의 디지털 와전류검사 장치는 아날로그 장치에 비해 훨씬 안정적이므로 공진 주파수 근처에서 탐촉자 평형점을 유지하는 것이 문제 되지 않을 수도 있다. 그러나 공진 주파수 이상에서 용량성 리액턴스가 감소하여 탐촉자 성능을 떨어뜨린다. 즉 전류가 코일보다 케이블에 더 많이 흐르게 된다.

일반적으로 넓은 범위의 주파수 영역에서 탐촉자의 유도성 결합을 유지하기 위해 탐촉자의 공진 주파수를 높이는 것이 바람직하다. 보우디 선도 또는 스위프 주파수 선도를 사용할 수 없을 때 교정 표준 시험편을 이용하여 탐촉자의 여러 주파수에서 얻어진 신호의 진폭을 비교하여 최적 검사 주파수를 결정할 수 있다. 즉 대비 시험편 결함으로부터 얻어진 가장 큰 신호 진폭은 탐촉자의 공진점에 근접한 주파수를 의미한다. 결함 검출 주파수($f_{90}$)도 또한 이 같은 탐촉자 공진점에 근접한 주파수이다.

주파수를 선정할 때 주파수를 높이면, 튜브 지지판, 외면의 전도성 퇴적물 등과 같은 외부 잡음원에 대한 와전류 응답 신호 진폭은 감소되는 반면에 튜브 제작 또는 취급 중에 발생한 외면의 흠집 등에 의해 발생하는 튜브 외면 잡음에 대한 응답 신호 진폭이 증가하는 것을 고려해야 한다. 반대로 주파수를 감소시키면 튜브 외면에 대한 응답 신호는 증대되지만 찌그러짐(dent)이나 탐촉자 흔들림과 같은 튜브 내면 잡음은 감소한다.

와전류검사는 재료 내의 와전류 분포와 흐름의 변화에 의한 탐촉자의 임피던스 변화를 측정하는 검사이다. 실제 검사에서 얻어지는 와전류 신호를 효과적으로 분석하려면, 임피던스 선도의 기본적인 개념을 이해하는 것이 매우 중요하다. 여기에서 설명하는 와전류 탐촉자 코일의 모델과 해당 전기회로는 와전류 탐촉자 코일의 임피던스 변화를 이해하는 데 필수적이다. 이를 위하여 검사 재료 변수가 와전류 탐촉자 코일 임피던스에 미치는 영향을 단순화한 임피던스 선도에 대한 변환 과정을 포함하였다.

그림 3-16(a)와 같이 와전류 탐촉자가 검사 재료에 위치하거나 근접해 있을 때 탐촉자 코일은 변압기의 1차 권선으로 간주할 수 있다. 그림 3-16(a)에서 코일에 인가된 교류 때문에 생성되는 자기장은 검사 재료에 와전류를 유도하고 이때 검사 재료는 권선수가 1회($N_S = 1$)인 2차 권선에 해당한다. 이 와전류는 렌츠의 법칙에 따라 코일 주위의 순 자속($\phi_P$)을 감소시키는 자기장을 유도한다.

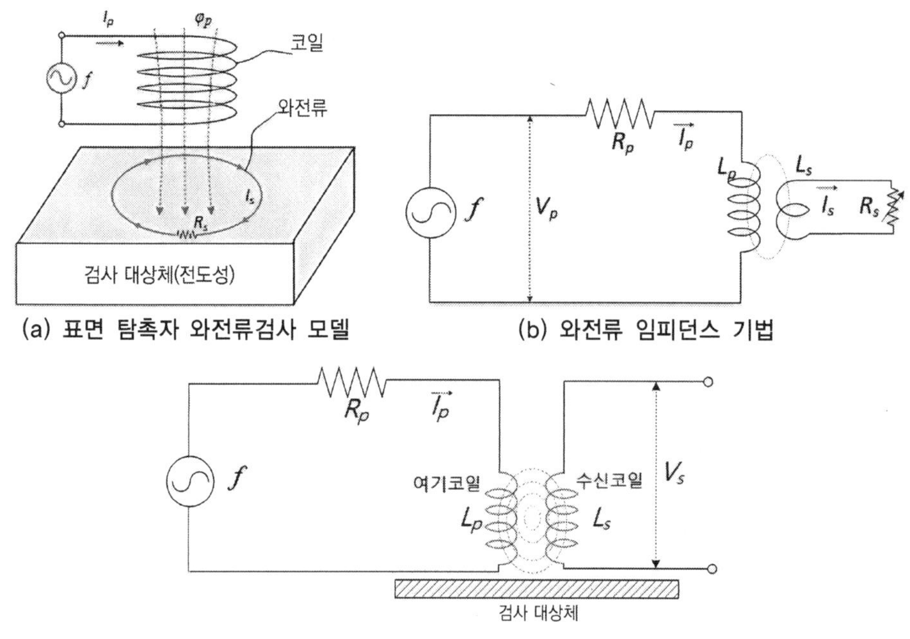


(a) 표면 탐촉자 와전류검사 모델      (b) 와전류 임피던스 기법

(c) 송수신 와전류 기법

그림 3-16　　검사 재료와 와전류 탐촉자 코일의 모델

탐촉자 코일의 모델 회로에서 2차 전류($I_S$)인 와전류 변화를 검출하는 기법은 두 가지가 있다. 첫 번째는 검사 코일의 양단에 걸리는 전압 강하($V_P = I_P Z_P$)를 측정하는 임피던스 기법이다. 이 기법에 따르면, 변압기 2차측 부하가 변할 때 1차측 코일의 전압이 변하게 된다. 따라서 2차 저항($R_S$) 또는 인덕턴스($L_S$)의 변화는 코일 양단 전압($V_P$)의 변화를 측정하여 구할 수 있다. 코일 임피던스의 크기는 다음 식으로 주어진다.

$$|Z| = \sqrt{R^2 + (\omega L)^2} \ (\Omega) \tag{3-26}$$

임피던스 위상은 다음과 같이 구해진다.

$$\Theta = \tan^{-1}\frac{\omega L}{R} \tag{3-27}$$

검사 코일 양단의 전압은 $V = I \cdot Z$가 되고, 여기에서 $I$는 코일을 통과하는 전류이고 $Z$는 코일의 임피던스이다. 전류의 흐름을 방해하는 검사 재료의 저항은 저항성 부하로 반영되고, 코일의 유도성 리액턴스에 병렬로 연결된 저항으로 간주할 수 있다. 이러한 재료에 의한 부하는 코일의 저항과 유도성 리액턴스의 변화를 일으키므로, 이러한 변화에 의한 코일 임피던스를 정규화 임피던스 선도로 표시한다.

두 번째는 그림 3-16(c)에 나타낸 것과 같이 별도의 2개 코일을 사용하는 송수신법이다. 이 기법은 그림 3-16(c)에 나타낸 것과 같이 재료에 흐르는 와전류($I$)가 불연속에 의해 변화되고, 이러한 전류 변화는 별도의 2차 수신 코일 양단에 걸리는 전압($V_s$)에 반영되므로, 2차 코일의 전압을 측정하여 와전류 변화를 감지하는 기법이다.


### 3.4.1 등가 회로와 단순화 임피던스 선도

와전류 탐촉자와 재료는 그림 3-17(a)에 나타낸 것과 같이 권선수가 여러 횟수인 1차 코일(탐촉자)과 단일 권선의 2차 코일(재료)을 갖는 전기 변압기 모델로 변환할 수 있다. 이 회로에서 2차 회로 부하(재료)는 코일의 유도성 리액턴스($\omega L_0$)와 부하 저항($R_S$)을 병렬로 연결한 등가 회로로 단순화한다. 이것이 전도성 재료에 인접해 있는 실제 코일에 대한 대략적인 모델이다. 여기에서 1차 코일의 모든 자속은 검사 재료와 100 % 전자기 결합을 한다고 가정하고, 재료 두께 전체에 걸쳐 표피 효과에 의한 감쇠와 위상 지연은 고려하지 않는다[1].

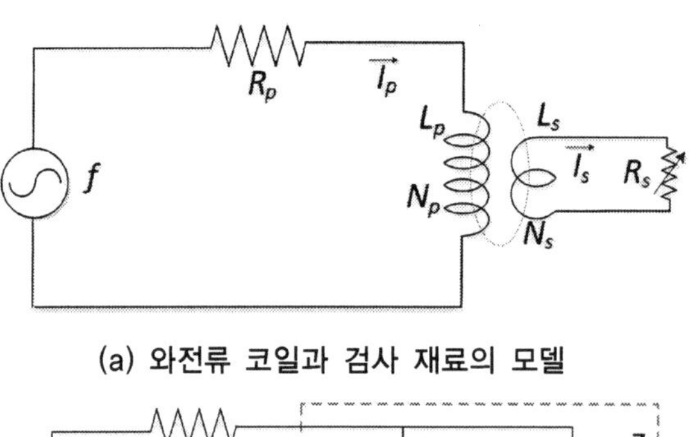

(a) 와전류 코일과 검사 재료의 모델

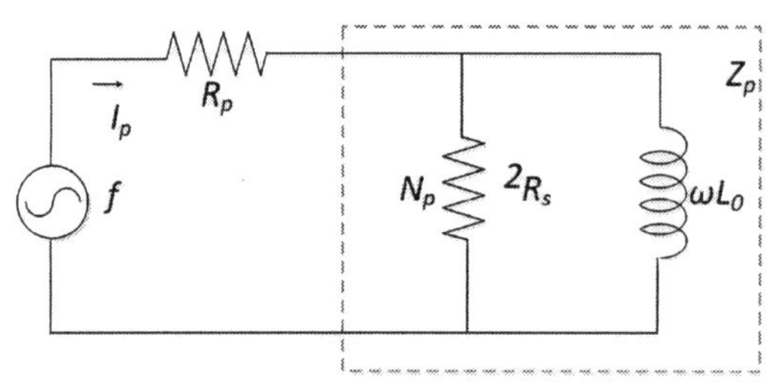

(b) 등가 병렬회로

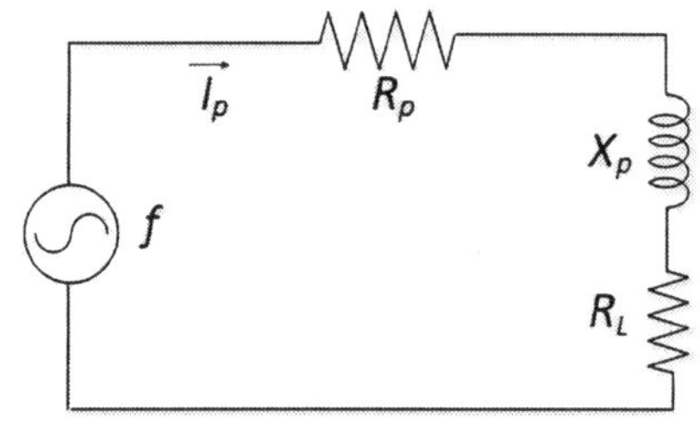

(c) 등가 직렬회로

그림 3-17  **등가 회로**

등가 회로의 개념은 와전류검사에 적용할 수 있는 단순화된 임피던스 선도를 작성하는 데 매우 유용하다. 이 임피던스 선도는 표피 효과에 의한 변화를 포함하여 와전류 발생에 영향을 미칠 수 있는 여러 인자의 영향을 세부적으로 도시할 수 있다. 코일과 검사 재료에 대한 회로 모델은 수학적 모델링에 의하여 그림 **3-17(a)**와 같은 간단한 직렬회로로 구성된다. 그림 **3-17(b)**에서 부하 저항($R_S$) 성분은 코일 권선비의 제곱($N_P$ / $N_S$ )$^2$을 곱하여 1차 권선 성분과 결합할 수 있다. 병렬회로의 총 임피던스($Z_P$)는 다음과 같이 평가하여 등가 직렬회로로 변환이 가능하다[1].

$$Z_P = \frac{Z_1 Z_2}{Z_1 + Z_2} \tag{3-28}$$

여기에서, $Z_1 = N_P^2 R_S$, $Z_2 = jX_o$, $X_o = \omega L_o$(코일의 공기 중 유도성 리액턴스)이다.

식 (3-28)에 $Z_1$, $Z_2$ 및 $X_0$를 대입하면 식 (3-29)를 얻는다.

$$Z_P = \frac{jN_P^2 R_S X_0}{N_P^2 R_S + jX_0} \tag{3-29}$$

다시 식 (3-29)는 실수부와 허수부로 구분한 식 (3-30)으로 변환할 수 있다.

$$Z_P = \frac{N_P^2 R_S X_0^2}{(N_P^2 R_S)^2 + (X_0)^2} + j\frac{(N_P^2 R_S)^2 X_0}{(N_P^2 R_S)^2 + (X_0)^2} \tag{3-30}$$

이 식은 1차 회로에서 저항($R_L$)과 유도성 리액턴스($X_P$)의 직렬연결로 간주할 수 있다. 총 임피던스($Z_P$)는 식 (3-31)과 같이 나타낼 수 있다.

$$Z_p = R_L + jX_p \tag{3-31}$$

따라서 그림 3-17(c)의 직렬회로는 그림 3-17(b)의 병렬회로와 완전히 같다. 저항 성분 $R_P$는 코일의 구리선과 케이블의 저항으로 간주할 수 있고, $Z_p = R_L + jX_p$는 재료와 자기적으로 결합한 코일의 순 임피던스이다. 탐촉자가 재료에서 상당히 멀리 떨어진 공기 중에 있을 때 $R_S$는 상당히 크므로 식 (3-30)에 $R_S = \infty$를 대입하면 다음 식이 얻어진다.

$$R_L = 0, \ X_P = X_0 \ \text{및} \ Z_P = X_0 \tag{3-32}$$

$R_S = \infty$는 개회로를 의미하기 때문에 위 결과는 그림 3-17(b)에서 $N_P^2 R_S$성분을 소거하여 얻어진다. 마지막으로 한 번 더 식을 변환하면 복소평면의 임피던스 선도가 얻어지고 식 (3-30)은 식 (3-33)과 같이 간략화 된다.

$$C_o = X_o \ G \tag{3-33}$$

여기에서 $G = \dfrac{1}{N_P^2 R_S}$이고 등가 회로의 컨덕턴스이다.

이것을 식 (3-30)에 대입하면 다음 식이 얻어진다.

$$Z_P = X_0 \frac{C_0}{1 + C_0^2} + j\frac{X_0}{1 + C_0^2} \tag{3-34}$$

코일이 검사 재료로부터 멀리 떨어진 공기 중에 있는 유도성 리액턴스($X_0$)에 대해 정규화하면 식 (3-35)를 얻는다.

$$\frac{Z_p}{X_o} = \frac{C_0}{1 + C_0^2} + j\,\frac{1}{1 + C_0^2} \tag{3-35}$$

식 (3-35)에서 $C_0$를 영(0)에서 무한대($\infty$)로 변화시키면, 그림 3-18의 임피던스 곡선을 얻는다. 임피던스 선도는 중심이 $X_P/X_0 = 1/2$, $R_L/X_0 = 0$인 반원에 해당한다. 식 (3-35)와 그림 3-18을 이용하면 코일의 임피던스 변화를 재료 특성 변화와 관련지을 수 있다.

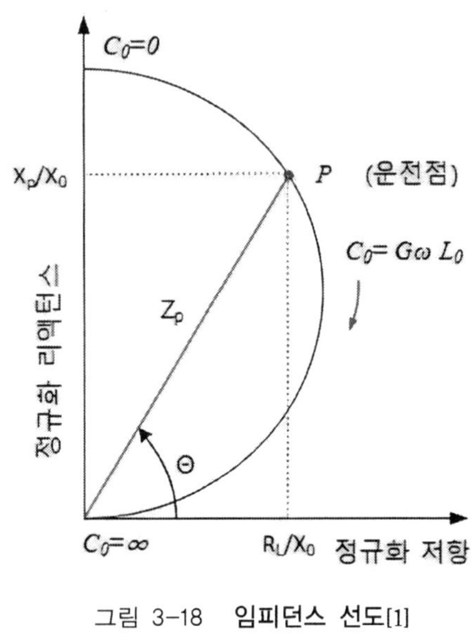


그림 3-18　임피던스 선도[1]

## 3.4.2 코일 임피던스와 검사 재료 특성 사이의 관계

와전류검사 변수의 변화가 탐촉자 임피던스에 미치는 영향은 식 (3-29) 또는 식 (3-30)으로부터 유추할 수 있다. 각 변수를 차례로 $C_o = X_0/N_P^2 R_S$에 대입한다. 변수가 증가하여 $C_0$가 증가하면 운전점은 임피던스 곡선의 아래로 향하고, $C_0$가 감소하면 운전점은 위로 향한다. 이 같은 연관 관계는 여러 검사 변수의 영향을 정량적으로 평가하는 데 매우 유용하다. 또한 검사 재료를 인덕터인 코일에 저항이 병렬로 연결된 것으로 간주한 단순한 등가 병렬회로로부터 유추 가능한 탐촉자와 재료의 영향을 분석하는 데 유용하게 사용된다. 식 (3-29) 또는 식 (3-30)으로부터 다음을 알 수 있다[1].

① $R_S$ 값의 증가에 따라 $C_0$ 값은 감소한다.

즉 와전류 흐름에 대한 저항이 증가하면, 그림 3-19(a)의 임피던스 선도에서 운전점($P$)은 반원을 따라 위쪽으로 향한다.

② $R_S = \rho\ell/A$

여기에서, $\rho$ = 비저항, $\ell$ = 와전류 경로 거리, $A$ = 와전류 분포 단면적이다. 따라서 재료의 비저항은 $\rho$ = 상수 $\times R_S$가 된다. 비저항이 증가함에 따라 운전점($P$)은 그림 3-19(a)의 임피던스 선도 위쪽으로 이동하고, 이와 반대로 전기전도도($\sigma$)가 증가하면 아래로 이동한다.

③ 검사 재료가 얇은 튜브 또는 두께 $t$를 갖는 판재일 경우 $R_S = \rho\ell/A = \rho\pi D/tW$ 이다. 탐촉자 또는 튜브의 직경($D$)과 코일 폭($W$)이 일정하면, $R_S = $ 상수 $/t$가 된다. 따라서 튜브 또는 판재 두께가 두꺼워지면, $R_S$가 감소하므로, 그림 3-19(b)의 임피던스 선도에서 운전점($P$)은 위쪽으로 이동한다.

④ 검사 재료의 특성이 일정할 경우 $C_0 = \omega L_0/N_P^2 R_S = $ 상수 $\times \omega (= 2\pi f)$가 된다. 그림 3-19(c)의 임피던스 선도에서 검사 주파수($f$)가 증가하면, 운전점($P$)은 아래쪽으로 이동한다.

⑤ $L_0 = $ 상수 $\times D^2$: 탐촉자 인덕턴스는 탐촉자 또는 튜브 직경의 제곱에 비례하여 증가한다. 또한 두께($t$)와 코일 폭($W$)이 일정할 경우 $R_s = \rho\pi D/tw = $ 상수가 된다. 식 $C_0 = \omega L_0/N_P^2 R_S$에 $L_0$와 $R_S$를 대입하면 $C_0 = $ 상수 $\times D$가 되므로 튜브 직경 또는 탐촉자 직경이 증가하면 그림 3-19(d)의 임피던스 선도에서 운전점($P$)은 아래쪽으로 향한다.

⑥ 등가 회로를 유도할 때 단순화를 위해 탐촉자와 검사 재료의 전자기 결합을 100 % 완전한 것으로 가정한다. 그러나 탐촉자와 재료 사이의 상호 자기결합이 감소할 때 그림 3-19(e)에서 $C_0$가 영(0)에서 무한대($\infty$)로 증가하면서 임피던스 궤적은 더 작은 원을 그리게 된다.

그림 3-19와 같이 단순화 임피던스 선도에서 재료와 검사변수의 상호작용이 코일 임피던스에 미치는 영향을 분석할 수 있다. 코일 임피던스에 대한 등가 회로의 추출은 여러 가지 검사변수의 영향을 정량적으로 이해하는데 유용하게 사용되고, 이것은 비자성 재료와 표피 효과에 의한 감쇠현상과 재료 깊이에 따른 위상 지연이 없을 때 유효하다. 여러 검사변수의 작용은 검사변수가 증가 또는 감소할 때 임피던스 선도의 반원 상에 그려진다. 와전류 흐름에 대한 저항의 증가 또는 재료 비저항이 증가할 때 임피던스 선도에서 운전점($P$)은 위쪽으로 이동한다. 즉 코일의 인덕턴스가 증가하고 코일 저항이 변한다.

재료의 전기전도도($\sigma$), 두께($t$), 또는 튜브 직경($D$)이 증가하면 운전점($P$)은 임피던스 선도 아래로 이동한다. 또한 검사 주파수($f$) 또는 탐촉자 직경이 증가할 때 운전점($P$)은 임피던스 선도 아래로 이동한다. 그림 3-19에 나타내지 않았지만, 충전율($\eta$)이 감소하거나 리프트 오프가 증가하면 반원의 반경이 작아지고 코일 임피던스 변화가 더 작게 된다. 해당 검사 조건에 따라 운전점($P$)을 임피던스 선도의 특정 위치에 위치하도록 하는 것이 바람직하다. 이것은 검사변수를 적절하게 선택함으로써 가능하다.

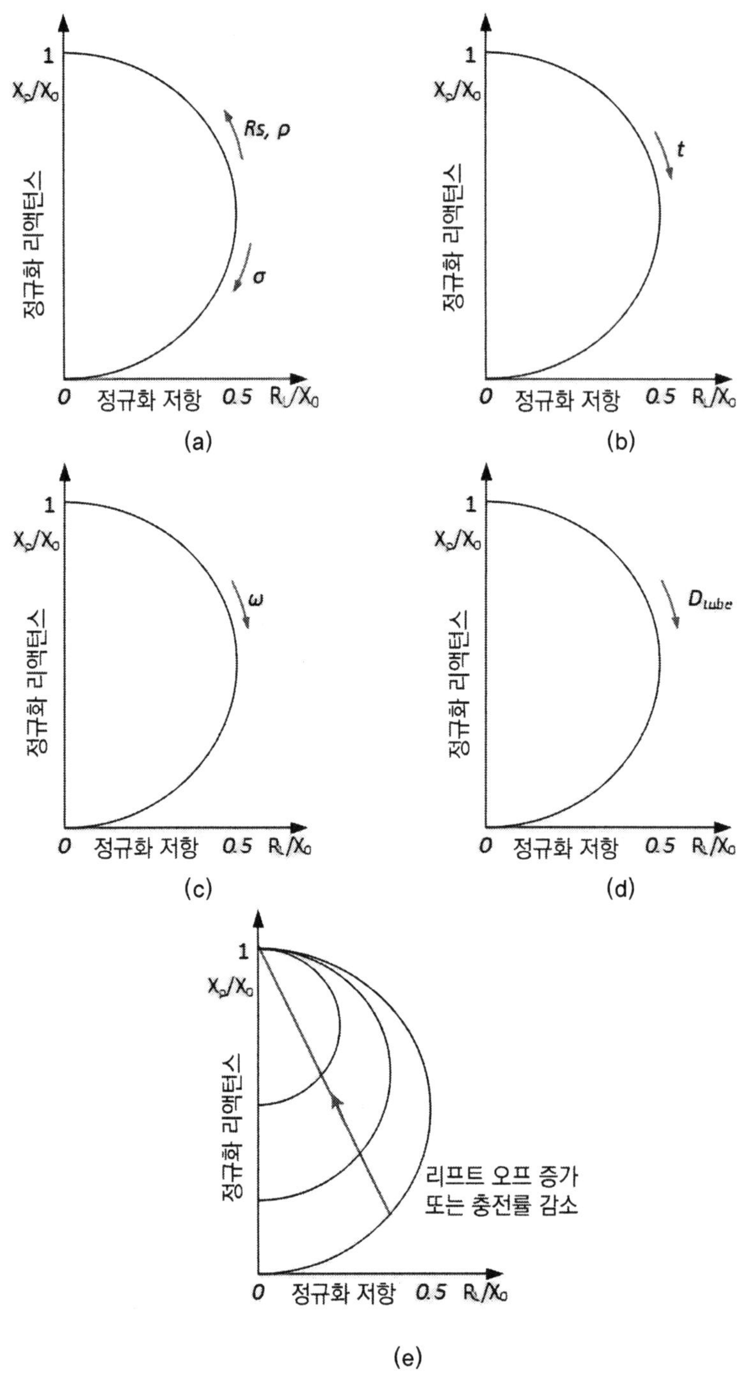


그림 3-19    단순화 임피던스 선도

## 3.5.1. 전자기 결합계수(k)

와전류검사에서 전자기 결합은 와전류 코일에 의해 생성된 자기장과 재료 사이의 상호작용이며, "유도 결합"이라고도 한다. 코일로부터 거리가 증가할수록 자기장의 세기가 감소하기 때문에 재료 표면에서 발생하는 와전류의 크기도 감소한다. 즉 탐촉자 코일과 재료 사이의 전자기적 결합은 코일과 재료 사이의 거리에 따라 좌우된다.

전자기 결합계수는 그림 3-20에 나타낸 코일의 총 자속이 다른 코일 또는 재료와 결합되는 비율로 정의한다. 이 계수는 코일과 전도성 재료 사이의 간격이 가까울수록 증가한다. 리프트 오프는 와전류 표면 코일에서 탐촉자와 재료 사이의 간격이고, 충전율(fill-factor)은 동축(관통형 또는 보빈) 코일이 사용될 경우 전자기 결합계수이다. 전자기 결합계수는 탐촉자 코일을 전도체에 가까이할수록 증가한다. 결합계수가 높으면 "밀착 결합"이라고 하며, 전자기 상호유도가 더 잘 이루어진다. 결합계수가 낮으면 "헐거운 결합"이라고 하고, 전자기 상호유도는 나빠진다. 여기 코일과 재료 표면 사이의 간격이 증가하거나 충전율이 감소할 때 발생하는 영향은 유도된 와전류의 크기가 감소하여 재료 특성 변화 또는 불연속에 대한 와전류 감도가 감소된다. 와전류검사에서 결합계수와 관련하여 다음과 같은 리프트 오프와 충전율의 두 가지 용어가 각 용도별로 사용된다.

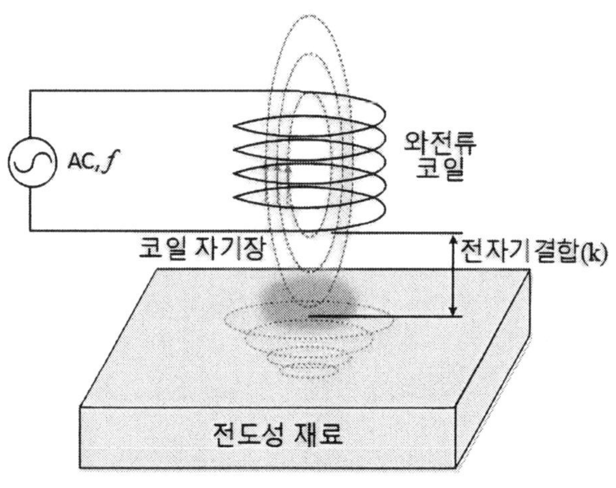


그림 3-20  **표면 코일의 리프트 오프**

## 3.5.2 리프트 오프

그림 3-21에 나타낸 리프트 오프는 표면 코일과 재료 사이의 거리로 정의한다. 코일과 재료 사이 간격의 변화는 이에 상응하는 코일 임피던스의 변화를 야기한다. 와전류 코일의 자기장은 코일 근처에서 최대이고 코일로부터 거리가 멀어짐에 따라 감소한다. 한 예로 코일과 재료가 접촉된 상태에서 0.02 mm 간격으로 떨어뜨릴 때 생성된 리프트 오프 신호는 간격이 0.020 mm에서 0.06 mm로 변화할 때 생성된 리프트 오프 신호에 비해 몇 배 이상 크다. 이와 같은 리프트 오프 변화는 작을지라도 상대적으로 큰 임피던스 변화를 일으킬 수 있으므로, 리프트 오프는 와전류검사에서 중요한 변수로 작용한다.

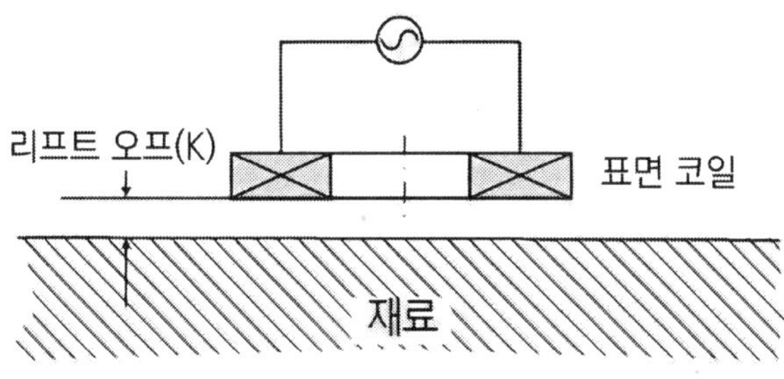



그림 3-21 **표면 코일의 리프트 오프**

탐촉자와 재료가 접촉된 상태에서 탐촉자와 재료 사이 간격을 점차 크게 할 때, 코일의 임피던스 점은 그림 3-22에 나타낸 것과 같이 점 $P_1$에서 점 $P_0$를 향해 이동한다. 이처럼 탐촉자와 재료 사이 간격의 변화에 따라 임피던스 점이 이동하는 경로를 리프트 오프 궤적 또는 리프트 오프 곡선이라고 한다.

리프트 오프의 증가는 잡음을 증가시키고 코일과 재료 사이의 전자기 결합을 감소시키므로, 와전류검사에 바람직하지 않은 변수로 간주한다. 통상적인 와전류검사 장치는 위상각 선별 기능을 갖추고 있으므로 전기전도도 또는 다른 변수로부터 리프트 오프를 분리할 수 있다. 한편 페인트나 플라스틱과 같은 비전도성 코팅의 두께를 측정할 경우 코일과 전기전도체 사이의 간격인 리프트 오프 신호를 이용한다. 또한 리프트 오프는 실린더형 또는 튜브형 재료의 단면 형상 검사(profilmetry)에도 응용이 가능하다.

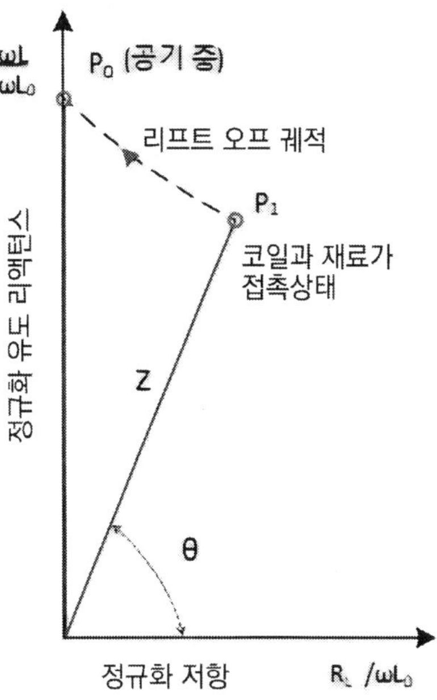



그림 3-22　임피던스 선도에서의 리프트 오프 궤적

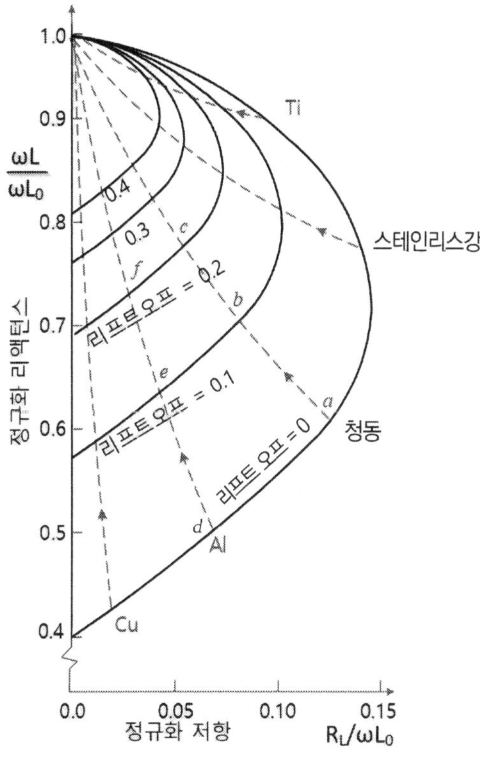



그림 3-23　리프트 오프 변화에 따른 임피던스 점의 이동

표면 코일의 리프트 오프 변화에 대한 특성을 그림 3-23에 나타내었다. 표면 코일의 리프트 오프의 궤적은 그림 3-23에 나타낸 것과 같이 같은 재료에 대해 약간 휘어진 곡선이다. 그림 3-23에서 a-b-c는 청동(bronze)의 리프트 오프 궤적에서 리프트 오프 증가에 따라 각 임피던스 점의 이동 지점을 나타낸 것이고, d-e-f는 알루미늄(Al)의 리프트 오프 궤적에서 리프트 오프 증가에 따른 임피던스 점의 이동 지점을 나타낸다. 리프트 오프가 영(0)인 임피던스 곡선의 점 a에서 d까지 연결한 선은 리프트 오프가 같은 값일 때 황동보다 알루미늄의 전기전도도가 증가하였음을 보여준다. 리프트 오프가 0.1 mm일 때 b-e 곡선과 리프트 오프가 0.2 mm일 때 c-f 곡선은 길이가 점점 짧아지며 전기전도도에 따른 임피던스의 변화가 더 작아지는 것을 알 수 있다.

### 3.5.3 충전율

충전율은 일반적으로 보빈 코일을 튜브 내부로 통과하여 튜브를 검사하거나 원통형 재료를 관통형 코일 내부로 통과하여 검사하는 둥근 환형 모양으로 감긴 코일에 적용하는 변수이다. 적용하는 개념은 표면 코일과 유사하다. 즉 탐촉자 코일과 재료 사이의 전자기 결합은 코일과 재료 사이의 간격에 따라 결정되기 때문에 이 간격을 수치화하여 전자기 결합도를 나타낸다.

충전율은 이와 같이 보빈 코일과 관통형 코일에 적용되며 코일 자기장과 재료 사이의 전자기 결합을 나타내는 표면 코일의 리프트 오프와 유사하다. 즉 충전율은 코일과 원통형 재료 사이의 기하학적 관계이며, $\eta$(이타)로 표기한다.

그림 3-24(a)에서 보빈 코일의 충전율은 다음 식에 따라 구할 수 있다.

$$\text{보빈 코일의 충전율}(\eta) = \frac{\pi\, d^2}{4} \Big/ \frac{\pi\, D^2}{4}$$

$$= \text{보빈 코일의 외부 단면적/튜브의 내부 단면적}$$

$$= d^2 / D^2 \tag{3-36}$$

여기에서, $d$ = 보빈 코일의 바깥지름, $D$ = 튜브의 안지름이다.

그림 3-24(b)에서 관통형 코일의 충전율은 다음 식에 따라 구할 수 있다.

$$\text{관통형 코일의 충전율}(\eta) = \frac{\pi\, d^2}{4} \Big/ \frac{\pi\, D^2}{4}$$

$$= \text{튜브/봉의 외부 단면적/관통형 코일의 내부 단면적}$$

$$= d^2 / D^2 \tag{3-37}$$

여기에서, $d$ = 튜브/봉의 바깥지름, $D$ = 관통형 코일의 안지름이다.

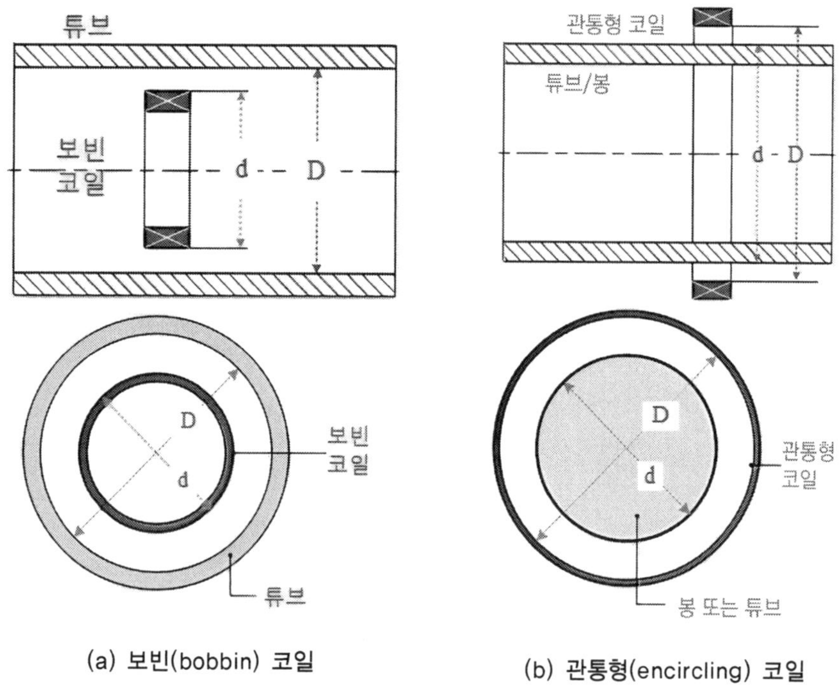



그림 3-24 　보빈 코일과 관통형 코일의 충전율

　　표면 코일의 리프트 오프와 유사하게 보빈 또는 관통형 코일의 작은 충전율 변화일지라도 코일의 큰 임피던스 변화를 일으킨다. 와전류검사에서 최상의 검사 감도를 얻기 위해서 리프트 오프는 최소화하고 충전율은 될 수 있는 대로 크게 하는 것이 매우 중요하며, 이 간격이 가능한 한 일정하게 유지되도록 코일과 탐촉자를 설계해야 한다. 리프트 오프 변화는 코팅 두께 및 불규칙한 표면 상태, 탐촉자 흔들림 등에 의해 유발될 수 있다. 코일에 의한 유도 자기장은 리프트 오프가 작을수록 증가하고 리프트 오프가 증가할수록 감소한다. 따라서, 리프트 오프는 잡음원으로 작용하여 결함 검출에 악영향을 끼치며, 리프트 오프 신호가 균열 신호와 동일한 위상각 방향으로 발생할 경우, 균열 응답과 구분하기 어렵게 된다. 따라서 탐촉자 코일과 재료 사이의 거리는 리프트 오프를 방지하기 위해 가능한 일정하게 유지되어야 한다.

　　보빈 및 관통형 코일의 충전율은 탐촉자와 재료 사이에 간격이 항상 존재하므로 항상 1보다 작다. 충전율은 1에 가까울수록 탐촉자와 재료 사이 간격이 작아져 전자기 결합이 증대되므로 결함 검출 감도가 증대된다. 예를 들어 충전율 0.99는 충전율 0.75보다 훨씬 나은 검사 감도를 제공할 수 있다. 하지만 탐촉자의 충전율과 검사 감도는 서로 상충된다. 즉 충전율이 높아질수록 검사 감도는 향상되지만 탐촉자와 재료 사이의 마찰력 증가로 인해 탐촉자 수명은 단축될 수 있으며, 반대로 충전율이 작아지면 검사 감도는 저하되지만 탐촉자와 재료 사이의 마찰력 감소로 인해 탐촉자 수명은 향상된다. 따라서 현장 검사 조건을 고려하여 탐촉자의 충전율을 적절하게 설계하는 것이 좋다. 원전 증기발생기를 포함한 열교환기 튜브 검사에 적용하는 보빈 코일의 경우 일반적으로 0.83~0.87 정도의 충전율을 적용하고 있다.

와전류검사의 가장 큰 문제는 다른 비파괴검사 방법보다 검사 결과에 영향을 미치는 변수가 많은 것이다. 이러한 변수는 와전류검사의 적용을 제한할 수 있으므로 와전류검사를 성공적으로 수행하기 위해서는 검사 결과에 영향을 미칠 수 있는 바람직하지 않은 변수의 영향을 가능한 한 최소화해야 한다. 와전류검사 장치는 코일의 임피던스 변화를 측정한다. 즉 재료의 불연속 또는 다른 특성 변화를 검출하려면, 측정 코일의 임피던스 변화가 클수록 유리하다. 코일의 임피던스에 영향을 미치는 변수는 검사 재료의 특성과 검사 장치의 변수로 구분할 수 있으며 두 가지 변수의 세부적인 특징은 다음과 같다.

## 3.6.1 검사 재료의 특성

검사 재료의 특성은 평형상태에 있는 와전류검사 코일의 임피던스 변화를 일으킬 수 있는 유일한 변수이다. 재료의 특성, 전기전도도 및 투자율은 와전류 흐름에 영향을 미치고 이에 따라 코일 임피던스에 직접적인 영향을 주게 된다. 따라서 재료의 특성이 코일 임피던스를 변화를 야기하는 아래의 과정을 이해하는 것은 와전류검사에 매우 중요하다. 검사 재료에서 와전류 흐름을 방해할 수 있는 불연속, 불균질성, 전기 및 기계적 물성 등과 같은 재료의 특성으로 인해 유도되는 와전류가 감소하고 이에 따라 재료에 생성되는 유도되는 자기장도 감소한다. 재료에 유도된 와전류 흐름에 의해 생성되는 2차 자기장은 코일의 전류에 의해 생성된 1차 자기장의 변화를 방해하는 방향으로 형성된다. 그러므로 2차 자기장의 감소는 코일의 순 자기장의 증가를 유발한다. 이에 따라 코일의 임피던스가 증가한다. 따라서 와전류 흐름을 감소시키는 경향을 갖는 재료의 모든 특성은 코일의 임피던스가 증가하여 와전류 신호가 크게 나타난다. 반대로 와전류 흐름을 증가시키는 경향을 갖는 재료의 모든 특성은 코일의 임피던스가 감소되어 와전류 신호가 작게 나타난다.

### (1) 불연속(결함)

재료의 불연속은 와전류의 경로를 변화시키고 급격한 치수 변화와 유사한 영향을 발생시킨다. 와전류 경로의 변화(또는 와전류 크기의 감소)는 와전류에 의한 자기장의 세기를 감소시키며, 이것에 의해 코일 임피던스가 증가한다. 튜브 제품의 검사의 경우 이 임피던스의 변화를 리사주 선도로 표현하고, 신호의 위상과 진폭을 측정하여 결함의 진위 여부와 크기를 추정한다.

### (2) 기하학적 형상

기하학적 형상은 검사 재료의 모양이다. 즉 재료의 모서리, 곡면, 두께 변화, 페인트와 같은 재료 표면의 형상은 와전류 분포와 크기에 영향을 미친다. 와전류의 흐름 방향은 재료의 형상을 따라 형성된다. 재료의 물리적 형상의 변화가 와전류 흐름의 양을 변화시키고, 이러한 와전류 흐름의 변화는 와전류에 의해 생성된 2차 자기장을 변화시킨다. 특히 튜브 제품을 검사할 때 튜브 직경, 두께 등과 같은 치수의 아주 작은 변화는 와전류 신호를 크게 변화시킬 수 있다.

탐촉자가 모서리에 접근할 때 와전류 신호가 왜곡되는 것을 '모서리 효과'라고 하고 이 신호는 균열 신호와 유사하게 나타난다. 마찬가지로 재료의 곡면과 비전도성 코팅은 탐촉자 코일과 재료 사이의 거리를 변화시킬 수 있다. 이러한 변화를 '리프트 오프'라고 하며 리프트 오프가 응답 신호에 미치는 '리프트 오프 효과'라고 한다. 일반적으로 리프트 오프는 완전히 방지할 수 없으나 리프트 오프 효과를 가능한 줄이기 위해 검사 전에 리프트 오프를 일부 교정한다. 재료의 두께가 와전류의 침투 깊이 범위 내에 있는 경우 재료 두께 변화로 인해 와전류 장치에서 와전류 신호의 간섭이 발생할 수도 있다.

### (3) 전기전도도

전기전도도는 전자가 재료의 원자 격자를 통과하는 능력을 나타낸 것이다. 전기전도도가 높을수록 주어진 시간 동안 물질을 통과할 수 있는 전자의 개수가 많아진다. 각 원소나 재료는 고유한 전기전도도 값을 갖는다. 예를 들어 구리, 은, 금은 전기전도도가 높은 반면 탄소는 전기전도도가 매우 낮다. 전기전도도는 와전류검사에 영향을 미치는 주요 인자 중 하나이다. 전기전도도를 기준으로 특정 금속재료를 선별할 수 있으며 화학조성 변화, 격자 왜곡 및 전위, 열처리, 경도, 불연속 등을 검출할 수 있다.

전도성 금속재료에서 와전류의 분포와 크기는 전기전도도에 의해 크게 영향을 받는다. 전기전도도가 상대적으로 높은 재료는 표면에서 강한 와전류가 생성된다. 강한 와전류는 코일의 1차 자기장의 변화를 방해하는 강한 2차 자기장을 생성한다. 그 결과 재료 표면 아래의 깊이가 깊어짐에 따라 1차 자기장 세기가 급격히 감소한다. 전기전도도가 낮은 재료에서 1차 자기장은 재료에 작은 와전류를 생성하고, 이에 따라 작은 2차 자기장이 생성된다. 또한 전기전도도가 낮은 재료에서는 표면 근처에 더 약한 와전류가 생성되지만, 와전류가 더 깊은 곳까지 침투한다. 반면에 전기전도도가 높은 재료에서 1차 자기장은 표면 근처에서 강한 와전류가 생성되지만 깊이에 따라 그 세기가 급격히 감소하여 깊은 곳까지 침투가 어렵다. 전기전도도가 우수한 도체와 불량한 도체에서 와전류의 상대적인 크기와 분포를 그림 **3-25**에 나타내었다.

　와전류를 사용하여 전기전도도를 직접 측정하는 것은 비교적 많은 시간이 소요된다. 와전류에 의한 전기전도도 측정을 위해 코일의 교류 자기장을 재료 표면에 수직 방향으로 형성한다. 이 교류 자기장은 재료 내 전자의 진동을 유발한다. 전자 개수와 단일 주기 동안 이동하는 거리는 재료의 전기전도도에 따라 결정된다. 움직이는 전자는 다시 재료 표면에 수직인 1차 자기장의 변화를 방해하는 자기장을 생성하여 코일의 1차 자기장의 변화율을 감소시킨다. 이때 코일의 순 자기장은 브리지 회로를 통해 측정한다.

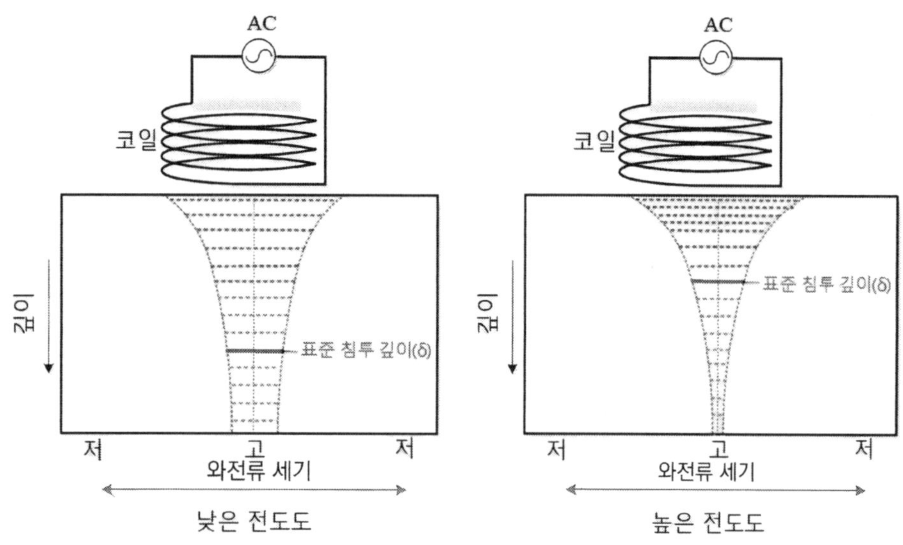


그림 3-25　**전기전도도에 따른 와전류의 상대적 크기와 분포**

## (4) 저항

　전기 저항이 와전류검사 코일의 임피던스 변화에 미치는 영향을 그림 **3-26**에 나타내었다. 저항이 증가하면 임피던스 점은 곡선의 위쪽으로 이동한다. 그림 **3-26**에서 실선은 저항이 각기 다른 금속의 임피던스 점을 연결한 변화를 나타낸 것이다. 점선은 코일과 재료 사이의 간격인 리프트 오프를 접촉 상태(0)에서 무한대로 단계적으로 변화시킬 때 임피던스 점의 이동 궤적이다. 리프트 오프 곡선에서 리프트 오프가 약간 증가하면 임피던스가 크게 변함을 알 수 있고, 이것은 재료와 결합된 코일의 자속이 감소하기 때문이다. 리프트 오프 변화가 같으면 큰 코일보다 작은 코일에서의 임피던스 영향이 상대적으로 더 크게 된다.

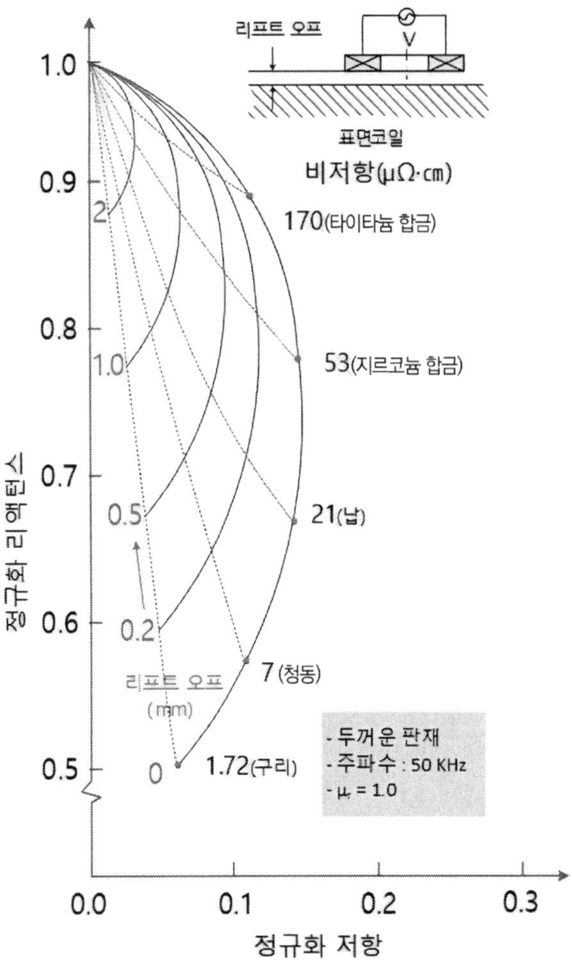


그림 3-26    저항 변화에 따른 코일 임피던스 변화

### (5) 투자율

와전류검사에서 고려해야 할 중요한 검사변수 중 하나는 검사 재료의 투자율이다. 재료의 투자율은 재료 외부에서 자기장을 가했을 때 재료가 자화되기 쉬운 정도로 정의하며 기호는 μ(mu)로 표기한다. 특정 재료의 투자율은 재료를 자화시키는 외부 자기장의 세기와 재료에 형성된 자속밀도의 비로 정의되며, 식 (3-38)로 주어진다. 이것은 자화곡선에서 자화곡선의 순간 기울기에 해당하므로, 강자성 재료의 투자율은 일정한 값을 갖지 못하고 외부 자기장의 크기에 따라 변화한다.

$$\mu = \frac{B}{H} \tag{3-38}$$

여기에서 $\mu$ = 투자율, $H$ = 외부 자기장(A/m, 또는 Oe), $B$ = 자속밀도(T, 또는 G)이다.

상대 투자율($\mu_r$)은 특정 재료의 투자율을 공기 또는 진공 중의 투자율과 비교한 것으로 식 (3-39)와 같이 나타낼 수 있다.

$$\mu_r = \frac{\mu}{\mu_0}$$

(3-39)

여기에서 $\mu_0$= 공기 또는 진공 중의 투자율($4\pi \times 10^{-7}$ H/m), $\mu$= 재료의 투자율이다.

그림 3-27은 강자성 재료에 대한 초기 자화(B-H)곡선의 예이며, 각 재료는 자신만의 특정한 자화곡선을 갖는다. 그림 3-27에서 X축은 재료에 가해지는 외부 자기장(H)이며, Y축은 재료에 의해 생성되는 자속밀도(B)이다.

그림 3-27과 같이 특정 강자성 재료에 가해지는 외부 자기장이 점차 증가하면 재료에 생성되는 자속밀도도 점차 증가한다. 하지만 특정 지점에 이르게 되면 외부 자기장이 증가해도 생성되는 자속밀도가 증가하지 않고 일정하게 유지되는 포화상태에 도달하는 특징을 갖는다. 일반적으로 재료에 가해지는 외부 자기장의 근원은 영구자석, 교류 또는 직류 전원의 전자석을 사용할 수 있다.

공기를 포함한 대부분의 비자성 재료의 상대 투자율은 1로 간주하지만, 몇몇 탄소강의 경우 대략 10~200의 상대 투자율 값을 가지며 이 같은 재료를 강자성(ferromagnetic) 재료라고 한다. 검사 재료의 투자율은 와전류검사 신호에 영향을 크게 미친다. 재료의 투자율과 와전류의 침투 깊이는 반비례한다. 즉 투자율이 높아지면 침투 깊이는 감소하고 반대로 투자율이 낮아지면 침투 깊이는 증대된다.

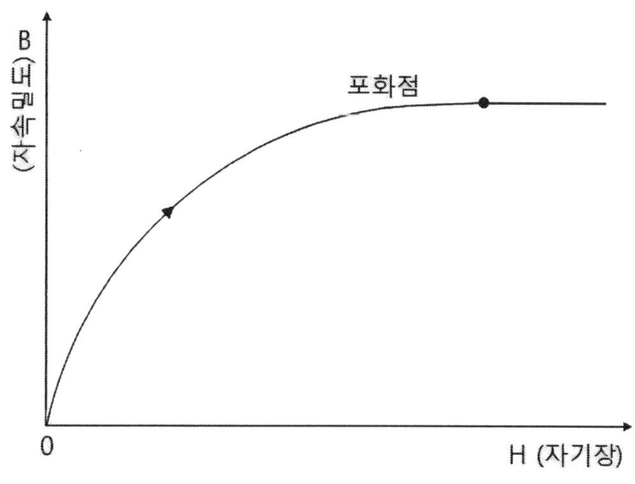


그림 3-27  강자성 재료의 초기 자화곡선

강자성 재료가 외부에서 가해지는 교류 자기장에 노출될 때 재료 내의 자속밀도는 변화한다.
그림 3-28은 이러한 변화를 나타낸 것으로 자기이력곡선(hysteresis loop)이라 한다. 교류에
의한 외부 자기장이 강자성 재료에 가해지면 외부 자기장은 교류의 주파수에 따라 변화되고
이때 재료 내의 자속밀도는 계속 변화하여 아래와 같은 순서로 자화(B-H)곡선이 형성된다.

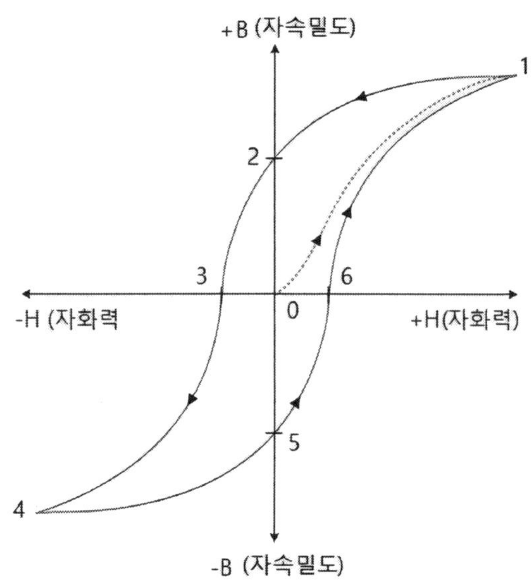


그림 3-28    강자성 재료의 자기이력곡선

① 재료가 아직 외부 자기장(H)에 노출되지 않은 상태일 때, 자속밀도 또한 0인 상태이므
  로 자화곡선은 영(0)점에서 시작한다.

② 외부 자기장이 양(+)의 방향으로 가해지면 이때 생성되는 자속밀도(B)는 점 1까지 점차
  증가하여 자속밀도가 더 이상 증가하지 않는 자기포화점에 도달한다.

③ 자기포화점에 도달한 후 외부 자기장을 다시 반대 방향으로 하여 영(0)에 도달했음에도
  자속밀도가 영(0)이 아닌 점 2로 감소한 상태에 도달한다. 이것이 재료에 남아있는
  잔류자기(또는 잔류 자속밀도)이다.

④ 외부 자기장을 계속 음(-)의 방향으로 가하면, 결국 잔류자기는 크기가 영(0)인 점 3에
  이르러 소멸한다. 이때의 외부 자기장의 세기를 항자력이라고 하며 자속밀도를 영(0)으
  로 하기 위해 필요한 외부 자기장의 세기를 의미한다.

⑤ 외부 자기장의 세기를 반대 방향으로 계속 증가시키면, 반대 방향 점 4인 재료의 자기포
  화점에 도달한다.

⑥ 반대의 자기포화점에 도달한 후 외부 자기장을 다시 방향을 바꾸어 그 세기가 영(0)에
  도달하면 자속밀도가 영(0)이 아닌 점 5에 이른다. 이것을 점 2와 마찬가지인 재료의

잔류자기이다.

⑦ 외부 자기장을 계속 양(+)의 방향으로 증가시키면, 결국 잔류자기는 크기가 영(0)인 점 6에 이르러 소멸한다. 이것은 ④에 기술한 것과 마찬가지인 항자력이다.

⑧ 재료에 교류가 가해지는 동안 강자성 재료의 자화 상태는 그림 3-28에 나타낸 자화곡선의 변화를 반복한다.

투자율이 높은 강자성 재료에서 와전류는 표면 근처에 제한적으로 생성되므로, 와전류검사는 재료의 표면 또는 매우 가까운 곳에 존재하는 결함 또는 기타 조건의 검사로 제한된다. 강자성 재료는 비자성 재료에 비해 큰 투자율 때문에 탐촉자 코일의 1차 자기장은 재료 내부에서 매우 큰 자기장을 생성한다. 표면의 자기장 세기가 증가하면 와전류 밀도가 증가한다. 증가한 와전류 밀도는 더 큰 2차 자기장을 생성하고 코일의 순 자기장 세기는 표면으로부터 짧은 거리 내에 빠르게 감소한다. 결과적으로 와전류검사에서 강자성 재료는 다른 전도성 재료에 비해 유효 침투 깊이가 훨씬 더 작다. 강자성의 높은 상대 투자율은 강자성 재료 표면 훨씬 아래에 와전류가 생성되는 것을 막는 차폐 역할을 한다. 투자율 변화가 침투 깊이와 와전류 크기에 미치는 상대적 영향을 그림 3-29에 나타내었다.

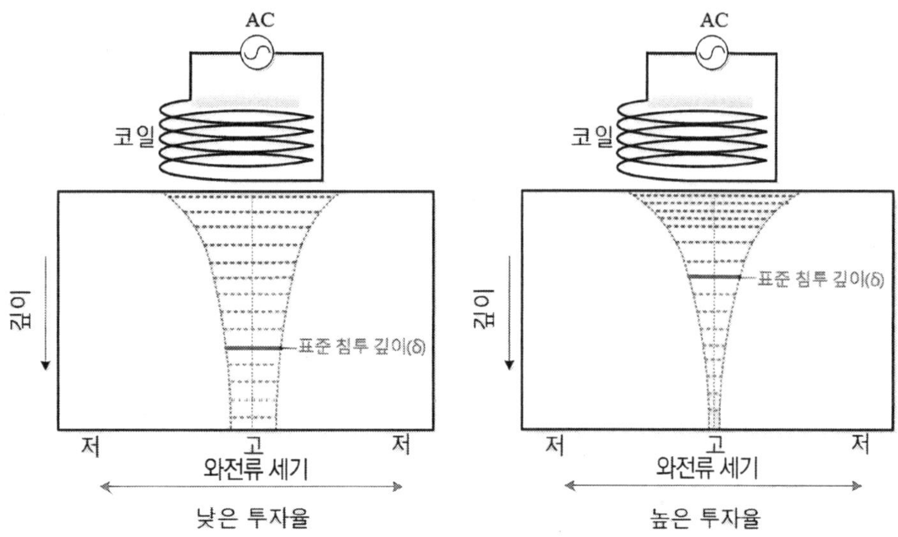



그림 3-29 **투자율에 따른 와전류의 상대적 크기와 분포[1]**

그림 3-30에서 약간의 투자율 변화에도 임피던스가 크게 변화하는 것을 보여준다. 즉, 작은 투자율 변화일지라도 다른 검사 변수를 덮어 가릴 수 있을 정도의 영향을 미친다.

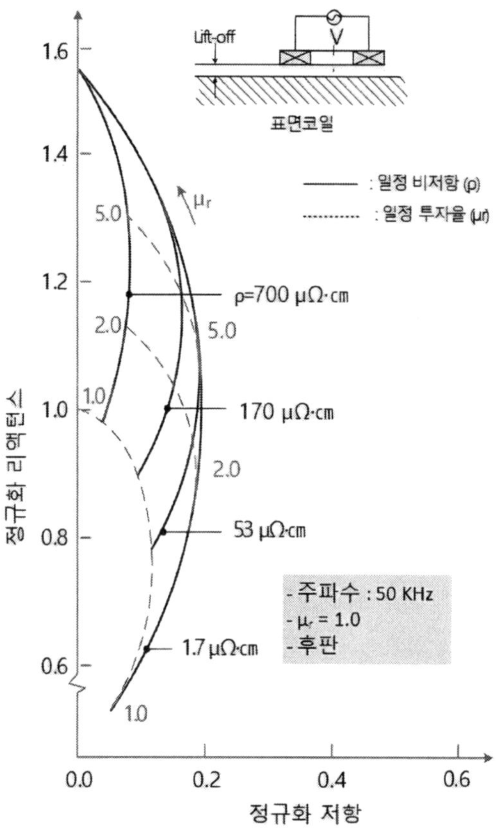


그림 3-30    투자율 영향을 나타내는 임피던스 선도(표면 코일)[1]

## ○ 강자성 재료의 투자율

강 또는 순철과 같은 강자성 재료에 와전류 코일을 근접시키면, 코일 리액턴스($X_L$)는 감소하지 않고 증가한다. 이때 정규화된 코일 리액턴스($X_L$) 값은 1보다 크다. 반면에 비자성 재료의 리액턴스($X_L$) 값은 1보다 작다. 코일의 1차 자기장은 강자성 재료의 큰 투자율로 인해 집속되어 크게 증가한다. 증가된 1차 자기장은 와전류에 의한 2차 자기장을 가리게 된다. 재료가 비자성 재료인 구리에서 강으로 변경되면 임피던스 선도에서 코일 임피던스 점은 그림 3-31에서와 같이 $P_1$에서 $P_2$로 이동하여 리액턴스 값이 $X_L > 1$인 반원의 임피던스 평면 내에 생성된다.

그림 3-31에 나타낸 임피던스 평면은 두 개의 반평면으로 나누어진 것으로 나타나 있다. 재료의 리액턴스($X_L$) 값이 1보다 작은 아래쪽 평면은 비자성 재료의 임피던스 운전 구역이고 비자성 재료의 리프트 오프와 결함은 평면의 이 구역 내에서 발생한다. 재료의 리액턴스($X_L$) 값이 1보다 큰 위쪽 평면은 강자성 재료의 임피던스 운전 구역이고 강자성

재료의 리프트 오프와 결함은 평면의 이 구역 내에서 발생한다. 강자성 재료에 균열이 존재할 때 균열은 비자성 재료와 동일한 임피던스 효과를 나타내게 된다. 전류 흐름의 감소로 인해 저항이 감소하고 이에 따라 에너지 손실이 감소하고($R_L > R_{L+crack}$) 리액턴스($X_L < X_{L+crack}$)가 증가한다. 그림 3-31에 나타낸 바와 같이 구리와 강에 균열이 존재할 때 임피던스 운전점은 모두 위쪽으로 향한다[1].

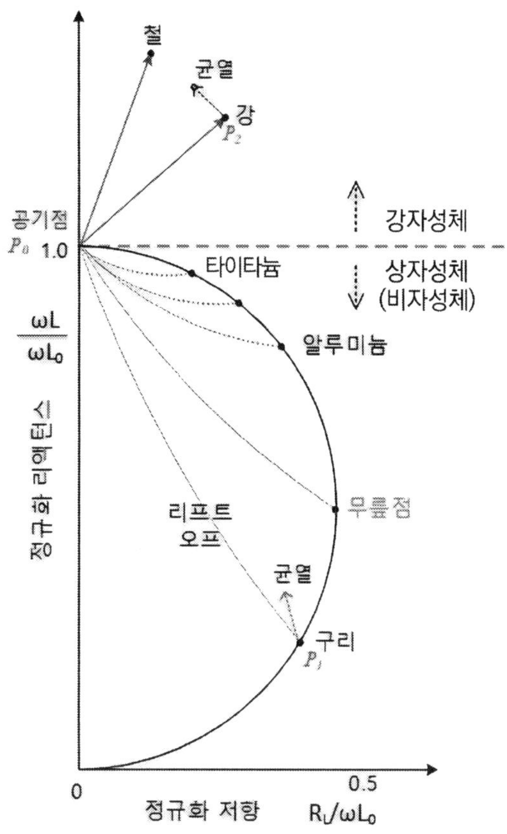


그림 3-31  임피던스 평면에서 강자성 및 비자성 재료의 임피던스 변화 방향[1]

와전류검사에서 자기이력에 의한 영향을 가능한 최소화하는 것이 중요하다. 이를 위한 방법은 와전류 탐촉자에 영구자석을 사용하는 것이다. 영구자석을 사용하면 자기이력곡선(B-H curve)의 특정 지점에 대응하는 재료의 투자율로 안정화시킬 수 있다. 이로써 비자성 재료와 유사한 특성으로 만들어 와전류검사를 보다 용이하게 한다. 이같이 자기적으로 편향시킨 탐촉자를 사용할 때 자기이력 영향을 완전히 제거하지는 못하지만, 검사가 가능할 정도로 충분하게 최소화할 수 있다. 하지만 강자성 재료를 검사하기 위해 자기편향(바이어스) 탐촉자를 사용할지라도 항상 미소한 자기이력 영향이 발생하므로 최선의 해결 방법에 해당되지 않을 수 있다. 따라서 원격장, 부분포화, 완전포화, 누설자속 기법 또는 이러한 기법들을 혼합하여 적용하는 것이 더욱더 우수한 대체 검사 기법일 수 있다.

### (6) 두께

재료 두께가 무한대에서 영(0)으로 감소할 때 임피던스 운전점의 이동 경로를 그림 3-32에 나타내었다. 재료가 얇아지면 와전류에 대한 저항이 증가하여 코일의 1차 자기장이 증가하여 임피던스 운전점은 위쪽으로 이동하게 된다. 이 현상은 저항의 임피던스 선도와 동일하다. 와전류 흐름에 대한 저항을 증가시키는 균열, 감육, 합금 성분, 온도 등의 조건에 따라 임피던스 운전점은 보통 공기 중의 코일 임피던스 운전점($X_L / X_o = 1$)을 향하여 위쪽으로 이동한다. 그림 3-32에서 구리 재료 두께가 증가하면서 탐촉자가 구리 재료를 가로질러 이동할 때 "무릎 점" 하단의 0.2 mm 두께 부근부터 다시 위쪽으로 반전한다. 이것은 임피던스 운전점의 모든 이동을 가리는 표피 효과와 위상 지연에 의한 영향이다.

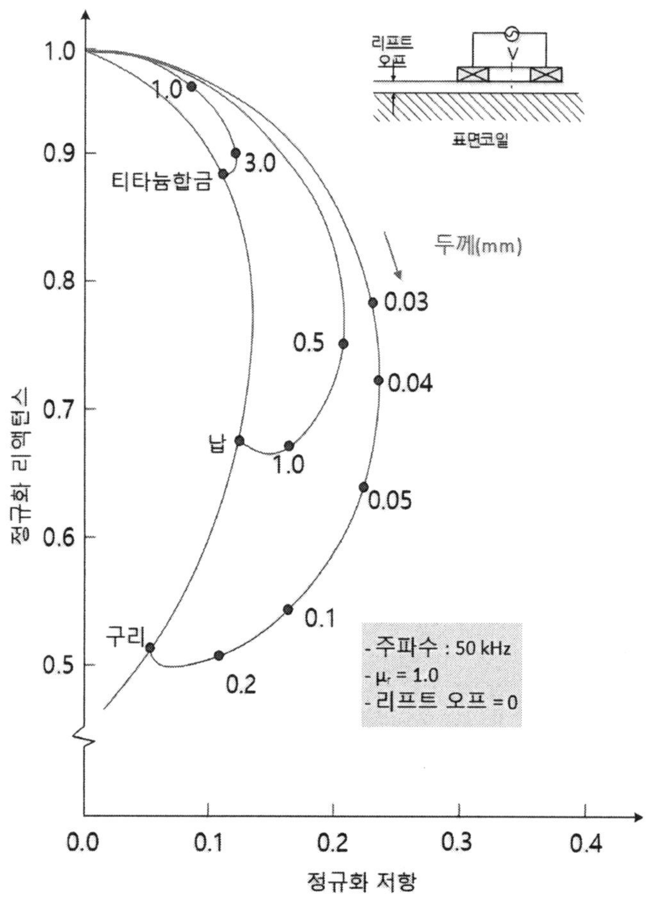


그림 3-32 **재료 두께 변화의 영향을 나타내는 임피던스 선도[1]**

### (7) 온도

재료 온도를 변화시키면 전기전도도가 변한다. 모든 금속은 온도가 상승함에 따라 전기전도도가 떨어진다. 이에 따라 임피던스 평면에서 전기전도도 곡선을 따라 곡선의 영(0)점(공기 중)을 향해 이동한다. 알루미늄 합금의 경우 온도가 7 ℃ 상승할 때마다 전기전도도는 약 1 %IACS 감소한다. 검사가 이루어지는 온도는 재료의 전기전도도와 강자성 물성 모두에 영향을 미친다. 금속재료의 전기전도도는 일반적으로 온도가 증가함에 따라 감소하고 반대로 온도가 감소함에 따라 증가한다. 고온에서 감소는 열적 진동이 증가하면서 움직이는 원자에 의한 전도 전자의 산란으로 인해 발생한다.

온도 변화는 코일의 인덕턴스에도 영향을 미치기 때문에 와전류검사 결과도 영향을 받는다. 따라서 검사를 시작하기 전에 검사 장치와 재료가 주변 온도로 안정화되도록 예열 시간을 가져야 한다. 와전류검사에서 합금 또는 열처리 상태를 확인하는 경우 모든 재료와 교정시험편의 온도는 같아야 하고 일정하게 유지되어야 한다. 세 가지 요인 모두 금속의 전기전도도를 변화시킬 수 있으므로 온도 변화는 합금 또는 경도의 변화로 해석될 수 있다.


## 3.6.2 와전류검사 장치 변수

코일 임피던스에 영향을 미치는 와전류검사 장치의 변수는 다음과 같다.

- 검사 주파수
- 코일과 재료의 전자기 결합도
  - 리프트 오프
  - 충전율
- 자기장 세기
- 코일 형태


### (1) 검사 주파수

와전류검사 장치 변수에 해당하는 검사 주파수는 코일의 임피던스에 직접적으로 영향을 미치는 와전류장치의 변수로서 검사 재료가 정해지면 검사원이 조절할 수 있는 유일한 변수에 해당한다.

와전류검사 장치 변수에 해당하는 검사 주파수가 와전류 침투 깊이에 미치는 영향을 그림 3-33에 나타내었다. 와전류를 유도하는 코일에 인가되는 전류의 주파수가 증가함에 따라 재료에서 유도되는 와전류 크기는 증가한다. 결과적으로 유도되는 와전류의 크기가 커질수록 1차 자기장의 변화를 더 강하게 방해하는 자기장을 생성하고 이에 따라 1차 자기장의 변화율이 감소하여 와전류의 침투가 감소한다. 따라서 다른 모든 검사변수가 일정하게 유지될 때 그림 3-33에 나타낸 것과 같이 와전류 코일의 주파수가 높아지면 침투 깊이는 감소한다.

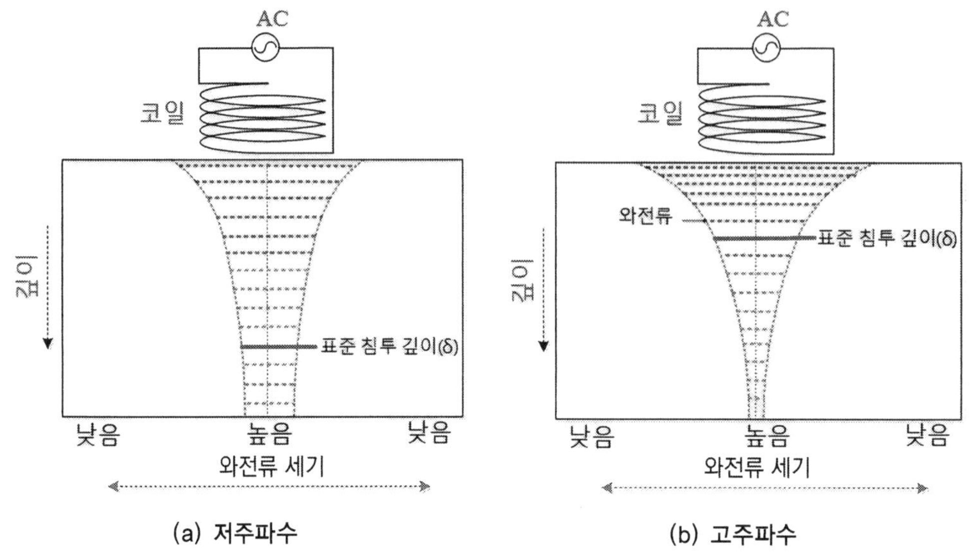



그림 3-33  **주파수가 침투 깊이에 미치는 영향**[1]

주파수가 증가하면 유도성 리액턴스($X_L$)가 증가한다. 유도성 리액턴스는 임피던스의 주요 성분이므로 임피던스는 유도성 리액턴스에 직접 비례하여 증가한다. 그림 3-34의 임피던스 선도에서 검사 주파수가 증가하면 와전류는 표피 효과에 의해 표면에 근접한 더 얇은 층을 흐르게 되고 임피던스 운전점은 곡선의 아래쪽으로 이동한다. 반면에 주파수가 감소하면 와전류는 재료 내부의 더 깊은 곳까지 침투하여 임피던스 운전점은 곡선의 위쪽으로 이동한다.

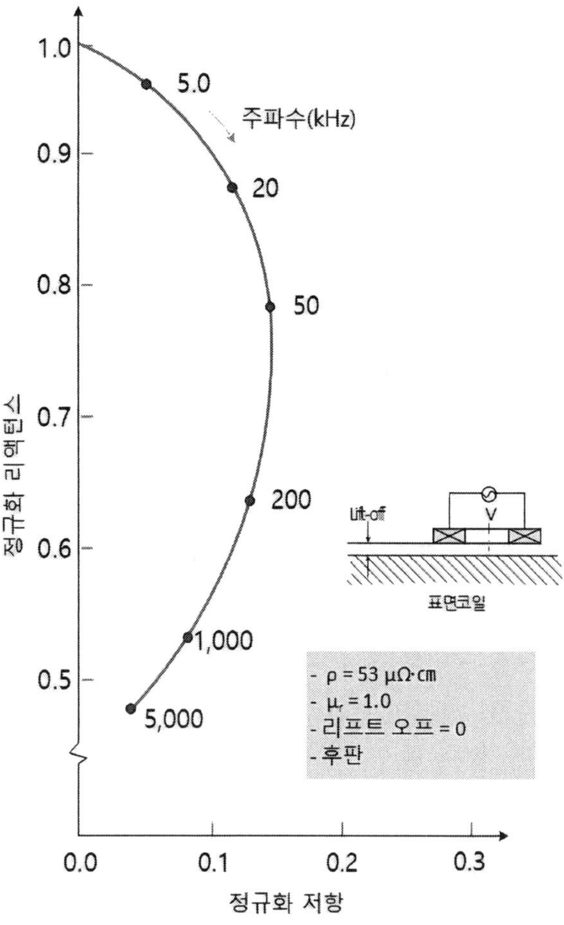


그림 3-34    검사 주파수에 따른 임피던스 운전점의 이동[1]

### (2) 전자기 결합도

코일과 검사 재료의 전자기 결합도는 코일 자기장과 재료가 결합하는 자기장의 비율이다. 자기장의 세기는 코일 근처가 가장 크고 코일로부터 거리가 증가할수록 거리의 제곱에 반비례 하여 감소한다. 코일과 재료 사이의 거리는 리프트 오프와 충전율로 정의한다. 리프트 오프와 충전율은 유사하며 각각 보빈 코일과 관통형 코일에 적용한다. 리프트 오프는 표면 코일과 재료 사이의 거리이며, 충전율은 코일과 원통형 재료 사이의 기하학적 관계이다. 와전류 코일과 재료 사이의 간격 변화는 이에 해당하는 코일 임피던스의 변화를 일으킨다. 작은 치수 변화에 의한 작은 충전율 또는 리프트 오프의 작은 변화일지라도 임피던스 변화가 크게 일어난다. 따라서 표면 코일의 리프트 오프는 최소화하고 보빈 또는 관통형 코일의 충전율은 될 수 있으면 크게 하는 것이 매우 중요하다. 그러므로 리프트 오프는 검사 중에 가능한 일정하게 유지되도록 코일과 탐촉자를 설계해야 한다.

## ○ 리프트 오프와 충전율

와전류 탐촉자를 검사 재료에 가까이 가져가면 화면에 나타나는 신호 변화를 즉시 확인할 수 있다. 탐촉자가 재료 가까이 있을 경우에 탐촉자 코일과 재료 사이의 작은 거리 변화에 따라 뚜렷한 신호 변화가 관찰된다. 이 효과를 '리프트 오프'라고 한다. 자속밀도는 탐촉자 코일로부터 거리의 제곱에 반비례하여 감소하기 때문에 리프트 오프 크기 또는 코일과 시험편 사이의 분리 간격은 와전류검사 감도에 크게 영향을 미친다. 코일과 시험편 사이의 간격이 밀착될수록 와전류 자기장은 더 조밀하게 형성될 수 있으므로 상대적으로 재료 변수에 대한 감도를 높일 수 있다. 반면에 코일과 시험편 간격이 증가될수록 탐촉자 떨림 현상으로부터 유발되는 리프트 오프 잡음이 증가한다.

교정된 리프트 오프 측정값은 전도성 재료 위의 비전도성 코팅 두께를 측정하기 위해 사용할 수도 있다. 코일과 전도성 재료 사이의 리프트 오프가 약간 증가할지라도 재료의 와전류 크기가 크게 감소하기 때문에 리프트 오프 신호의 변화는 크게 나타난다. 이러한 조건을 그림 3-35에 나타내었다. 교정된 리프트 오프 측정값은 전도성 재료 위에 코팅된 비전도성 코팅 두께를 결정하는 데 사용할 수 있다.

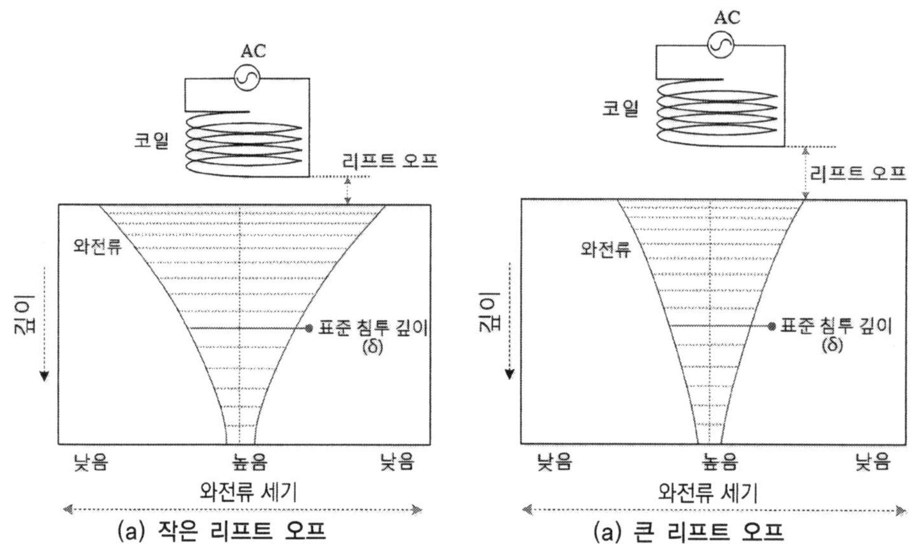



그림 3-35　리프트 오프 변화에 따른 와전류 크기의 상대적 변화[1]

## ○ 탐촉자 떨림(흔들림; wobbling)

표면 코일을 사용한 검사에서 재현할 수 있는 와전류 신호를 얻으려면 탐촉자 코일의 중심선인 권선 축은 검사 재료 표면에 수직이어야 한다. 특히 수동검사 중에 탐촉자의 기울임 또는 떨림을 방지하기 위하여 표면 코일의 접촉면이 재료의 편평한 표면 위에 놓여야 한다. 표면 코일이 기울어지면, 코일의 접촉면과 재료 표면 사이에 간격이 발생하여 리프트 오프가 증가한다. 이러한 리프트 오프는 코일과 재료의 전자기 결합을 감소시켜 와전류 신호 크기를 감소시킨다. 자동 스캔 장치를 사용할 때, 표면 코일 축은 재료 표면과 수직하게 유지하고 가능한 한 재료 표면과 가까워야 하며 리프트 오프를 일정하게 유지해야 한다. 또한 표면 코일 장착부 또는 재료의 떨림은 결함 지시로 혼동할 수 있는 비관련 신호를 유발할 수 있으므로 주의를 기울여야 한다.

**○ 재료 표면의 거칠기 또는 곡률**

거칠거나 굴곡진 표면을 가진 재료의 검사에도 앞에서와 같은 유사한 현상이 발생할 수 있다. 표면 코일의 리프트 오프는 표면 코일 검사면이 검사 재료의 거친 표면과 직접 접촉할지라도 표면 거칠기에 따라 변화한다. 이러한 경우에 표면 코일의 리프트 오프 영향을 제어하거나 억제하기 위하여 위상 선택 신호 분석법을 도입하고 특별한 표면 코일의 설계하여 적용한다.

표면 코일을 사용한 원통형 재료는 코일 축을 원통형 재료(환봉 또는 튜브) 표면에 수직으로 유지하면서 나선으로 회전 운동하게 하여 검사를 수행할 수 있다. 환봉 또는 튜브가 회전하면서 고정된 코일을 통과할 경우, 재료의 회전에 따른 편심 이동을 방지하는 것이 필요하다.

곡률 표면을 갖는 재료의 표면 코일 수동 검사에서 우수한 품질의 신호를 얻기 위해서는 표면 코일 검사면과 재료의 곡률을 가진 검사면이 가능한 정확하게 접촉해야 한다. 재료의 곡률에 맞는 접촉 기구[예: 슈(shoe)]를 사용하여 표면 코일의 중심축을 재료 표면에 수직하게 할 수 있다. 다른 방법으로 코일을 재료의 곡률에 맞도록 특수하게 설계하여 사용할 수 있으며, 이때 리프트 오프가 최소로 발생하여 전체 코일이 재료와 자기적으로 결합될 수 있다.

## (3) 자기장 세기

자기장 세기는 코일에서 교류의 흐름에 의해 생성되는 자기장의 세기이다. 자기장 세기의 변화는 코일 임피던스의 변화를 일으킨다. 코일의 자기장 세기는 와전류검사 전에 보통 0 V~20 V의 범위인 코일 구동전압을 설정하여 조절하는 변수로서 와전류검사를 수행하는 동안에 일정하게 유지되어야 한다.

## (4) 탐촉자 코일 형태

코일의 형태와 구조는 코일 임피던스에 큰 영향을 미치는 중요한 인자이다. 예를 들어 코일의 재료와 권선수는 모두 코일 저항($R$)과 인덕턴스($L$)에 영향을 미치는 주요 변수로서 모두 코일 임피던스의 변화를 일으킨다.

와전류의 침투와 감도는 코일 형상에 대해 서로 상충되는 요건에 따라 영향을 받는다. 작은 표면 불연속에 대한 감도를 얻기 위해서는 와전류 자기장이 불연속에 의해 적절하게 왜곡되도록 충분하게 조밀해야 한다. 와전류의 침투는 와전류가 검사에서 요구하는 깊이까지 적절하게 침투되어 확장되어야 한다. 경험적으로 가장 좋은 것은 와전류 침투 깊이를 코일 직경에 해당하는 깊이로 제한하는 것이다. 또한 충분한 감도를 얻기 위해서는 코일 직경을 검출 대상 불연속의 최소 길이로 제한하는 것이 좋다.

탐촉자 설계 변수 중 와전류 신호에 가장 크게 영향을 줄 수 있는 코일 직경에 따른 영향을 그림 3-36에 나타내었다. 코일 직경이 커지면 코일의 임피던스 운전점은 주파수가 증가할 때와 마찬가지로 아래쪽으로 이동한다. 특정 검사 조건에 적합하도록 낮은 주파수를 사용하고자 할 때, 코일의 직경을 크게 하여 운전점을 선도 아래쪽인 무릎 부근으로 이동시킨다. 단, 이 경우의 검사 조건은 직경이 큰 탐촉자를 사용할 수 있어야 한다.

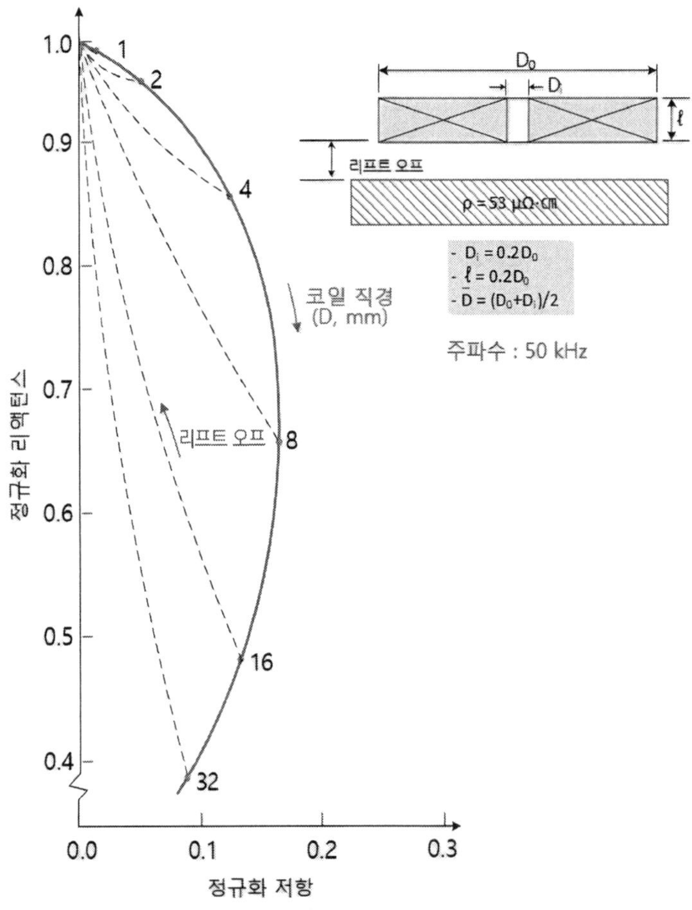


그림 3-36  **표면 코일 직경의 영향을 나타내는 임피던스 선도[1]**

와전류검사가 이루어지는 와전류 유도 과정은 아래와 같으며 이를 기반으로 한 와전류검사의 과정을 요약하여 그림 3-37의 흐름도에 나타내었다.

① (단계 1) 와전류탐상 장치의 교류(AC) 주파수 발생기로 부터 특정 주파수를 갖는 교류 전압이 탐촉자 코일에 가해져 탐촉자 코일에 교류가 흐르게 된다.

② (단계 2) 탐촉자 코일을 흐르는 교류에 의해 코일 주위에 1차 자기장이 생성되고, 이 교류 자기장에 의해 다음과 같은 유도 과정이 일어난다.

　a) 코일 자속에 의해 코일에 역전압이 자체 유도되어 코일의 유도성 리액턴스가 발생한다.

　b) 코일 자속에 의해 재료에 전압이 유도되고, 이로 인해 흐름 경로가 원형으로 코일 권선 방향으로 흐르는 와전류가 유도된다.

③ (단계 3) 검사 재료에 발생한 와전류에 의해 2차 자기장이 유도되고, 이 2차 자기장은 렌츠의 법칙에 따라 코일의 1차 자기장의 변화를 방해하는 방향으로 생성된다.

　와전류 흐름의 어떤 변화는 와전류가 코일로 되돌리는 2차 자기장의 변화를 유발한다. 이 같은 자기장의 변화는 코일의 유도성 리액턴스와 저항의 변화를 일으켜 코일을 통과하는 전류 흐름의 변화를 일으킨다.

④ (단계 4) 최종적으로 코일을 통해 흐르는 전류 변화에 의해 코일의 임피던스 변화가 발생하여 리사주 신호가 장치 화면에 지시된다. 결함에 의해 와전류 흐름이 감소에 의한 2차 자기장 감소로 인해 코일의 평형 자기장(전압)이 증가한다. 코일의 전압 증가로 임피던스가 증가하여 리사주 신호 진폭이 커진다(정전류방식 장치).

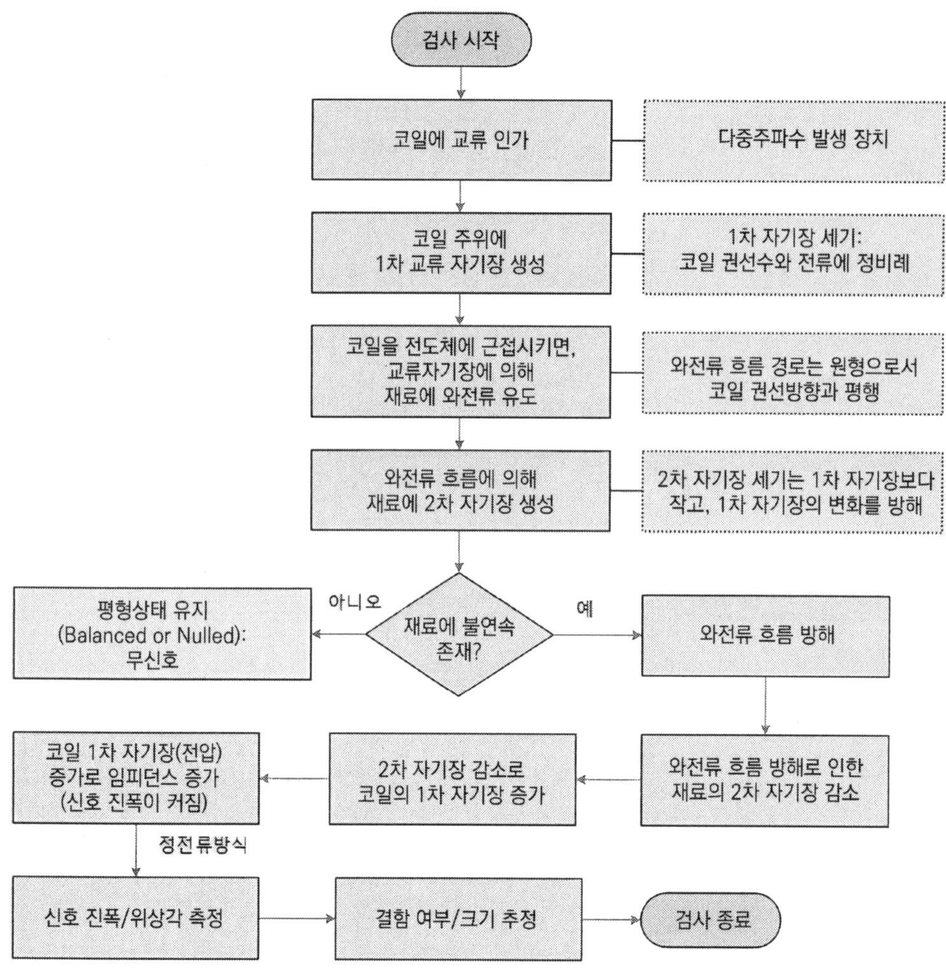



그림 3-37　와전류검사에서 자기장과 와전류 유도 과정

와전류검사 장치의 기본적인 기능은 재료에 와전류 흐름을 유도하는 교류를 생성하고, 재료에 유도된 와전류 흐름에 대한 응답을 처리하여 검사원이 분석이 가능한 와전류 신호를 화면에 표시한다. 현재 상용화된 와전류검사 장치는 특정 용도에 따라 간단한 것부터 아주 복잡한 것까지 다양하다. 장치의 적용 범위와 기능은 다양하지만 작동 원리는 거의 유사하다. 와전류검사 장치는 일반적으로 그림 4-1에 나타낸 것과 같이 교류 발생기, 코일 회로, 신호 처리, 디스플레이 회로, 하드웨어 제어 및 신호 분석을 위한 프로그램 등으로 구성된다. 와전류검사 장치를 구성하는 기기는 검사 용도에 따라 결정되며 기기의 주요 기능은 다음과 같다[5].

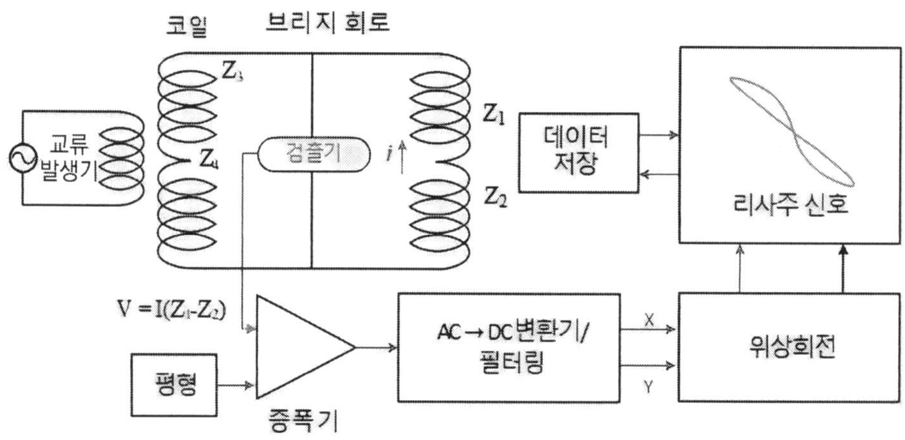


그림 4-1  와전류검사 장치의 구성 블록도

## 4.1.1 교류 발생기

교류 발생기는 검사 목적에 적합한 주파수의 교류를 일정한 전압으로 탐촉자 코일에 공급하는 일종의 가변 주파수 발진기이다. 교류 발생기는 고정된 단일 주파수에서 운전되고 다른 주파수로 변환할 수 있으며, 또한 다중의 여러 주파수를 동시에 제공할 수 있다. 현재 상용 장치의 경우 코일에 적용되는 전압 크기를 조정할 수 있다. 현대의 대부분 와전류검사 장치는 검사 목적과 재료 형태에 따라 대략 10 Hz~10 MHz 범위에서 검사원이 선택 가능한 다중 주파수를 탐촉자 코일에 공급할 수 있으며, 다중화(멀티플렉싱, multiplexing)기술에 의해 다중 주파수를 동시에 또는 순차적으로 코일에 적용할 수 있다.

교류 발생기는 특정 주파수에서 검사 코일에 사인파 전류를 공급한다. 코일의 임피던스는 항상 같지 않기 때문에 이들 사이의 전압차를 없애기 위해 평형(balancing)이 필요하다. 대부분 와전류검사 장치의 경우 평형은 교류 휘트스톤 브리지(AC Wheatstone bridge) 회로를 사용하여 불평형 전압을 감소시켜 평형을 이루게 하며, 일반적으로 불평형량은 5 % 이내로 허용한다. 한번 평형에 이른 후 재료의 코일이 위치한 부위에 놓인 결함에 의해 비교적 작은 불평형 신호가 생성되고 이 신호를 증폭하여 화면에 나타낸다.


## 4.1.2 탐촉자

와전류검사 탐촉자는 검사 결과에 큰 영향을 미치기 때문에 예상되는 결함 검출에 적합한 탐촉자를 선정하는 것이 매우 중요하다. 탐촉자 코일은 교류 자기장을 생성하여 검사 대상 재료에 와전류를 유도하고 이 와전류 흐름이 결함에 의해 방해되는 정도를 검출한다. 성공적인 와전류검사 결과를 얻기 위해서는 일반적으로 대략 3:1의 신호 대 잡음 비(SNR)가 얻어지도록 탐촉자를 선택한다. 와전류검사에는 일반적으로 ① 표면 코일, ② 보빈(내삽) 코일, ③ 관통(외삽) 코일의 3가지 탐촉자 형태가 사용되고 있다.

일반적인 적용의 경우 자기장 생성과 와전류 변화 검출은 단일 코일을 사용하지만, 별도로 분리된 2개의 코일을 사용할 때 하나는 자기장을 생성하고 다른 하나는 와전류 변화를 검출하는 용도로 사용된다. 와전류검사에 사용되는 탐촉자 코일 형태는 표면 코일과 보빈형 코일 두 가지가 주로 사용되고 있다.

표면 코일 탐촉자는 코일 축이 재료 표면에 수직 방향이다. 표면 코일은 경로가 원형인 와전류를 유도하기 때문에 코일 축이 재료 표면에 수식한 모든 방향의 결함을 검출할 수 있지만, 표면에 평행인 층상(laminar)형 결함의 검출은 매우 어렵다. 표면 코일은 길이가 짧은 결함의 검출 감도를 높이기 위해 직경이 작은 코일을 사용할 수 있으며, 코일 직경은 보통 예상되는 결함의 길이와 대략 같은 것을 사용한다. 길이가 짧은 표면직하 결함에 대한 검출 감도는 깊이가 깊어짐에 급격하게 감소하며, 일반적으로 와전류검사에서 대략 5 mm 두께 재료는 아주 두꺼운 재료로 간주한다.

보빈형 탐촉자는 와전류 흐름 방향이 코일의 권선 방향이므로 튜브 또는 환봉의 길이 방향 결함을 검출하기 위해 사용되고 원주 방향 결함은 검출이 어렵다.

○ **탐촉자 코일 회로**

와전류 코일 회로는 재료를 흐르는 와전류 세기와 분포 변화에 따라 탐촉자 코일에 걸리는 전압 변화를 검출한다. 검사 코일의 미소한 임피던스 변화를 감지하기 위해서 교류 브리지 회로를 사용하며 기본적인 브리지 회로가 그림 4-2에 제시되어 있다.

브리지 회로는 4개의 임피던스 팔(arm)과 점 A와 C 사이의 전위차를 검출하는 전압계로 구성된다. 회로의 평형은 브리지 형태인 4개의 팔에서 마주보는 임피던스의 곱이 같을 때 이루어진다. 평형상태에서 전압계는 영(0)을 지시하고 이것은 점 A와 점 C의 전위가 같은 것을 뜻한다. 브리지 팔의 점 A와 점 C의 전위가 다를 경우 전압계를 통해서 전류가 흐른다. 즉 점 B에서 점 A, 또는 점 B에서 점 C로 전위차가 발생한다. 전류는 점 A와 점 C 전위의 높고 낮음에 따라 양쪽 어느 방향으로도 흐른다.

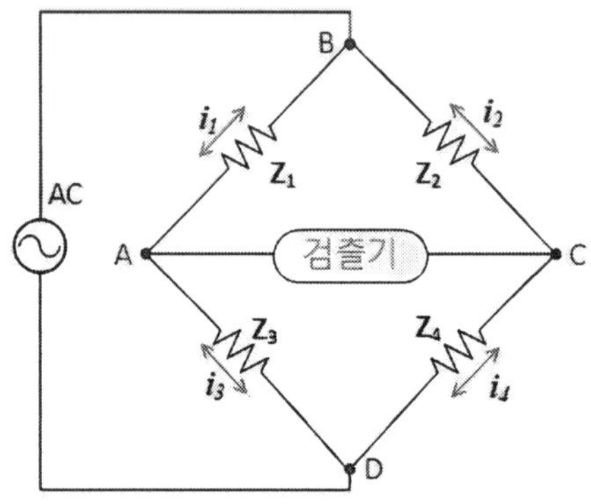


그림 4-2　대표적인 브리지 회로

만약 브리지가 유도 리액턴스와 저항 성분을 가진 4개의 임피던스 팔(arm)로 구성되었다면, 평형상태일 때 점 B에서 점 A로 흐르는 전압은 점 B에서 점 C로 흐르는 전압과 같아야 하는데, 이것은 브리지 회로에 대해 진폭과 위상 모두 같아야 함을 의미한다. 그림 4-2의 브리지 회로가 평형상태일 때 $V_A = V_C$가 되고 $I_1\,Z_1 = I_2\,Z_2$ 및 $I_1\,Z_3 = I_2\,Z_4$가 되므로 식 (4-1)의 관계를 얻는다.

$$Z_1/Z_2 = Z_3/Z_4, \ (즉, \ Z_1 \cdot Z_4 = Z_2 \cdot Z_3) \tag{4-1}$$

식 (4-1)에서 평형상태일 때 인접한 한 쌍의 팔에 대한 임피던스 비는 다른 인접한 한 쌍의 팔에 대한 임피던스 비와 같음을 알 수 있다. 만약 브리지를 구성하는 팔의 임피던스 성분이 유도성 리액턴스와 저항을 갖는 와전류 코일로 구성되었다면, 평형상태일 때 임피던스의 크기와 위상은 식 (4-1)을 만족해야 한다. 즉, 인접한 한 쌍의 팔에 때한 임피던스 비는 다른 인접한 한 쌍의 팔에 대한 임피던스 비와 같아야 한다. 이것은 각 쌍의 팔에 대한 임피던스의 저항 성분과 유도성 리액턴스 성분이 각각 같아야 함을 의미한다.

그림 4-2와 식 (4-1)은 차동 와전류 탐촉자 신호의 특성을 설명하는 데 이용된다. 만약 $Z_1/Z_2 > Z_3/Z_4$이면 점 C의 전위는 점 A의 전위보다 높다. 이것은 $Z_2$, $Z_3$, $Z_4$가 일정하고 $Z_1$이 증가할 때, 즉 $Z_1$ 코일이 결함을 통과할 때 회로의 불평형량은 커지고, 반대로 $Z_3$가 증가하면 불평형량은 감소한다. 이와 같은 불평형 브리지 회로의 특성에 따라 탐촉자가 국부 결함을 통과하게 될 때 "8"자 모양의 리사주(Lissajous) 신호를 생성한다.

와전류검사 장치에 실제로 사용되는 대표적인 브리지 회로가 그림 4-3에 나타나 있다. 그림 4-2의 기본적인 브리지 회로에 2개의 임피던스 팔이 추가되었다. 이 회로에서 탐촉자 코일은 가변저항기($R_2$)와 병렬로 연결되고 회로 평형이 이루어질 때까지 가변저항을 조정하여 평형 상태로 만들거나 또는 전압 벡터의 위상과 진폭을 일치시킨다. 가변저항기($R_2$)는 코일 회로의 위상각을 같게 하도록 코일의 리액턴스 성분을 조정하여 평형을 이루게 한다. 가변저항기($R_1$)은 $R_1$과 $R_2$ 사이 전압을 등가 전압 진폭으로 조정한다.

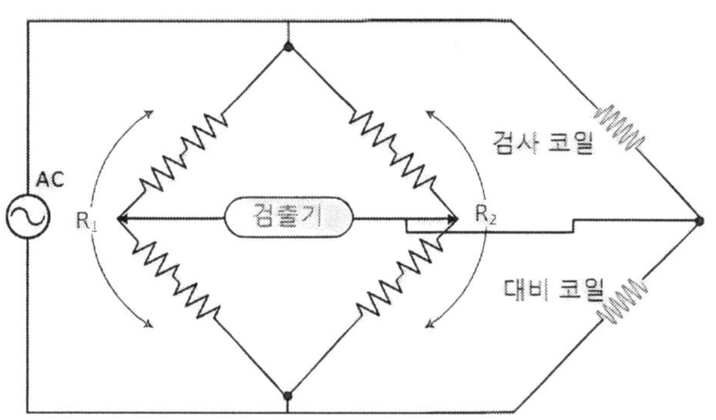



그림 4-3  **와전류검사 장치의 대표적인 브리지 회로**

와전류검사 대상 재료의 모든 정보는 재료 주위에 유도된 자기장에 의해 탐촉자 코일로 전달된다. 와전류검사에 보편적으로 적용되고 있는 임피던스 변화 검출에 의한 와전류검사법은 탐촉자 코일 양단에 걸리는 전압 강하($V_p = I_p Z_p$)를 검출한다. 즉 전류가 일정하게 유지되고 코일의 임피던스가 변함에 따라 코일 양단에 걸리는 전압도 변하게 된다. 임피던스 와전류검사 기법에서는 이 전압의 진폭과 위상각을 측정하여 결함의 진위 여부와 깊이를 추정할 수 있다. 일반적인 와전류검사에서 탐촉자가 결함을 통과할 코일 임피던스(또는 전압) 변화량은 보통 1 % 이하로서 크기가 매우 작다. 이같이 작은 크기의 임피던스 변화는 임피던스 또는 전압을 직접 검출하여 처리하는 것이 어렵기 때문에 필터링 및 증폭하여 검출한다.

브리지 회로의 불평형 사인파 전압 신호는 분석이 매우 어렵고 비효율적이기 때문에 교류 신호의 진폭과 위상 특성을 갖는 직류신호로 변환된다. 보통 교류 신호를 두 개 수직 성분으로 분해한 다음 근접한 극성을 갖는 직류로 정류하여 변환된다. 이 신호는 X-Y 임피던스 평면으로 화면에 나타나게 된다.

### 4.1.3 신호 검출, 처리, 저장 및 디스플레이 장치

와전류 신호의 검출은 그림 4-2의 브리지 회로를 사용한다. 교류가 흐르는 탐촉자 코일을 재료의 무결점 부위에 위치시켜 브리지 회로를 평형 시킨 후 검출기 전위차가 영(0)이 되도록 한다. 이 같은 조정을 브리지 회로 평형이라고 한다. 탐촉자 코일을 결함이 있거나 손상된 부위에 위치시키면 코일의 전류 변화로 인해 브리지 회로의 평형이 깨져 전류가 전위 검출기를 통해 흐르며 이 전류가 와전류검사 신호가 된다. 이 신호는 탐촉자 코일에 인가된 전류와 같은 주파수를 가지며 이 신호의 위상과 진폭에는 브리지 회로의 불평형을 유발한 정보가 포함되어 있다. 결함 신호의 진폭은 수 마이크로볼트($\mu$V)에 불과하므로 추가적인 처리를 위해 증폭된다.

와전류 신호 처리기는 탐촉자 코일과 증폭기로부터 얻어진 불평형 아날로그 신호를 디지털로 변환한다. 디지털 신호는 처리 회로에서 복조되어 진폭과 위상으로 처리하며 신호 분석에 바람직하지 않은 신호를 소거하기 위해 필터링 처리된다. 와전류 신호 처리 블록도를 그림 4-4에 나타내었다.

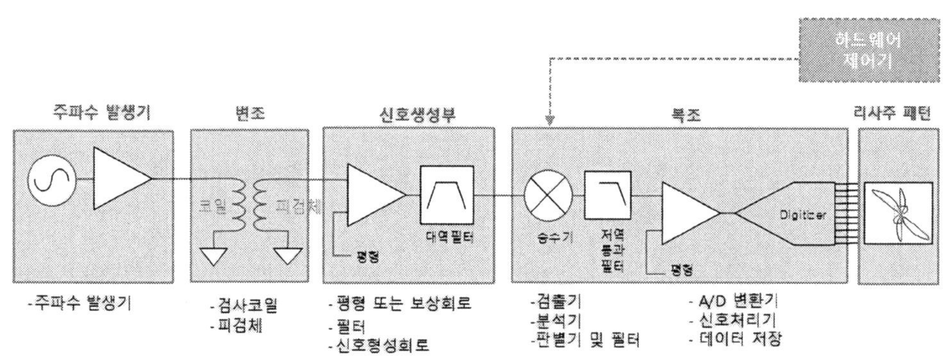


그림 4-4　　**와전류검사 신호 처리 블록도**[5]

디스플레이 장치는 하드웨어 제어 및 신호 분석을 위한 와전류 임피던스 평면 신호(리사주 신호) 및 임피던스의 X 및 Y 축의 저항과 리액턴스 성분을 스트립 차트로 표시한다. 열교환기 튜브 와전류검사에 사용되는 대표적인 보빈 탐촉자 신호 수집 및 분석 프로그램 화면을 그림 4-5에 나타내었다.

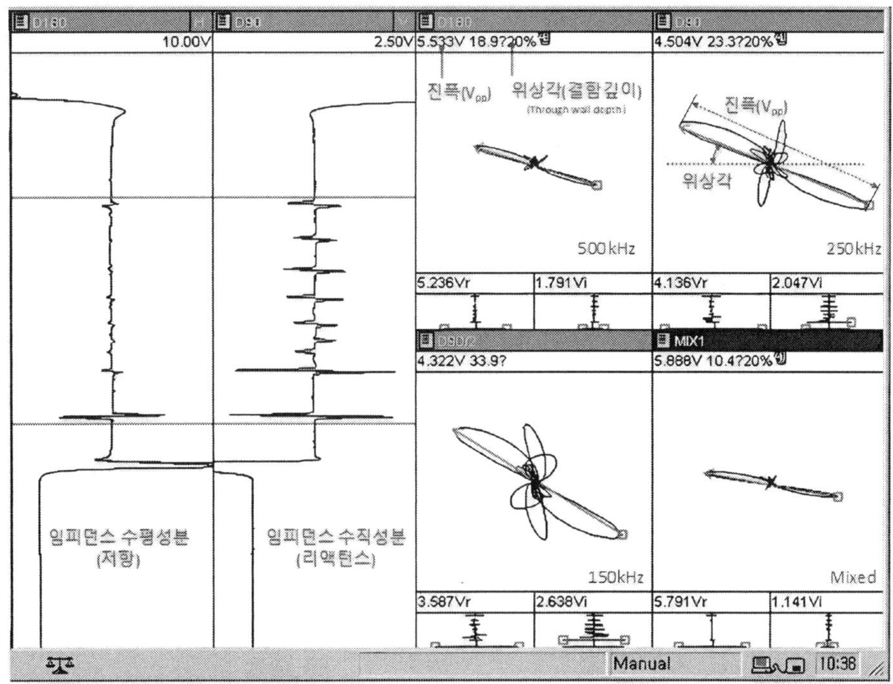


그림 4-5  열교환기 보빈검사 신호 수집/분석 소프트웨어 화면(예시)

## ○ KEPIC(또는 ASME)의 와전류검사 장치 요건

비자성 열교환기 튜브의 보빈 탐촉자 와전류검사에 사용되는 와전류검사 장치에 대해 KEPIC(또는 ASME)에서 규정하는 검사 장치 요건은 다음과 같다.

### ① 데이터 수집 시스템

와전류검사 장치는 다중 주파수를 동시에 발생시킬 수 있는 다중화 송수신 (multiplexed) 능력을 갖추고 있어야 하며, 와전류 다중 변수 신호 조합을 할 수 있어야 한다. 주파수의 선택에 있어서 최적 불연속 검출과 특성화를 고려해야 한다.

- 와전류검사 장치의 출력은 위상과 진폭 정보를 제공해야 한다.
- 와전류검사 장치는 차동 모드와 절대 모드, 또는 두 가지 모드 모두에서 보빈 코일 탐촉자를 작동할 수 있어야 한다.
- 와전류검사 시스템은 검사 데이터를 실시간으로 기록하고 재생할 수 있어야 한다.
- 와전류검사 장치는 튜브 치수 변화, 야금학적 변화 및 이물질 퇴적 그리고 튜브 벽 양면에서 유발되는 불완전의 반응을 검출하고 기록할 수 있어야 한다.

② 아날로그 데이터 수집 시스템

- 와전류검사 장치 출력의 주파수응답은 DC부터 $F_{max}$(Hz)까지 전 측정 범위의 ±2 % 내에서 일정하여야 한다. 여기서 $F_{max}$(Hz)는 탐촉자 최대 이동속도(mm/s)에 0.4(Hz-s/mm)를 곱한 것과 같다.

- 와전류 신호는 X-Y 저장 오실로스코프 또는 그와 동등한 장치를 사용하여 2차원 형식으로 표시되어야 한다.

- 장치 출력의 주파수응답은 DC부터 $F_{max}$(Hz)까지 입력값의 ±2 % 내에서 일정하여야 한다. 여기서 $F_{max}$(Hz)는 탐촉자 최대 이동속도(mm/s)에 0.4(Hz-s/mm)를 곱한 것과 같다.

③ 디지털 데이터 수집 시스템

- 적용 검사 속도에서 장비의 샘플링 속도는 $dr = sr/ss$에 따라 검사되는 튜브의 인치당 최소 30개의 신호를 디지털화해야 한다. 여기서 $dr$은 단위 길이당 수집된 신호의 디지털화율이고 $sr$은 튜브에서 단위시간 또는 단위 Hz당 신호 수집률이며, $ss$는 초당 검사 속도이다.

- 디지털 와전류검사 장치의 신호 진폭 최소 분해능은 12비트/데이터 점(bits/data point)이어야 한다.

- 와전류검사 장치의 아날로그 영역의 출력 주파수 응답은 DC부터 $F_{max}$까지 입력값의 ±2 % 내에서 일정하여야 한다. 여기서 $F_{max}$(Hz)는 탐촉자 최대 이동속도에 0.4(Hz-s/ mm)를 곱한 것과 같다. 탐촉자의 최대 스캔 속도는 아래와 같은 식으로 주어진다[3].

$$\text{탐촉자 최대 스캔 속도(in./s)} = \frac{\text{샘플링 속도(샘플 수}/s)}{\text{단위 길이당 수집율(샘플}/\text{in.)}} \tag{4-2}$$

단위 길이당 수집율이 30 samples/in.인 경우 탐촉자의 최대 스캔 속도는 식 (4-3)으로 주어진다.

$$\text{탐촉자 최대 스캔 속도(in./s)} = \frac{\text{샘플링 속도(샘플 수}/s)}{30} \tag{4-3}$$

그러면

$$F_{max} = 10 \text{ (Hz s/in.)} \times \text{최대 스캔 속도(in./s)}$$

또는

$$F_{\max} = 10 \ (\text{Hz s/in.}) \times \frac{\text{샘플링 속도(샘플 수/s)}}{30} \ (\text{in./s})$$

$$F_{\max} = \frac{10 \cdot \text{샘플링 속도}}{30} \ (\text{Hz})가 \ 된다.$$

- 화면 디스플레이는 검사 주파수 또는 혼합된 주파수가 리사주 형식으로 나타낼 수 있도록 해야 한다.
- 리사주 디스플레이는 전 측정 범위에서 최소 7비트의 분해능을 가져야 한다.
- 스트립 차트 디스플레이는 최소한 2개의 기록을 표시할 수 있어야 한다.
- 스트립 차트 디스플레이는 X축 또는 Y축 성분 어느 것이나 표시할 수 있어야 한다.
- 스트립 차트 디스플레이는 전 화면에서 최소 6비트의 분해능을 가져야 한다.

## ④ 디지털 기록 시스템

- 기록 장치는 모든 검사 주파수에서 수집된 모든 와전류 신호 데이터를 기록 및 재생할 수 있어야 한다.
- 기록 시스템은 텍스트 정보를 기록 및 재생할 수 있어야 한다.
- 기록장치의 최소 분해능은 전 화면에서 12비트/데이터 점(bits/data point)이어야 한다.

## ⑤ 보빈 코일

- 보빈 코일은 KEPIC(또는 ASME)의 교정 표준시험편의 불연속을 검출할 수 있어야 한다.
- 보빈 코일은 불연속 검출과 크기 측정을 위해 선택된 운전 주파수에 대하여 충분한 대역폭을 가져야 한다.

## ⑥ 디지털 데이터 분석 시스템

- 데이터 분석 시스템은 모든 검사 주파수에 대한 와전류 신호 데이터를 표시할 수 있어야 한다.
- 시스템은 다중 변수 혼합(mixing) 능력을 가져야 한다.

- 시스템은 기록된 각 튜브의 식별을 유지할 수 있어야 한다.
- 시스템은 1° 이하의 증분으로 위상각을 측정할 수 있어야 한다.
- 시스템은 0.1 V 단위로 진폭(전압)을 측정할 수 있어야 한다.
- 분석시스템의 신호 진폭 최소 분해능은 12비트/데이터 점(bits/data point)이어야 한다.
- 리사주 방식 디스플레이는 전 측정 범위에서 최소 7비트 분해능을 가져야 한다.
- 스트립 차트 디스플레이는 모든 검사 주파수 또는 혼합된 주파수의 X축 또는 Y축 성분 어느 것이나 표시할 수 있어야 한다.
- 스트립 차트 디스플레이는 전 측정 범위에서 최소 6비트의 분해능을 가져야 한다.

### ⑦ 기록 및 감도 수준

- 모든 검사 주파수에 대한 와전류 신호 데이터는 탐촉자가 튜브를 이동하는 것과 일치시켜 기록매체에 기록되어야 한다.
- 차동 보빈 코일의 감도는 튜브 벽 관통공으로부터의 응답이 전체 리사주 디스플레이 높이의 최소 50 %인 수직 진폭을 발생할 수 있도록 충분하여야 한다.

### ⑧ 탐촉자 이동속도

탐촉자의 스캔 이동속도는 해당 표준시험편에 포함된 불연속에 대해 적절한 주파수 응답 및 감도를 제공하는 속도를 초과해서는 안 된다. 최소 디지털화율(digitization rate)은 항상 유지되어야 한다.

### ⑨ 장비 교정

**아날로그 장비**

다음 사항을 연간 주기로 교정하여 확인해야 한다.

- 구동 코일에 대한 교류 발진기의 출력 주파수는 지시된 주파수의 5 % 이내여야 한다.
- 음극선관 디스플레이의 수직과 수평 직선성은 입력 전압 편향의 10 % 이내이어야 한다.
- CRT 수직 및 수평 궤적의 정렬도는 격자선에 평행한 선의 2° 이내이어야 한다.
- 테이프 기록기로부터의 출력 전압의 비는 테이프 기록기의 각 채널의 입력 전압에 대해 5 % 이내이어야 한다.
- 스트립 차트 기록기의 속도는 지시된 값의 5 % 이내이어야 한다.

- 와전류검사 장치의 모든 채널에 대한 증폭은 임의의 단일 주파수에서 모든 감도 값에서 평균값의 5 % 이내이어야 한다.
- 와전류검사 장치의 두개의 출력 채널은 검사 주파수에서 3° 이내로 직교해야 한다.

**디지털 장비**

- 디지털 장비의 아날로그 요소는 앞의 아날로그 장비 교정 요건에 따라 교정해야 한다. 디지털 요소는 교정할 필요가 없다.

**⑩ 결함 깊이**

- 평가된 불연속의 최대 깊이는 튜브 벽두께 감육의 백분율로 보고해야 한다. 튜브 벽두께 감육이 분석자에 의해 20 % 이하라고 결정되었을 때, 튜브 벽두께 감육의 정확한 백분율을 기록할 필요가 없다. 즉, 지시는 20 % 이하라고 보고할 수 있다.
- 정량화 불가 지시는 보고 지시 중에서 특성화가 어려운 지시이다. 이 지시는 다른 방법으로 해결될 때까지 불연속으로 간주해야 한다.


## 4.1.4 필터(filter)

### (1) 신호 대 잡음 비(signal-to-noise ratio; SNR)

신호 대비 잡음 비(SNR)는 배경 잡음 신호 진폭보다 큰 의미 있는 신호의 진폭을 정량화하는 인자이며, 와전류검사에서 잡음원에 의해 영향을 크게 받을 수 있다. 와전류검사에서 주요 잡음원은 온도 변화, 리프트 오프, 전기전도도 또는 투자율과 같은 재료의 전자기 특성 변화, 검사 속도 변화 등이다. 와전류검사에서 신호 대 잡음 비는 일반적으로 3 이상을 요구하고 있다. 신호 대 잡음 비를 증대시키기 위한 가장 쉬운 방법은 신호 수준을 가능한 한 크게 증폭하는 것이지만 또한 증폭기는 잡음 수준을 증가시키고 증폭기 자체의 잡음도 유입될 수 있다. 이에 따라, 적용 가능한 증폭 단계의 개수가 제한된다.

잡음을 최소화하기 위한 다른 방법은 신호의 필터링이다. 만약 원하는 신호의 통과 영역에 잡음원이 포함된다면 필터링에 의해 제거할 수 있다. 또한 결함 신호와 잡음원 사이에 위상 차이가 존재할 때는 위상 구분기법을 적용할 수 있다. 추가로 특정 형태의 탐촉자 코일은 다른 형태의 코일보다 잡음원에 의한 영향을 덜 받는다. 예를 들어 차동 코일 탐촉자는 절대 탐촉자와 비교하여 작은 직경 변화, 전기전도도 또는 투자율 변화에 덜 민감하다. 또한 탐촉자를 둘러싸고 있는 구리 차폐체는 외부 잡음원을 감소시켜 신호 대비 잡음 비가 증대된다. 또한 코일 크기는 불연속 검출을 위한 높은 수준의 신호를 얻기 위해 중요하다. 관통(외삽) 코일 탐촉자의 경우 충진율을 1에 가깝게 유지하는 것이 중요하며, 코일의 크기 또한 불연속 크기와 거의 동일하게 적용하는 것도 중요하다.

신호 대 잡음 비를 최대화하기 위한 다른 기법은 재료를 자화시키는 것이다. 앞장에서 설명한 것과 같이 직류 자화는 강자성 재료 내의 투자율 변화의 영향을 최소화할 수 있다. 모든 탐촉자는 특정 감도와 잡음 수준에 제한 사항을 가지고 있으므로, 신호 대 잡음 비를 증대하기 위한 최적의 방법은 검사 목적에 가장 적합한 탐촉자를 선정하는 것이다.

### (2) 필터 형태

필터는 그림 4-6과 같이 관심 신호로부터 불필요한 잡음 신호를 축소하거나 제거하여 신호 대 잡음 비를 개선하는 기능이다. 필터는 주로 고대역 통과(high-pass filter; HPF), 저대역 통과(low-pass filter; LPF), 대역 통과(band-pass filter; BPF) 등 3가지 필터 형태가 주로 사용된다. HPF와 LPF를 사용하면 신호를 보다 부드럽게 만들 수 있다. 필터는 보통 헤르츠(Hz) 단위로 조정한다. HPF는 저주파수 신호를 차단하고 고주파수 신호만 통과하도록 한다. 이 기능은 와전류 신호 응답에서 전기전도도 또는 점진적인 치수 변동의 영향을 제거하는 데 매우 유용하다. HPF는 기본적으로 긴 시간 동안 발생하는 신호 변화를 필터링한다. LPF는 고주파수 신호를 차단하고 저주파수 신호만 통과하도록 한다. 이 기능은 투자율 변화와 관련된 고조파 주파수의 전기 잡음을 소거하기 위해 사용할 수 있다. 즉, 전기 잡음과 같이 기울기가 높게 급격하게 변하는 신호의 모든 부분을 걸러낸다. BPF는 LPF와 HPF를 결합하여 특정 주파수 범위의 응답을 허용하고 이 범위를 벗어나는 주파수의 신호를 차단한다.

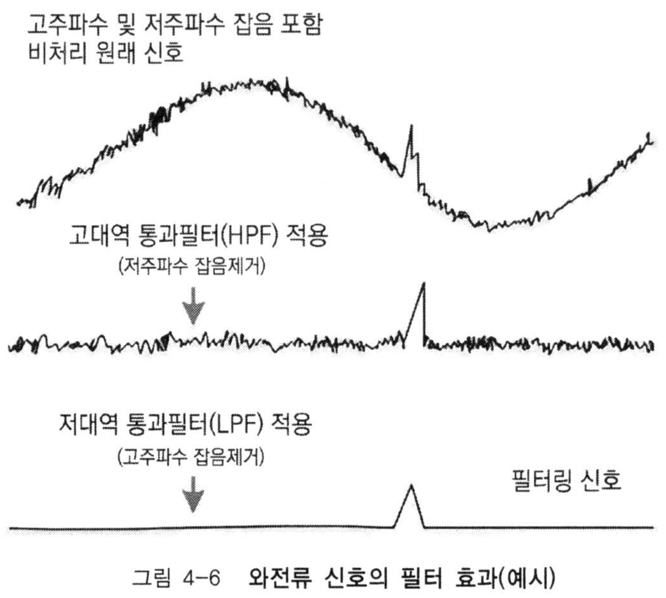


그림 4-6  와전류 신호의 필터 효과(예시)

그림 4-6에서 점진적으로 변하는 저주파수 변화를 먼저 HPF로 필터링한 다음 LPF로 고주파수 전기 잡음을 필터링하면 결함 지시가 더 선명하게 나타나는 것을 알 수 있다. 또한 결함 지시 신호는 여러 주파수로 이루어져 있어서 두 필터는 모두 지시 신호의 세기를 감소시키는 경향이 있다. 또한 탐촉자가 결함을 너무 느리게 지나가면, HPF에 의해 결함 지시가 제거될 수 있으며, 탐촉자가 결함을 너무 빠르게 지나가면, LPF에 의해 결함 지시가 제거될 수 있다. 따라서 필터를 사용할 때, 탐촉자의 스캔 속도를 적절하게 제어해야 한다.

와전류검사에서 관심 변수(예, 균열)보다 높은 주파수를 갖는 신호가 있을 수 있으므로 고주파수 잡음을 억제하기 위해 저대역 통과 필터를 사용할 수도 있다. HPF와 LPF를 함께 사용하여 BPF를 구성한다. 즉, 특정 주파수 범위의 신호만 나타낸다. 예를 들어 LPF를 200 Hz로 설정하고 HPF를 50 Hz 할 경우, 200 Hz 이상인 신호는 LPF에 의해 억제되고 50 Hz 미만의 신호는 HPF에 의해 억제된다. 따라서 두 필터를 모두 통과하려면 신호의 주파수 범위는 50 Hz~200 Hz 이어야 한다.

와전류검사 신호의 필터는 불필요한 주파수를 제거하기 위해 자주 사용된다. 적합한 필터의 설정은 결함 신호의 가시성을 크게 향상할 수 있지만, 필터 설정을 잘못하게 되면 신호가 왜곡되고 심지어 결함 신호가 완전히 제거될 수도 있다. 따라서 필터의 개념을 잘 이해하여 필터를 검사 조건에 적절하게 설정하는 것이 매우 중요하다.

필터는 탐촉자로부터 수신된 신호에 적용되므로 탐촉자를 구동하는 교류 주파수와 직접적인 관련이 없다. 대부분의 와전류 신호는 여러 주파수로 이루어진다. 예를 들어 탐촉자가 결함을 지나갈 때 탐촉자는 결함을 1초 동안 60회 통과하는 것에 해당하므로 결함 신호의 주파수는 이론적으로 60 Hz가 된다. 그러나 이 신호에는 탐촉자 떨림, 전기 잡음, 전기전도도 변화 및 다른 주파수에서 발생할 수 있는 신호가 포함될 수 있다.


## 4.1.5 다중 주파수 와전류검사 장치

다중 주파수 와전류검사 장치는 열교환기 튜브에서 발생할 수 있는 튜브 지지판, 관판과 같은 지지 구조물 근처에서 발생할 수 있는 손상기구의 검출 신뢰도를 개선하고 특성화하기 위해 개발되었다. 다중 주파수 검사 장치를 사용할 때 최대 4개의 검사 주파수를 동시에 또는 순차적으로 생성하여 탐촉자에 적용할 수 있다.

이것은 최대 4개의 서로 다른 주파수를 코일에 동시에 주입하는 연속 모드(그림 4-7(a) 참조)와 각 개별 주파수를 순차적으로 송신하는 다중화 송수신(멀티플렉싱) 모드(그림 4-7(b) 참조)

의 두 가지가 주로 적용되고 있으며 한 개 코일에 최대 4개의 주파수를 적용할 수 있다. 다중
주파수 와전류 기법의 두 가지 기법 중 연속모드 기법은 더 많은 하드웨어가 필요하지만, 일반
적으로 신호 품질, 특히 혼합 출력이 더 개선되는 특징이 있다. 다중화(멀티플렉싱) 기법은
하드웨어 장치가 간단하나 각 주파수 사이의 간섭이 발생할 수 있으므로 잡음에 취약하다.
그림 4-7에 4개 주파수 10 kHz, 20 kHz, 50 kHz, 70 kHz 코일 여기 신호의 예시가 나타나
있다.

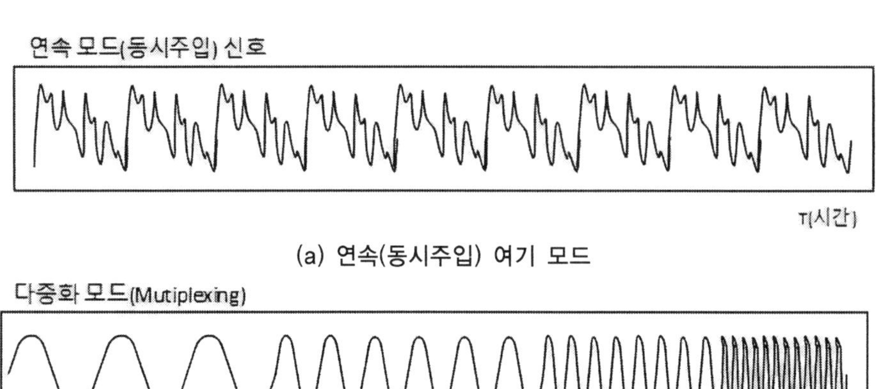


그림 4-7　　**코일의 여기 방식**

대부분의 튜브 검사의 경우 보빈 코일이 결함을 통과할 때 발생하는 코일의 순 임피던스
변화는 거의 1 % 미만으로 아주 미약하다. 따라서 다중 주파수 와전류검사 장치는 이 같은
작은 임피던스 변화를 검출하고 증폭하여 표시할 수 있어야 한다.

열교환기 튜브 검사에서 지지판, 관판과 같은 구조물 신호 또는 찌그러짐(dent)과 같은 불필
요한 변수 신호는 결함 신호를 가릴 수가 있다. 다중 주파수 와전류검사 기법은 이같이 바람직
하지 않은 변수의 영향을 제거하기 위해 개발되었다. 열교환기의 구조물 신호를 비롯한 불연속
에 대한 반응은 적용 검사 주파수에 따라 달라진다. 이에 따라 중요하지 않은 인자의 구별이
가능하게 된다. 다중 주파수 와전류검사 장치에서 동일 코일에 2개 이상의 주파수가 동시에
사용된다. 3가지 주파수에 해당되는 대역 통과 필터는 각 주파수 별로 신호를 분리한다. 식별
또는 소거 과정은 다중식의 해를 동시에 구하는 것과 유사한 방법으로 각 주파수에 대한 직류
출력 신호를 혼합하여 이루어진다. 튜브 지지판 신호와 같은 외부 구조물 신호 제거는 2개
주파수에서 신호를 일치시켜 차감하여 이루어진다. 이러한 과정은 다른 불필요한 신호도 다른
검사 주파수를 사용하여 마지막 출력 신호가 오직 결함 신호만을 포함할 때까지 계속된다.

다중 주파수 와전류검사 장치는 일반 와전류검사 임피던스 법에 사용되는 기기와 동일한 제어 장치 및 기능을 가지고 있으며 추가로 혼합 모듈이 추가된다. 이 모듈은 각 주파수의 출력 신호를 더하거나 소거하는데 사용된다.

## 4.1.6 검사장치 교정

와전류검사 장치의 교정 목적은 다음과 같은 와전류검사 장치의 전자적 특성을 확인하는 것이다. 검사에 사용되는 와전류검사 장치의 전기적 특성이 일관되게 유지되는 것을 주기적으로 확인하여 검사 신뢰도를 확보할 수 있다.

- 탐촉자 여기 교류 전원의 특성
- 주파수 대역폭, 진폭 및 위상 직선성, 차동 평형, 절대 신호 건전성, 채널 사이의 간섭 잡음 등의 전기적 특성을 확인하는 것이다.

전력산업기술기준(KEPIC)은 다음과 같이 와전류검사 장치를 아날로그 부와 디지털 부를 구분하여 주기적으로 교정하도록 규정하고 있다.

### ① 아날로그 장비

다음 사항을 연간 주기로 교정하여 확인해야 한다.

- 구동 코일에 대한 교류발진기의 출력 주파수는 지시된 주파수의 5 % 이내이어야 한다.
- 음극선관 디스플레이의 수직과 수평 직선성은 입력 전압 편향의 10 % 이내이어야 한다.
- 테이프 기록기로부터의 출력 전압의 비는 테이프 기록기의 각 채널의 입력 전압에 대해 5 % 이내이어야 한다.
- 스트립 차트 기록기의 차트 속도는 지시된 값의 5 % 이내이어야 한다.
- 와전류검사 장치의 모든 채널에 대한 증폭은 임의의 단일 주파수에서 모든 감도 설정치에서 평균값의 5 % 이내이어야 한다.

### ② 디지털 장비

디지털 장비는 장치의 정밀도를 변화시킬 수 있는 수리 작업이 이루어진 후에 교정되어야 한다.

## 4.2.1 X-Y 전압 평면

와전류 전압 평면은 탐촉자 코일의 위상 차이가 발생한 두 양을 결합하는 방법이다. 앞에서 설명한 것과 같이 유도 회로의 저항 전압($V_R$)과 코일 전압($V_L$) 사이에는 90° 위상 차이가 존재한다. 이 두 개 전압을 벡터적으로 합산하여 회로의 총 전압($V_T$)을 구할 수 있으며, 이것은 와전류 장치의 교류 발생기 출력에 해당한다. 전압 평면 선도는 그림 4-8(b)와 같이 코일의 저항 전압($V_R$) 값을 직각삼각형의 밑변으로 코일 전압($V_L$) 값을 직각삼각형의 높이, 그리고 대각선은 총 전압($V_T$)으로 나타낸 것이다.

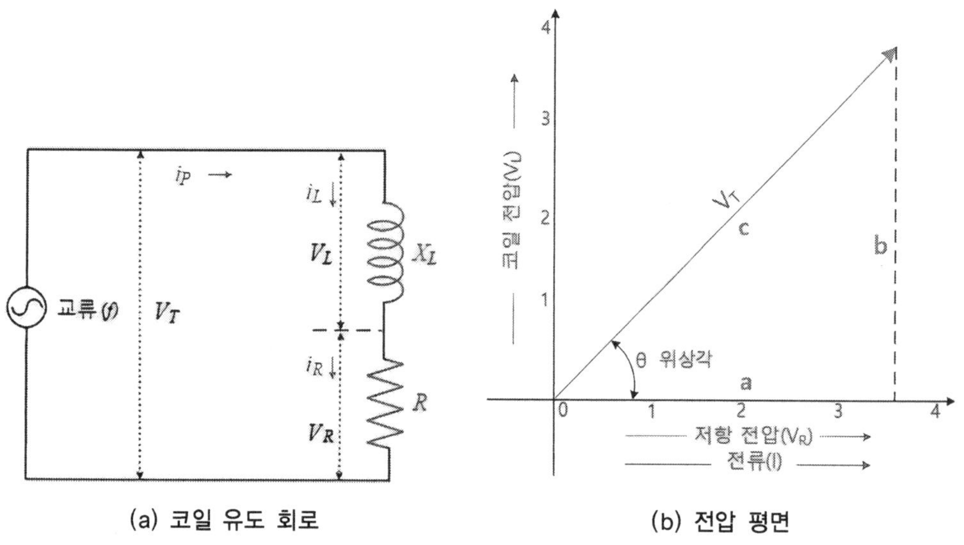


(a) 코일 유도 회로　　　　(b) 전압 평면

그림 4-8　**코일 유도 회로와 전압 평면**[5]

위 그림의 오른쪽 선도에서 피타고라스의 정리에 따라 다음과 같은 조건이 성립한다.

$$c^2 = a^2 + b^2 \tag{4-4}$$

여기에서, $c$ = 회로의 총 전압($V_T$), $a$ = 저항 전압($V_R$), $b$ = 코일 전압($V_L$)이다.

위의 식은 전압값을 사용하여 다음 식으로 나타낼 수 있다.

$$V_T^2 = V_R^2 + V_L^2 \tag{4-5}$$

위 식에서 $V_T$는 다음과 같이 구할 수 있다.

$$V_T = \sqrt{V_R^2 + V_L^2} \tag{4-6}$$

와전류검사에서 얻을 수 있는 기본적인 정보는 코일에 걸리는 순 전압($V_T$)의 크기이며, 순 전압의 위상은 유도 회로를 흐르는 전류($I_P$)와 관련된다.

코일의 자체 유도 과정은 ① 교류 발생기에 의한 교류 전압의 코일 적용, ② 코일에 1차 전류 통전, ③ 코일의 1차 자기장 생성, ④ 재료에서 와전류에 의한 역전압 생성, ⑤ 코일에 유도 리액턴스가 생성되는 순서로 이루어진다.

그림 4-8에서 유도 회로 전류($I_P$)는 저항 전압($V_R$)과 위상이 같다. 따라서 전류($I_P$)는 전압 평면의 수평축에서 코일 전압($V_L$)을 따라 위치가 정해질 수 있다. 코일의 순 전압($V_T$)의 크기와 위상의 변화를 나타내는 와전류검사 출력은 사인 파형으로 나타낼 수 있다. 현재 와전류검사 신호 디스플레이에 주로 사용되고 있는 리사주 방식 이전에 주로 사용된 '벡터점 디스플레이' 방식은 단지 동그란 점(도트)으로서 벡터 화살표의 끝부분만을 나타내는 매우 간단한 방법으로 와전류 임피던스 정보를 제공하여 신호 분석을 쉽게 한다. 위의 그림 4-8에서 코일의 순 전압($V_T$) 벡터의 끝부분은 저항 전압($V_R$)과 코일 전압($V_L$)의 크기를 나타낸다.


## 4.2.2 임피던스 평면

임피던스 평면은 와전류검사 변수의 변화에 따라 코일 임피던스의 변화를 나타내는 선도로서 와전류검사에 매우 중요하고 자주 사용되는 그래프이다. 선도에 표시되는 일반적인 변수는 전기전도도, 상대 투자율, 충전율 또는 리프트 오프, 재료 두께 및 검사 주파수 등으로서 와전류 검사에 영향을 미치는 거의 모든 변수를 나타낼 수 있다. 임피던스 선도는 두 개 이상의 변수가 변경될 때 최적의 검사 매개변수를 결정하고 와전류검사 결과를 예측하는 데 매우 유용하다. 기본적인 임피던스 선도는 그림 4-9(b)와 같이 Y축에 유도 리액턴스를 X축에 저항을 나타내는 벡터 선도이다. 그림에서 코일의 운전점 $A$는 재료상에 있는 검사 코일의 순 임피던스를 나타낸다. 탐촉자가 재료의 결함 위치로 이동하면 임피던스가 변경되어 코일의 운전점은 $B$로 이동하게 된다. 임피던스가 변경될 때마다 선도의 새로운 코일 운전점으로 이동하게 된다.

전압 평면에서 탐촉자 코일에 걸리는 두 전압 성분을 결합하여 코일의 순 전압($V_T$)을 나타낼 수 있는 것과 같이 임피던스 평면에서 코일의 저항과 리액턴스 성분을 결합하여 코일의 순 임피던스로 나타낼 수 있다. 그림 4-9(b)의 임피던스 평면에서 저항($R$)은 X축, 유도성 리액턴스 ($X_L$)는 $Y$축을 따라 표시된다. 이 두 값은 벡터 $OA$로 표시되는 코일의 순 임피던스를 나타낸다. 순 임피던스의 각도($\theta$)는 그림 4-8의 순 전압($V_T$)의 각도($\theta$)와 같다. 이것은 탐촉자 코일의 임피던스는 위상 차이가 있는 두 개의 전압 강하의 결합으로 나타낼 수 있음을 보여 주기 때문에 중요하다. 임피던스의 진폭은 저항 및 유도성 리액턴스 값을 이용하여 다음 식으로 구할 수 있다.

$$Z = \sqrt{X_L^2 + R^2}$$

(4-7)

여기에서, $Z$ = 임피던스 진폭(Ω), $X_L$ = 유도성 리액턴스(Ω), $R$ = 저항(Ω), $X_C$ = 용량성 리액턴스는 작으므로 무시할 수 있다.

임피던스의 위상각($\Theta$)은 다음과 같이 저항 및 유도성 리액턴스 값으로부터 계산할 수 있다.

$$\tan\Theta = \frac{X_L}{R}$$

(4-8)

여기에서, $\Theta$ = 위상각, $X_L$ = 유도성 리액턴스(Ω), $R$ = 저항(Ω)이다.

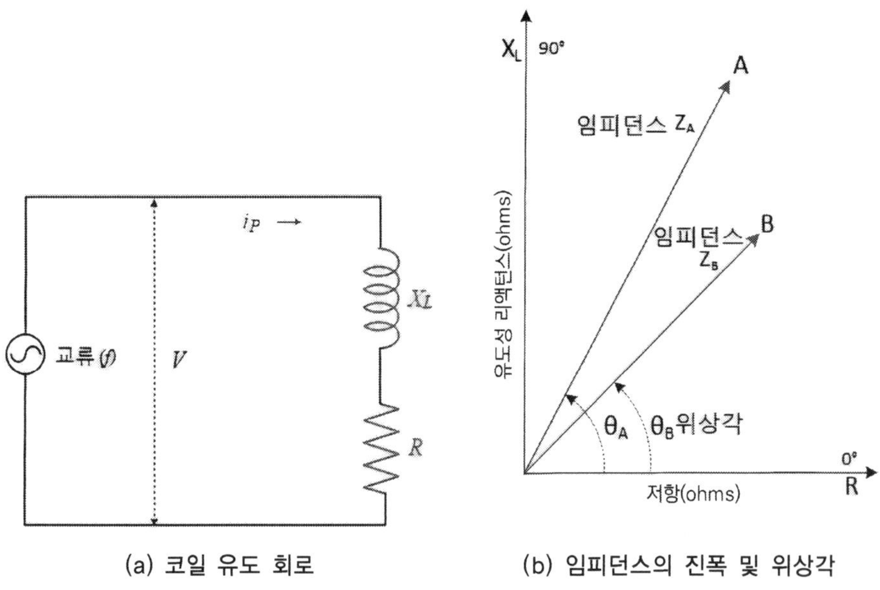


(a) 코일 유도 회로                    (b) 임피던스의 진폭 및 위상각

그림 4-9  **코일 유도 회로와 임피던스 평면[5]**

### (1) 공심(공기 중) 코일의 임피던스

빈 코일의 임피던스($Z_0$)는 와전류 코일의 중요한 기준이 되는 특성으로서 다른 모든 와전류 신호를 이것과 비교할 수 있다. 빈 코일에서 코일 저항($R_0$)은 보통 유도성 리액턴스($X_0$)와 비교하면 상대적으로 매우 작다. 빈 코일의 임피던스 크기는 식 (4-9)로 주어진다.

$$Z_0 = \sqrt{(R_0^2 + X_0^2)} \tag{4-9}$$

코일 저항을 무시할 수 있을 때, 빈 코일의 임피던스는 유도성 리액턴스와 동일한 것으로 가정할 수 있으므로 임피던스는 다음의 대략 식으로 나타낼 수 있다.

$$Z_0 \cong X_0 \cong \omega L_0 \tag{4-10}$$

모든 와전류 신호를 빈 코일의 유도성 리액턴스로 나누어 와전류 신호 크기를 정규화하는 것이 가능하다. 와전류 신호를 정규화하면 크기가 다른 여러 코일의 임피던스의 변화를 복소평면 상에서 하나의 보편적인 곡선으로 상관시킬 수 있다는 장점이 있다. 이렇게 얻어진 곡선은 수많은 검사 조건에 적용할 수 있다.


### (2) 임피던스 선도의 전개

임피던스 선도를 이용하여 와전류검사를 이해하기 위해서는 전기전도도와 같은 단일 검사 매개변수를 체계적으로 변경하고 이에 따른 임피던스 변화를 관찰해야 한다. 와전류검사에 필요한 임피던스 선도를 구성하려면 2차원 그래픽 디스플레이, 표면 탐촉자, 페라이트(비전도성 강자성 세라믹), 낮은 전기전도도(타이타늄, 인코넬)부터 높은 전기전도도(구리, 은) 재료까지 다양한 전기전도도를 나타내는 여러 가지 비자성 금속 표준시험편을 사용해야 한다.

표준시험편은 깨끗하고 편평하고 오염되거나 피막 등이 없는 깨끗한 표면이어야 한다. 와전류 탐촉자가 재료로부터 멀리 떨어진 상태에서 장치의 평형이 이루어지면 임피던스 운전점이 화면 상에 나타난다. 장치를 조정하여 평형점은 그림 4-10 (a)와 (b)의 화면 좌측의 임피던스 운전점 $A$ 근처로 재배치할 수 있다. 이 같은 공기 중 영점은 다른 선도에서 기준점으로 사용된다.

다음으로 페라이트 시험편을 사용하여 와전류 유도 변화의 방향을 설정한다. 탐촉자를 페라이트 위에 놓고 위상 제어를 조정하여 공기에서 페라이트의 존재에 따른 신호의 변화가 수직(Y축과 평행)이 되도록 한다. 다음으로 탐촉자를 구리 시험편에 놓으면 그림 4-10에서 새로운 운전점 $i$로 이동한다.

탐촉자를 시험편으로부터 들어 올리면 운전점이 그림 4-10 (a)와 (b)에 나타낸 것과 같이 공기 중 평형점 $A$로 다시 이동한다. 탐촉자가 시험편 위아래로 움직일 때 운전점이 이동하는 경로를 리프트 오프 궤적 또는 리프트 오프 선이라고 한다.

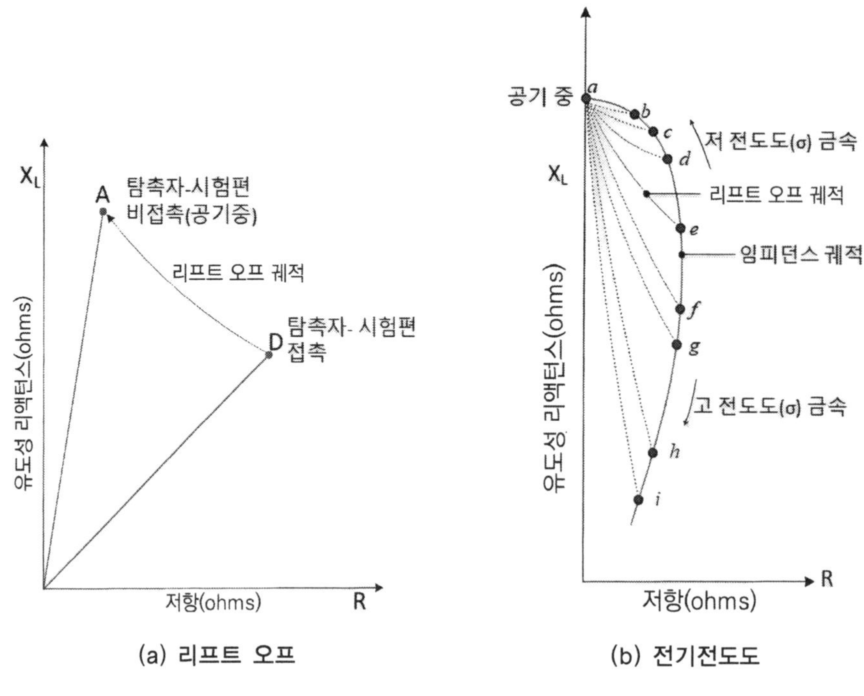


그림 4-10　**코일 임피던스 벡터 변화**[5]

## (3) 임피던스 선도의 응용

임피던스 선도의 대표적인 사용 예로서 미지의 전기전도도를 갖는 재료의 임피던스 곡선상의 위치와 전기전도도와 알고 있는 재료의 위치를 상대 비교하여 미지 재료의 전기전도도를 측정하기 위해 사용한다. 또한 리프트 오프의 임피던스 이동 궤적선은 그림 **4-11**에서와 같이 전기전도도 궤적과 다른 방향으로 이동한다.

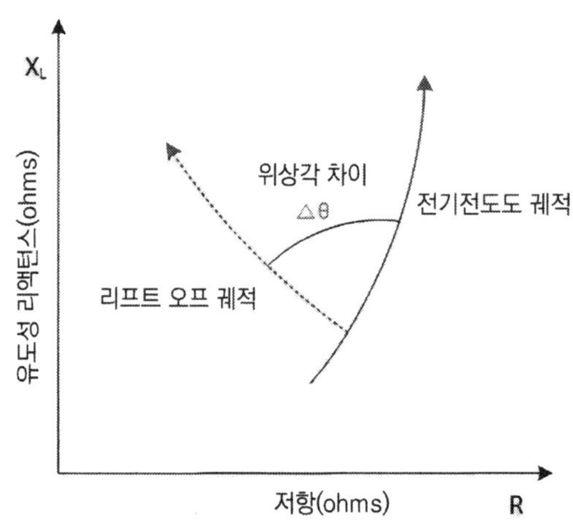


그림 4-11　**리프트 오프와 전기전도도 궤적 사이의 위상각 차이**

즉 전기전도도와 리프트 오프의 변화는 임피던스 곡선 상에서 서로 다른 위상각을 갖는다. 리프트 오프 곡선은 전도성 재료 표면의 비전도성 코팅 두께를 측정하는 데에도 사용할 수 있다. 이것은 미지의 코팅 두께에 대한 리프트 오프 궤적 길이와 알고 있는 두께에 대한 리프트 오프 궤적 길이를 상대 비교하여 추정할 수 있다.

### (4) 임피던스 선도의 정규화(normalization)

와전류검사에서 임피던스 선도는 데이터 분석과 신호 해석에 필수적인 도구이다. 임피던스 선도는 일반적인 원리를 설명하거나 특정 코일의 임피던스 값과 무관한 보편적 형태로 데이터를 나타내기 위해 정규화된다. 정규화된 와전류 임피던스 선도에 따라 모든 검사 변수의 영향을 명확하게 이해할 수 있으며 검사에 불리한 변수의 영향을 최소화하기 위한 적절한 조치를 취할 수 있다.

와전류 임피던스 선도의 정규화 효과가 그림 4-12에 나타나 있다. 그림 4-12(a)에서 임피던스 평면의 임피던스 점 a, b, c, d 및 e는 검사 주파수의 증가에 따라 공기 중 코일의 임피던스($Z$)가 증가하여 운전점이 이동하는 것을 나타낸다. 각 점에서 화살표는 해당 주파수의 와전류 임피던스 값을 나타내며 각 임피던스 크기($|Z|$)는 주파수에 따라 증가한다. 각 임피던스의 운전점은 주파수가 증가함에 따라 변하는 코일의 평형점을 나타낸다. 코일의 유도성 리액턴스는 $X_L = 2\pi f L$이므로 코일의 유도성 리액턴스와 와전류의 유도성 리액턴스는 모두 주파수에 따라 증가한다.

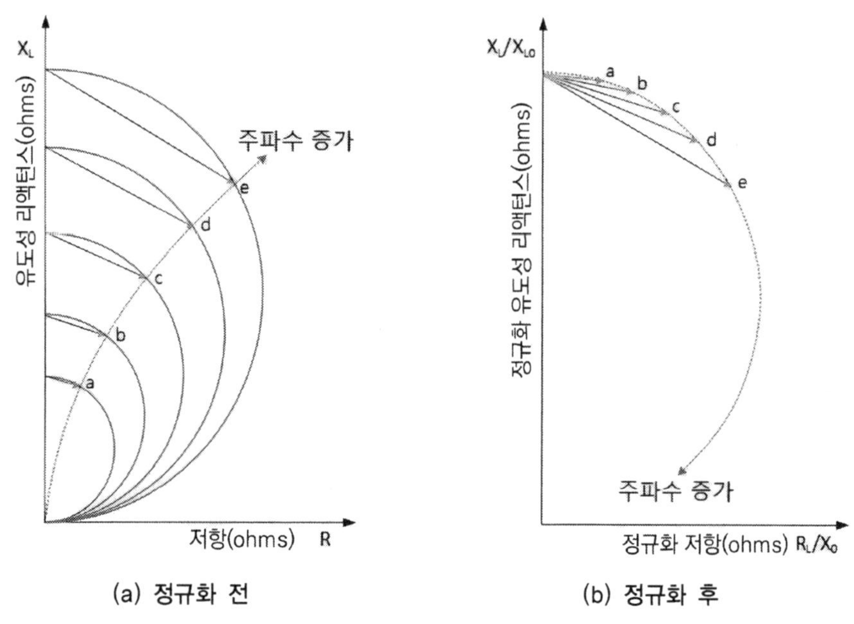


(a) 정규화 전    (b) 정규화 후

그림 4-12  주파수 변화에 따른 임피던스 선도의 정규화 효과[5]

그러나 주파수가 증가하면 빈 코일(공기 중)의 인덕턴스($L_0$)는 더 크게 증가한다. 그림 4-12(b)에서 코일의 유도 리액턴스를 공기 중 유도 리액턴스($L_0$)로 나누면 빈 코일의 운전점은 1로 유지되고 주파수 변화로 인한 와전류 임피던스의 해당 증가로 인해 임피던스 운전점이 정규화되어 빈 코일의 고정된 임피던스 운전점을 기준으로 곡선 아래로 이동하게 된다. 그림과 같이 정규화로 인해 주파수 변화에 따른 코일의 임피던스 운전점의 변화를 한 개의 임피던스 선도로 나타낼 수 있다.

와전류 데이터의 정규화는 재료에 있는 코일의 유도 리액턴스($X_L$)와 저항($R$)을 빈(공기 중) 코일의 유도 리액턴스 값($X_0$)으로 나눈다. 임피던스 선도의 세로축(Y축)은 탐촉자 코일의 유도 리액턴스($X_L$)이고 가로축(X축)은 탐촉자 코일의 저항($R$)에 해당한다. 정규화는 특성이 다른 탐촉자 형태 및 재료에 대한 와전류검사 데이터를 비교할 수 있는 편리한 방법이다. 정규화에 의해 여러 조건에서 임피던스 선도 모양은 같게 유지된다.

재료에 대한 모든 정보는 자기장을 통해 탐촉자 코일로 전송된다. 시간에 따른 자속($d\phi/dt$)의 변화에 따라 탐촉자 코일에 전압($V$)이 유도되며, 유도되는 이 전압은 패러데이의 법칙에 따라 자속의 크기 및 변화율($d\phi/dt$), 코일 권선수(N)에 따라 달라지며 식 (4-11)로 주어진다.

$$V = -N\frac{d\phi}{dt} \tag{4-11}$$

코일에 유도되는 자기장($\phi$)은 $\phi = \dfrac{LI}{N}$ 이므로 식 (4-11)은 식 (4-12)로 변환된다.

$$V = -L\frac{dI}{dt} \tag{4-12}$$

여기에서, $V$ = 코일에 유도되는 전압, N = 코일 권선수, $L$ = 코일 인덕턴스, $I$ = 전류이다.


이 전압의 진폭과 위상 변화는 검사 재료 상태에 대한 정보를 나타낸다. 복소평면 상에서 전압을 동일 위상($V_0$)과 불일치 위상($V_{90}$)의 두 개의 직교 성분으로 분해할 수 있다. 그리고 전류($I$)는 거의 일정하게 유지되므로 전압 그래프를 임피던스 그래프로 대체할 수 있다.

코일의 임피던스는 검사 재료 변수뿐만 아니라 탐촉자 코일 변수에 따라서도 달라진다. 탐촉자 코일의 변수는 코일 직경, 권선수, 길이 및 코어 재료이며 탐촉자 코일 임피던스에 영향을 미치는 검사 장치 변수는 검사 주파수이다. 즉, 검사 주파수($f$)에 따라 시간에 따른 자속 변화율($d\phi/dt$)이 결정되기 때문이다. 특성이 다른 각 탐촉자 코일의 임피던스 선도는 모양과 특성이 각각 다르기 때문에 비교가 어려우므로 이를 정규화한다. 이같이 정규화된 임피던스 선도를 사용하면 탐촉자 코일의 세부적인 각 변수에 의존하지 않고 재료 상태 변화에 따른 임피던스 변화만을 분석할 수 있다. 와전류 코일의 자기장 내에 비자성 재료를 놓을 때 와전류 반응은 신호의 절대 크기가 항상 빈 코일의 신호 크기보다 작게 되는 경향이 있다.

여러 변수에 따른 코일 임피던스의 정규화 전과 후의 탐촉자 임피던스 변화를 그림 4-13에 나타내었다. 재료 내 임피던스 변화는 임피던스 운전점 "$P$"의 이동으로 나타난다. 운전점 $P_0$는 재료와 멀리 떨어져 있는 공기 중 코일의 운전점이며, $P_1$은 재료와 접촉 또는 근접해 있는 코일의 운전점이다. 임피던스 $Z_0$는 공기 중 코일의 임피던스 값이고, $Z_1$은 재료와 접촉 또는 근접해 있는 코일의 임피던스 값을 나타낸다.

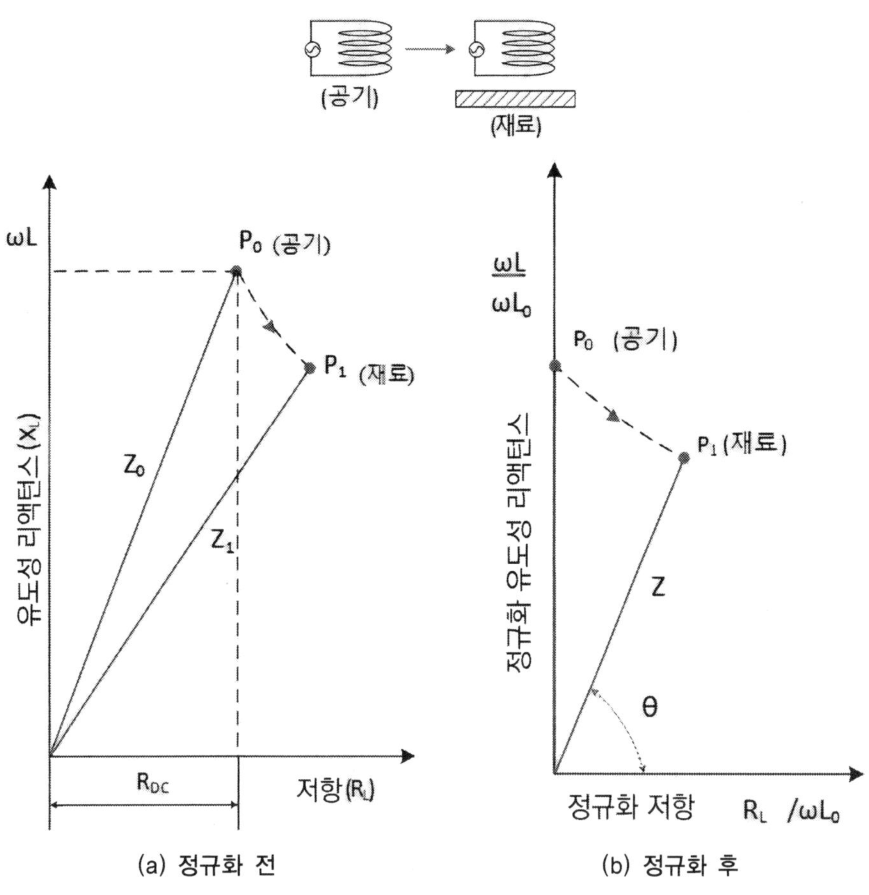


그림 4-13  코일 임피던스의 정규화(운전점 이동)

코일의 임피던스 성분 중 허수 성분인 유도 리액턴스는 식 (4-13)과 식 (4-14)와 같이 코일이 재료로부터 떨어진 공기 중에 위치할 때의 임피던스($X_0 = \omega L_0$) 값으로 나누어 정규화된다.

$$X_L/X_0 = \omega L/\omega L_0 \tag{4-13}$$

여기에서, $X_L$ = 코일의 리액턴스($\Omega$), $X_0$ = 공기 중 코일의 리액턴스($\Omega$), $\omega$ = 각속도(rad/s), $L$ = 인덕턴스(H), $L_0$ = 공기 중 코일의 인덕턴스(H)이다.

실수 성분인 저항은 식 (4-14)에서와 같이 재료 내 와전류에 의한 코일의 저항 부하($R_L$)에서 코일 및 케이블의 저항 성분($R_{DC}$)을 감한 후 공기 중 코일의 리액턴스($X_0$ = $\omega L_o$) 값으로 나누어서 정규화한다.

$$R_L/X_0 = (R_L - R_{DC})/\omega L_0 \tag{4-14}$$

여기에서, $R_L$ = 재료 내 와전류에 의한 코일의 저항 부하, $X_0$ = 공기 중 코일의 유도 리액턴스, $R_{DC}$ = 코일 및 케이블의 저항이다.

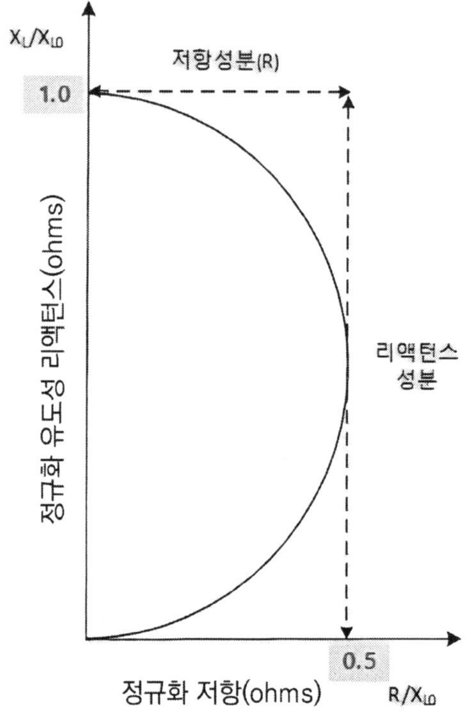


그림 4-14　정규화 임피던스 벡터점의 위치 범위

정규화된 성분 $R_L/X_0$와 $X_L/X_0$는 무차원으로서 코일 인덕턴스 및 코일과 케이블 저항으로부터 독립적으로 영향을 받지 않는다. 이에 따라 정규화된 변수의 변화는 재료 내 와전류 흐름의 변화만을 나타내게 된다.

재료에 근접한 코일의 정규화 신호는 일반적으로 "1"을 초과하지 않는 크기를 갖는다. 실제로 신호의 실수(저항) 성분은 일반적으로 0.5(반원)를 초과하지 않으며, 허수(리액턴스) 성분은 영(0)

에서 1.0 사이의 값을 갖는다. 이것은 불연속이 없는 건전한 재료에 적용할 경우에 해당된다.

## (5) 보빈 코일의 임피던스 선도

벽두께가 아주 얇은 튜브 검사에 사용되는 보빈 및 관통 코일의 임피던스 선도는 반원 형태를 갖는다. 이 모양은 벽두께($t$)가 표준 침투 깊이보다 아주 얇을 경우($t \ll \delta$)에 형성된다. 즉, 표피 효과와 위상 지연이 무시될 경우이다. 실제로 이 같은 경우는 거의 발생치 않고 특히 중간 및 고주파수에서 발생하지 않는다. 이것은 보빈 코일의 임피던스 한계점을 정의하기 때문에 와전류검사에서 매우 유용하다.

튜브 검사에 사용되는 보빈 코일의 임피던스 선도는 그림 4-15의 맨 오른쪽 파선과 같은 유사한 반원 형태를 이루지만, 두꺼운 튜브는 그림 4-15의 일체형 실린더와는 큰 차이가 발생한다. 특정 튜브의 임피던스 궤적은 중간 주파수 대역에서 두 개 파선 사이에 놓이고, 저주파수에서는 얇은 튜브($D_i / D_o$ =0.9) 선도에 접근하고, 고주파수에서는 두꺼운 튜브($D_i / D_o$ =0.8) 선도에 접근한다. 그림 4-15에서와 같이 벽두께가 변화함에 따라 점선을 따라 나선 모양의 곡선을 그리면서 코일 임피던스가 변화한다. 결론적으로 두께가 얇아짐에 따라 임피던스 선도 모양이 반원 형태를 벗어나는 것은 튜브 벽두께에 의해 발생하는 위상 지연에 기인한 것이다.

관통 코일에서 다른 제한 사항은 그림 4-16에 나타낸 원통형 재료의 임피던스 선도에서 정의할 수 있다. 튜브 검사에 사용되는 관통 코일의 임피던스 선도는 그림 4-16에서 가장 왼쪽과 오른쪽의 파선으로 된 두 곡선 사이에 놓인다.

예를 들어 실선은 내·외경의 비가 0.8($D_i/D_o = 0.8$)인 튜브에 적용한다. 내외경의 비($D_i/Do$)가 0.8보다 큰 튜브의 임피던스 선도는 실선의 오른쪽에 놓이게 된다. 그림 4-16에서 $D_o$가 일정하고 $D_i$가 증가하여 튜브 벽두께가 감소하면 임피던스 운전점은 이동하게 된다. 벽두께 곡선의 나선모양을 관찰하면 벽두께가 두꺼운 곡선의 아래쪽 끝단은 반원 형태의 궤적에서 벗어나는 것을 알 수 있다. 이것은 튜브의 전체 벽두께에 걸친 위상 지연에 의해 발생하며 이 같은 현상은 와전류 신호 분석의 기초가 된다.

그림 4-16에 두꺼운 벽두께와 얇은 벽두께의 검사 주파수에 따른 영향이 나타나 있다. 두께가 얇은 것으로 간주하는 튜브($D_i/D_o = 0.8$)는 선도 최상부 근처인 저주파수에서는 튜브 벽두께($t \ll \delta$)에 의한 위상 지연이 발생하지 않지만, 선도 하부의 고주파수에서는 튜브 두께가 표준 침투 깊이보다 훨씬 두꺼우므로 튜브가 속이 찬 봉으로 인식되어 두꺼운 튜브가 된다.

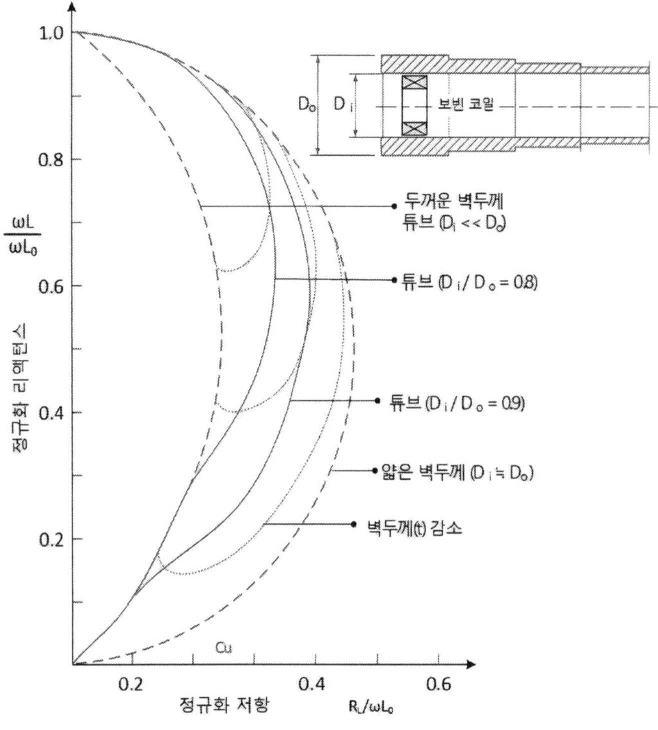


그림 4-15 튜브 벽두께 감소의 영향을 나타내는 보빈 코일의 임피던스 선도[1]

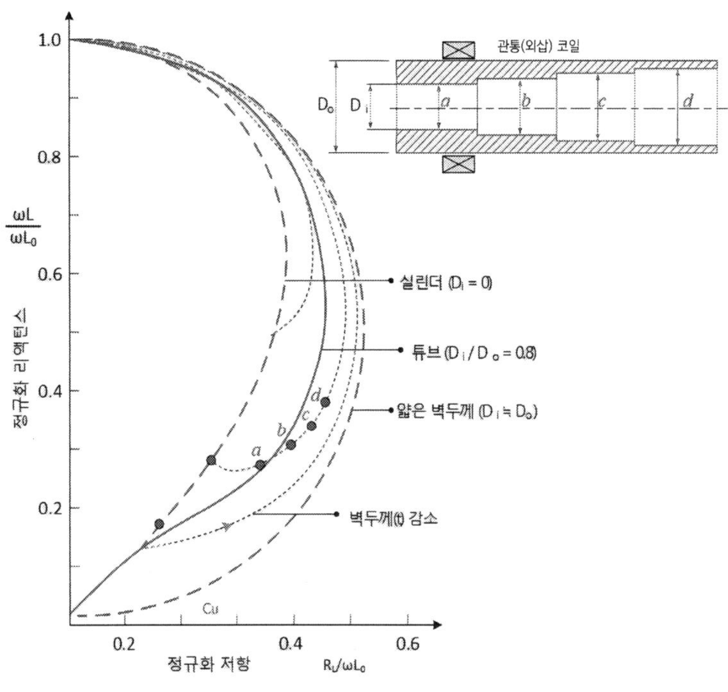


그림 4-16 튜브 벽두께 감소의 영향을 나타내는 관통 코일의 임피던스 선도[1]

### 4.2.3 리사주 패턴

와전류 리사주 신호 패턴은 와전류검사에서 얻어진 신호를 분석하기 위해 기본적으로 사용되는 신호 디스플레이 방식으로서 위상각과 진폭을 측정하여 결함 진위 확인과 크기를 측정하는 데 사용된다. 리사주 신호는 그림 4-17에 나타낸 것과 같이 두 개의 정현파 전압을 수직 방향으로 조합하여 X-Y 평면에 한 개의 궤적 곡선으로 나타내는 전기 신호 디스플레이 방식이다. 1850년경 프랑스 물리학자 쥘 리사주(Jules A. Lissajous)의 이름을 따서 명명되었다. 현재 리사주 신호는 와전류검사에서 중요한 신호 디스플레이 방식으로 사용되고 있으며, 코일의 임피던스 변화인 전압신호 궤적을 X-Y 임피던스 평면에 나타낸다.

차동형 보빈 코일 코일을 사용하여 튜브 검사에서 얻어진 X-Y 임피던스 평면의 리사주 신호 예시가 그림 4-17에 제시되어 있으며, 차동형 모드의 경우 신호 모양은 두 개 로브로 이루어진 "8"자형 모양을 갖는다. 예시된 신호는 튜브 벽두께 100 % 관통구멍 신호로서 위상각이 대략 40°이다. 그림의 X-Y 임피던스 평면에서 임피던스의 저항 성분(실수부)은 X축, 리액턴스 성분(허수부)은 Y축에 지시되고, 이 신호의 진폭과 위상을 측정하여 불연속(결함)의 크기를 측정한다.

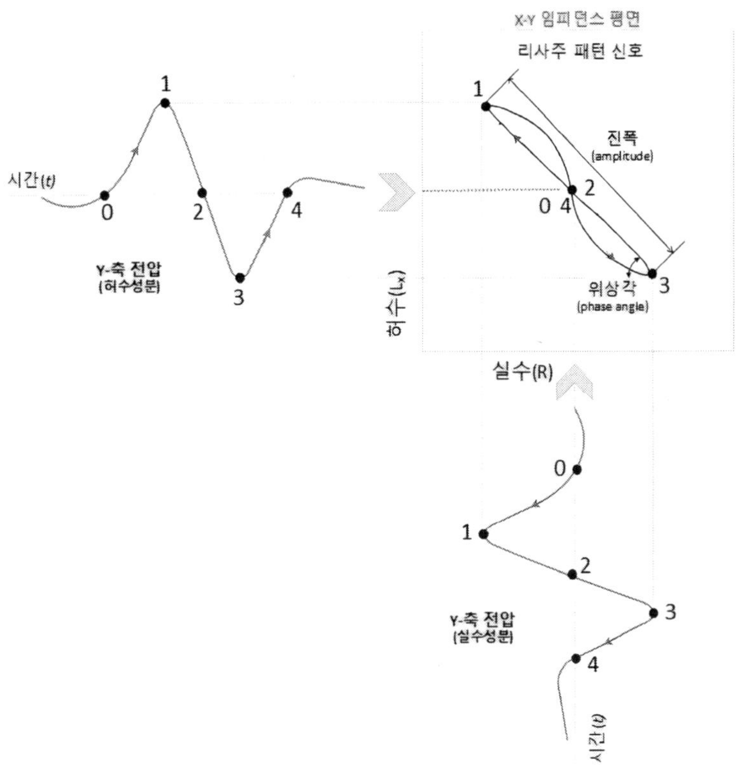


그림 4-17   튜브 벽두께 100 % 관통공의 리사주 신호(X-Y 동일 주파수)

와전류 코일은 설계와 제작에 따라 특성이 결정된다. 검사 목적에 적합한 코일을 설계하기 위해서는 관련되는 많은 변수를 고려해야 한다. 이러한 변수는 결함의 분해능, 감도, 코일 임피던스의 크기 및 위상각, 신호 발생의 안정성과 검사 환경 등을 포함할 수 있다. 와전류 코일의 최적 설계를 위해서 다음과 같은 기본적인 전기 용어를 이해하는 것이 필요하다.

### 4.3.1 전기 용어

#### ① 코일의 인덕턴스($L$)

코일에 인가된 전류가 변할 때 유도전압을 생성하는 능력. 코일의 인덕턴스에 영향을 미치는 변수는 코일의 권선수, 직경, 길이, 코어 투자율 등이다. 저항 성분만을 포함한 교류 회로에 코일(인덕터)이 추가되면 회로는 인덕턴스 특성을 갖게 된다. 코일의 인덕턴스는 물체의 속도 변화에 반대하는 관성과 유사한 개념으로 단위는 헨리(H)이다. 코일의 전류 변화로 인해 코일 양단에 전위차가 발생하면 전류 흐름을 반대하는 인덕턴스가 유도된다. 1 헨리(H)는 전류의 변화율이 1 (A/s)일 때 1 (V)의 기전력을 유도하는 코일의 인덕턴스이다. 코일 인덕턴스의 설계 계산에 필요한 코일 치수 용어를 그림 4-18에 나타내었다. 여러 층으로 권선되고 코일 중심에 코어가 없는 공심코일의 인덕턴스는 다음의 근사식을 사용하여 구할 수 있다.

$$L_o = 4\pi\mu_r \, \bar{r} \, N^2 \left( \ell n \frac{8\bar{r}}{K} - 2 \right) \times 10^{-10} \ [\mathrm{H}] \tag{4-15}$$

여기에서, $L_0$ = 코일의 자체 인덕턴스(H), $\mu_r$ = 코어의 상대 투자율(보통 = 1.0), $\bar{r}$ = 코일의 평균 반지름(= $(D_o + D_i)/4$ mm), $N$ = 코일의 권선수, $\ell$ = 코일의 두께(mm), $K = 0.112 \left( 2\ell + D_o + D_i \right)$ mm이다.

대부분의 와전류검사 장치에서 와전류 탐촉자의 임피던스는 신호 대 잡음 비(SNR)와 신호 진폭의 실질적인 감소 없이 상당히 넓은 범위 내에서 운전된다. 장비 입력 임피던스는 검사 주파수가 탐촉자-케이블 공명 주파수에 너무 근접한 상태가 아니면 20 Ω~200

Ω 사이에서 사용하며 보통 100 Ω이다. 코일의 두께와 내부 지름이 코일 외부 지름의 0.2배에서 코일의 지름은 탐촉자 코일 단면적을 충진할 수 있도록 선택한다. 코일의 인덕턴스는 대략 $L \propto N^2 \, \overline{D}^2$이다. 여기에서, $N$ = 코일의 권선수, $\overline{D}$: 코일 평균 지름이다.

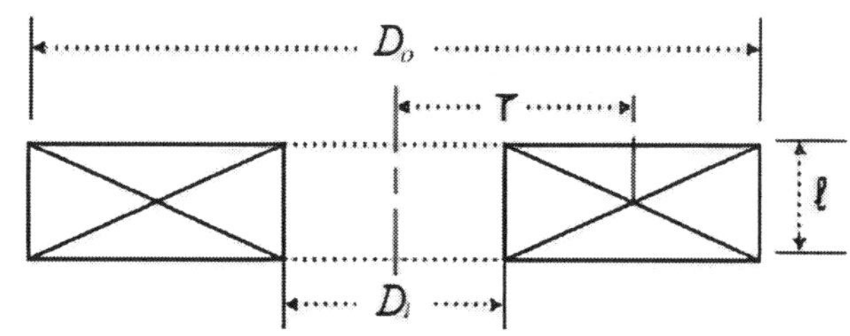

$1 D_o$= 코일 외경, $D_i$= 코일 내경, $\bar{r}$= 코일 평균 반지름, $\ell$=코일 두께

그림 4-18  표면 코일의 치수 용어

열교환기 튜브의 와전류검사 탐촉자 코일의 폭과 두께는 대략 검사 대상 튜브의 벽두께(0.4 mm~1.5 mm)와 같게 설계한다. 그러나 코일과 튜브 내면 사이의 자기 결합도를 개선하기 위해 코일 두께를 폭의 1/2로 줄인 직사각형 단면의 코일을 사용할 수 있다. 내면에 근접한 작은 결함의 검출 감도를 높이기 위해 코일 폭과 두께를 이보다 더 작게 적용할 수 있지만, 내면으로부터 떨어진 외면 쪽에 있는 결함에 대해 감도는 감소한다. 현장 적용의 경험상으로 튜브 와전류검사에서 차동형 탐촉자의 코일 사이 간격은 대략 결함 깊이 또는 벽두께처럼 하는 것이 좋다. 보빈 코일 치수와 관련된 용어는 그림 4-19에 나타내었다.

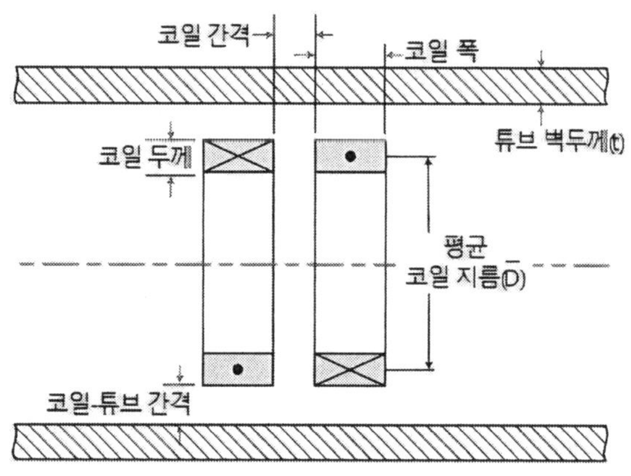


그림 4-19  보빈 탐촉자 코일 치수 용어

코일과 튜브 사이의 틈새는 가능한 한 작게 하여 탐촉자 코일과 재료 사이의 자기 결합

도를 높게 하는 것이 좋다. 경험적으로 튜브 내부 표면 상태가 매우 양호할 때, 이 틈새는 튜브 벽두께의 절반 정도가 좋다. 이 틈새가 더 커져 결합도가 감소하면, 즉 충전율이 감소하면 내면에 근접한 결함의 분해능은 약간 감소하지만, 신호 진폭은 많이 감소한다.

### ② 저항($R$)

금속 재료의 전류 흐름, 즉 전자의 이동을 반대하는 재료의 특성으로 단위는 $\Omega$으로 표기한다. 전도체를 흐르는 전류는 옴의 법칙에 따라 다음 식으로 나타낸다.

$$I = \frac{V}{R} \tag{4-16}$$

여기서, I = 전류(A), R = 저항($\Omega$), E = 전압(V)이다.

코일의 저항은 코일의 길이와 재료의 비저항 및 단면적에 따라 결정되며, 코일의 저항은 식 (4-17)으로 주어진다.

$$저항(R) = 비저항(\rho) \times \frac{도선의\ 길이(\ell)}{도선의\ 단면적(A)} \tag{4-17}$$

저항 성분만을 포함한 교류 회로에서 전압과 전류는 동상(동일한 위상)이다. 동상은 전압과 전류의 최대 또는 최솟값이 동일한 시간에 발생하고 저항에 의한 열이 발생하여 전류가 소모된다.

### ③ 유도성 리액턴스($X_L$)

유도성 리액턴스는 유도 코일을 통과하는 교류의 변화에 저항하는 코일의 특성으로서 저항이 직류의 흐름을 방해하는 것과 유사하며 단위는 옴($\Omega$)이다. 유도성 리액턴스의 크기는 전류가 변하는 속도(주파수)와 코일의 인덕턴스에 따라 결정되며 다음 식으로 주어진다.

$$X_L = \omega L = 2\pi f L \tag{4-18}$$

여기에서, $X_L$ = 유도성 리액턴스($\Omega$), $f$ = 주파수(Hz), $L$ = 코일의 자체 인덕턴스(H)이다.

예를 들어 특정 주파수에서 유도성 리액턴스가 50 $\Omega$인 코일은 전류 흐름을 방해하는 성분이 50 $\Omega$이다. 코일(인덕터)이 포함된 교류 회로에서는 전압이 전류를 90° 위상만큼 앞선다.

④ 임피던스($Z$)

코일 임피던스는 특정 주파수에서 교류 흐름을 반대하는 유도 회로의 특성으로 기호는 $Z$이며 단위는 Ω이다. 임피던스는 코일의 저항과 유도성 리액턴스 성분의 합이다.

그림 4-20의 임피던스 선도에서 유도성 리액턴스($X_L$)는 $Y$축, 저항($R$)은 X축을 따라 표시하고 위상각은 $\theta$, 대각선 벡터 $OA$는 임피던스이다. 임피던스의 진폭은 저항 및 유도성 리액턴스 값을 이용하여 다음 식으로 구할 수 있다.

$$Z^2 = X_L^2 + R^2 \text{ 또는 } Z = \sqrt{X_L^2 + R_L^2} \tag{4-19}$$

여기에서, $Z$ = 임피던스(Ω), $X_L$ = 유도성 리액턴스(Ω), $R$ = 저항(Ω)이다. 임피던스의 위상각($\Theta$)은 저항 및 유도성 리액턴스 값으로부터 다음과 같이 계산할 수 있다.

$$\tan\Theta = \frac{X_L}{R} \tag{4-20}$$

여기에서, $\Theta$ = 위상각(degree), $X_L$ = 유도성 리액턴스(Ω), $R$ = 저항(Ω)이다.

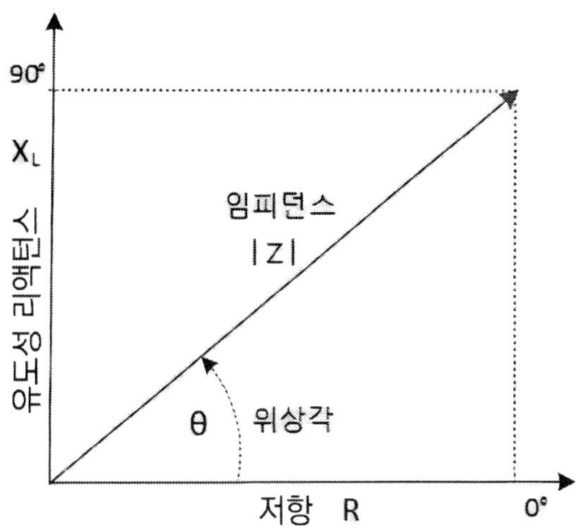


그림 4-20　　저항, 리액턴스 및 임피던스 사이의 관계를 나타내는 벡터 선도

⑤ 임피던스 선도에서 코일의 운전점

앞에서 설명한 것과 같이 임피던스 평면에서 코일 임피던스($Z$)의 유도성 리액턴스($X_L$) 성분은 세로의 Y축, 저항($R$) 성분은 가로의 X축에 표기한다. 이 방법에서 탐촉자 코일의 임피던스($Z$)는 임피던스 평면에서 두 개 수직 성분인 X축 저항($R$)과 Y축 리액턴스 ($X_L = 2\pi f L = \omega L$)로 결정되는 운전점 $P$로 나타낸다. 그림 4-21에서 재료가 없는 공

기 중 빈 코일은 임피던스 평면의 좌표가 $X_0 = \omega L_0$과 $R_0$인 운전점 $P_0$의 특성 임피던스를 갖는다. 만약 전도성 재료를 코일의 자기장 내에 위치시키면 빈 코일의 최초 자기장은 재료에 발생한 와전류에 의한 반대 자기장에 의해 변하고, 이에 따라 코일의 임피던스가 변한다. 와전류검사에서 재료에 대한 코일의 영향은 코일의 특성 변화로 설명할 수 있다. 즉, 검사 대상 재료의 영향을 받을 경우 빈 코일의 임피던스 운전점($P_0$)의 위치는 그림 4-21에서와 같이 새로운 리액턴스($L_1$) 및 저항값($R_1$)에 해당하는 운전점 $P_1$으로 이동한다.

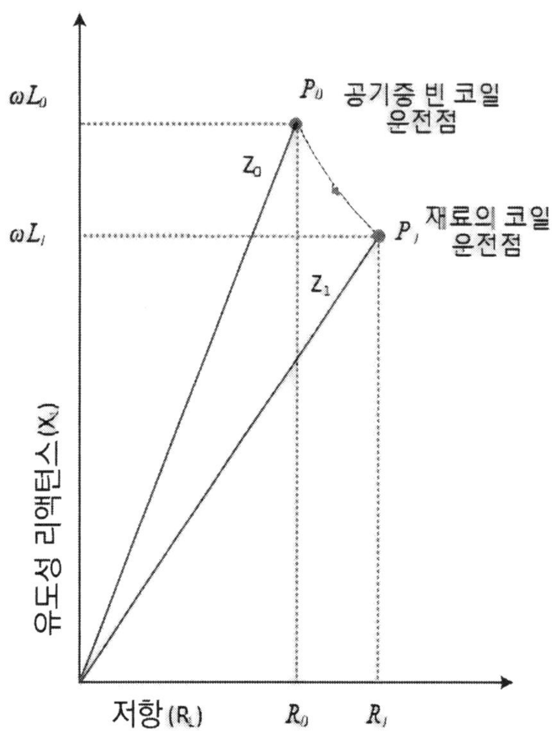


그림 4-21　임피던스 평면 선도에서 코일 임피던스의 변화

　코일이 재료의 영향을 받으면 임피던스가 운전점 $P_0$에서 운전점 $P_1$으로 이동하는 크기와 방향은 재료 특성 및 검사 장치의 특성에 따라 결정된다. 코일 임피던스 변화에 영향을 미치는 재료의 주요 특성은 전기전도도($\sigma$) 또는 비저항($\rho$), 투자율($\mu$), 두께와 지름과 같은 치수, 균열 등과 같은 불연속이 해당된다. 다음으로 코일 임피던스 변화에 영향을 미치는 검사장치 주요 특성은 코일의 교류 주파수, 코일의 크기 및 형상, 코일과 재료 사이의 전자기적 결합을 결정하는 코일과 재료 사이의 거리이다.

## 4.3.2 탐촉자의 설계 고려사항

검사 목적에 적합한 탐촉자를 설계하기 위하여, 와이어 재료, 와이어 직경, 코일의 권선수, 코어 재료, 코어 직경 및 길이와 같은 코일의 전기적 특성과 기하학적 특성을 고려해야 한다. 또한 다음과 같은 검사 대상 재료 특성, 예상되는 결함 형태 및 위치, 검사 환경 등을 파악하는 것이 필요하다.

- 검사 재료의 기하학적 형상
    - 환봉, 튜브, 판재, 용접부 등
- 불연속 형태
    - 균열, 기공, 개재물 등
    - 결함 위치(표면, 표면 직하)
- 측정 대상 재료 물성
    - 전기전도도, 투자율(자성 또는 비자성)
- 검사 요구사항
    - 결함 검출, 길이 및 깊이 평가
- 검사 환경
    - 마모, 온도 및 화학적 환경 특성

와전류검사 장치에서 대부분 코일을 여기하는 전류는 대략 수십 mA 범위에서 일정하게 유지되는 정전류 방식을 사용한다. 이 때 코일에 인가되는 전압에 따라 인덕턴스는 약 1,000배 정도 달라질 수 있다. 작은 결함에 대한 우수한 감도를 얻기 위해서 작은 지름의 코일을 사용하고 깊이가 비교적 깊은 표면직하 결함을 검출하기 위해서는 큰 지름의 코일을 사용한다. 일반적으로 코일의 지름은 예상되는 결함의 길이보다 작거나 같은 것이 좋으며 재료 두께와 비슷해야 한다.

탐촉자 몸체는 일반적으로 비전도성 플라스틱을 사용하여 제작한다. 탐촉자는 보통 헤드 또는 끝단 부위를 내마모성 재료로 코팅하여 마모를 줄인다. 하지만 이 같은 코팅은 탐촉자의 리프트 오프를 증가시키므로 신호 진폭이 감소하는 경향이 있다. 탐촉자 재료는 검사 대상체와 화학적으로 안정해야 한다.

재료에 대한 탐촉자의 검출 영역은 코일의 실제 지름에 자기장의 퍼짐이 적용되는 확장 영역을 더한 것이다. 따라서 코일의 코어는 보통 자기장 침투 깊이에 영향을 미치지 않고 자기장의 측면범위를 포함하기 위해 고투자율 재료인 페라이트 코어를 사용한다.

와전류 탐촉자는 탐촉자와 케이블의 공진 주파수보다 낮은 주파수에서 운전하는 것이 필요하고, 특히 길이가 긴 탐촉자 케이블을 사용하고 고주파수를 사용할 때는 공진 주파수보다 낮은 주파수에서 운전하는 것이 좋다.

### (1) 탐촉자 설계 순서

와전류 탐촉자의 설계는 일반적으로 다음과 같은 순서에 따라 이루어진다.

① 검사대상 재료의 기하학적 형상에 따라 코일의 형상 및 운전 모드를 결정한다.
② 재료 두께 및 검출 감도에 따른 표준 침투 깊이 관계식을 사용하여 검사 주파수를 결정한다.
③ 결함 분해능 및 감도 요구사항에 따라 코일의 차폐 및 코어를 결정한다.
④ 수치 또는 실험적 접근 방식에 따라 코일, 차폐체 치수, 코일 사이 간격을 최적화한다.
⑤ 검사 주파수에 적합하고 임피던스 일치가 가능하도록 코일의 권선 와이어 직경, 적층수 및 권선수를 결정한다.
⑤ 실험적으로 검출 감도를 설정하고 마모, 온도, 방사선 조사 및 부식을 견딜 수 있도록 탐촉자 몸체 재료를 선정하여 제작한다.

### (2) 탐촉자의 주파수 응답 특성

와전류검사에서 결함 검출의 최적 운전 주파수를 선택하기 위해 추가로 고려해야 할 중요한 사항은 탐촉자의 주파수 응답 특성이다. 검사에 필요한 운전 주파수가 결정되면 검사자는 이 운전 주파수 범위 내에서 운전되는 탐촉자를 선정해야 한다. 탐촉자를 요구된 운전 주파수 범위 밖에서 사용할 때 결함 검출 감도가 크게 저하된다. 또한 탐촉자의 연장케이블은 탐촉자 주파수 응답 특성에 크게 영향을 미친다. 이러한 문제를 최소화하기 위한 접근방법은 사용이 예상되는 연장케이블의 길이에 따라 적용할 수 있는 운전 주파수 범위를 명시해야 하는 것이 좋다. 또 다른 방법은 임피던스 측정기를 사용하여 주파수 응답 특성을 확인하는 것이다. 탐촉자의 주파수 응답 특성을 확인하는 방법은 임피던스 측정기에서 얻어진 데이터를 보우디 선도(Bode plot) 또는 스위프 주파수 선도(sweep frequency plot)를 작성하여 해당 탐촉자의 공진 주파수와 적용할 수 있는 주파수 범위를 확인하는 것이다. 그림 4-22에 스테인리스 304 튜브의 운전 주파수 범위에서 코일 임피던스와 위상각을 나타낸 보우디 선도의 예시를 나타내었다.

일반적으로 결함 검출의 가장 우수한 와전류 감도는 코일의 임피던스가 최대인 주파수 부근에서 얻어지며 그림 4-22에서 최고 감도 주파수는 450 kHz이며 이 주파수에서는 위상각이 180° 반전된다. 이 주파수를 공진 주파수(resonant frequency)라고 한다.

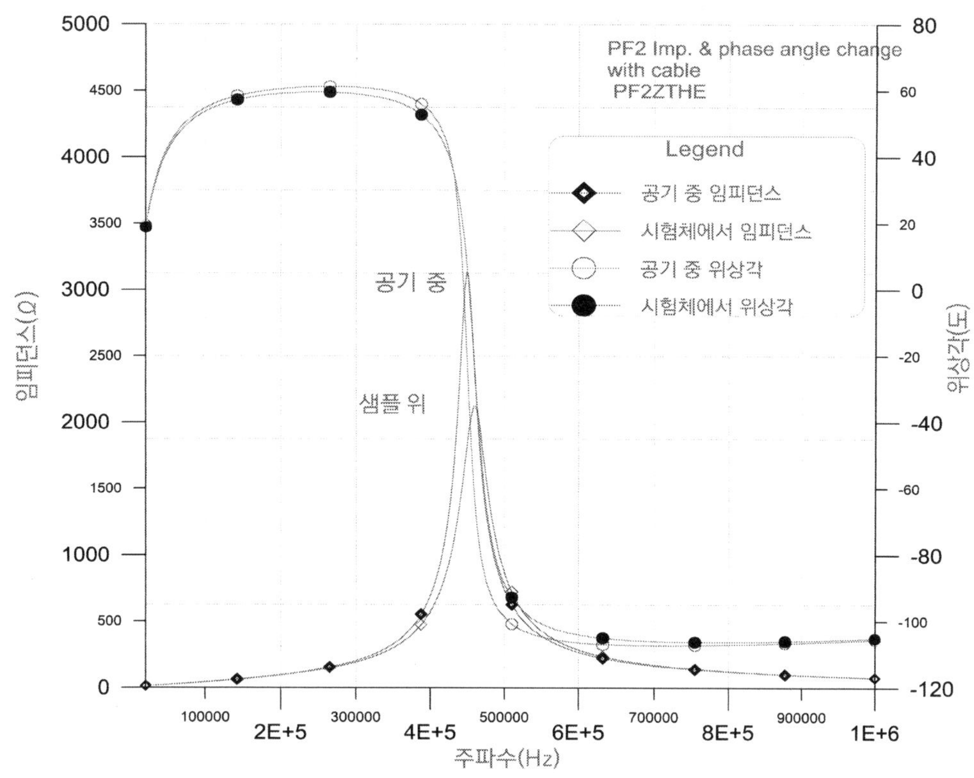


그림 4-22　보빈 코일의 특정 운전 주파수 범위에서 주파수 응답(예시)
(스윕 주파수 선도)[2]

아날로그 와전류검사 장치의 경우 탐촉자는 공진 주파수 아래에서 운전된다. 이에 따라 주파수가 공진 주파수를 향해 표류하는 것을 방지하여 탐촉자 운전 주파수에서 위상각이 180° 반전되는 것을 피할 수 있다. 이에 비해 최근의 디지털 와전류검사 장치는 아날로그 장치에 비해 훨씬 안정적이므로 공진 주파수 근처에 탐촉자 운전점을 유지하는 것이 어렵지 않다. 그러나 공진 주파수 이상에서 탐촉자 성능은 용량성 리액턴스가 감소하므로 저하된다. 즉 전류가 코일보다 케이블로 더 많이 흐르게 된다.

일반적으로 넓은 범위의 운전 주파수에서 탐촉자의 전자기 유도 결합이 이루어지도록 탐촉자의 공진 주파수를 높게 유지하는 것이 바람직하다. 보우디 선도를 사용할 수 없으면 대안으로 대비시험편을 이용하여 여러 주파수에서 얻어진 탐촉자의 신호 진폭을 비교하여 최적 운전 주파수를 결정할 수 있다. 즉 대비시험편 결함으로부터 얻어진 가장 큰 신호진폭은 탐촉자의 공진 주파수에 근접한 주파수를 의미한다. 결함 검출 주파수($f_{90}$)도 또한 이 같은 탐촉자 공진점에 근접한 주파수이다.

주파수를 선택할 때, 주파수를 높이면 튜브 지지판과 외면의 전도성 퇴적물 등과 같은 외부 잡음원의 와전류 응답 신호 진폭이 감소하는 반면에 튜브 내면 잡음의 응답 신호 진폭은 증대되는 것을 고려해야 한다. 반대로 주파수를 줄이면 튜브 외면 신호는 증대되지만, 찌그러짐(dent) 및 탐촉자 떨림과 같은 튜브 내면에 기인한 잡음은 감소한다.

### (3) 탐촉자 코일과 케이블의 공진

와전류검사에서 100 kHz 이상의 고주파수와 길이 30 m 이상의 긴 탐촉자 케이블을 사용할 경우 최적의 검출 감도를 얻기 위해서는 탐촉자 코일과 케이블 사이의 공진을 고려해야 한다. 탐촉자 코일과 케이블 사이의 공진은 그림 4-23에서와 같은 L-R-C(inductance- resistance-capacitance) 회로로 모델링할 수 있다.

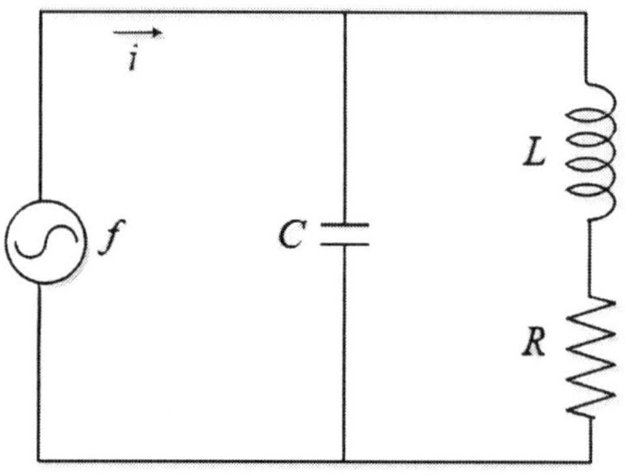


그림 4-23 **병렬 LRC 유도 회로**

그림 4-23과 같이 커패시터(capacitor)와 코일(inductor)이 병렬로 연결되면 L-C(inductance-capacitance) 회로의 공진이 발생하는 특정 주파수가 존재한다. 이때 회로는 이 주파수에서 공진을 일으키고, 이 조건에서 와전류 출력 전압은 최대가 되어 최대의 검출 감도를 얻을 수 있다. 코일-케이블의 공진은 와전류 코일의 유도 리액턴스와 탐촉자 연장케이블의 용량 커패시턴스가 같을 때 발생한다. 즉, $\omega L = 1/\omega C$ 일 때 공진이 발생한다. 이 식에서 $\omega$는 각속도(rad/s)이므로 $\omega = 2\pi f$를 대체하면 주파수는 식 (4-21)으로 주어지며, 실제 적용에서 매우 정확하다.

$$f_r = 1/2\pi\sqrt{LC} \tag{4-21}$$

여기에서, $f_r$ = 유도 회로의 공칭 주파수(Hz), $L$= 코일의 인덕턴스(H), $C$ = 케이블의 총 커패시턴스(F)이다.

공진 주파수 이상에서 와전류검사 장치의 감도는 주파수가 증가할수록 용량성 리액턴스

$(X_c = 1/\omega C)$는 감소하기 때문에 급격하게 감소하고, 전류는 코일보다 케이블을 많이 흐르게
된다.

### (4) 탐촉자 코일의 특성 인자($P_c$)

임피던스 선도에서 검사 목적에 적합한 코일의 운전점을 설정하기 위해 탐촉자 코일의 특성
인자($P_c$)를 이용한다. 특성 인자($P_c$)는 앞에서 설명한 와전류 데이터의 정규화와 같이 재료의
여러 변수가 코일의 인덕턴스와 같은 코일 특성으로부터 독립적인 임피던스 선도로 나타내는
방법이다. 탐촉자 특성 인자($P_c$)는 W.E. Deeds, C.V. Dodd가 제안한 방법으로 탐촉자 코일의
운전 주파수 및 코일 직경을 검사 대상 재료 전기전도도와 결합하여 식 (4-22)와 같은 하나의
인자로 만든 것이다[1].

$$P_c = 7.9 \times 10^{-4} \bar{r}^2 f/\rho \tag{4-22}$$

여기에서, $\bar{r}$ = 코일의 평균 반지름(mm), $f$ = 주파수(Hz), $\rho$ = 비저항($\mu\Omega\cdot$cm)이다.

특성 인자($P_c$)에 의해 그림 4-24와 같이 $P_c$를 유일한 변수로 하여 4개의 검사 변수를 나타내
는 하나의 임피던스 선도로 나타낼 수 있다.

그림 4-24에서 코일의 리프트 오프를 일정하게 유지하면서 $P_c$ 값을 영(0)으로부터 무한대로
증가시키면 코일의 임피던스 곡선이 생성된다. 그림의 점선은 $P_c$가 일정한 상태에서 리프트
오프를 무한하게 증가시킬 때 생성되는 임피던스 궤적선이다. $P_c$ 값이 동일한 검사 조건은
정규화 임피던스 선도에서 같은 임피던스 운전점을 갖는다. 예를 들어 재료의 저항 측정이
요구될 때 최고의 정확도는 임피던스 곡선에서 리프트 오프 신호와 저항 신호 사이 위상각이
최대가 되는 지점으로 두 신호 사이의 구분이 잘되는 곡선의 무릎점 근처에서 얻어진다.

임피던스 곡선의 무릎점(knee point) 근처에서 운전하기 위해서는 $P_c$ 값이 약 10이 되도록
탐촉자 코일 직경과 검사 주파수를 조합하여 선택한다.

임피던스 평면에서 검사장비의 결함 검출 기준은 리프트 오프 신호와 결함 신호 사이의
위상각 분리가 기준이 된다. 검사 주파수는 리프트 오프 신호와 두께 변화에 의한 신호가 90°
위상각으로 분리되도록 선정하고 다음 식으로 구할 수 있다.

$$f = 1.6\, \rho/t^2\ [\text{kHz}] \tag{4-23}$$

여기에서, $f$ = 주파수(kHz), $t$ = 재료 두께(mm), $\rho$ = 비저항($\mu\Omega\cdot$cm)이다.

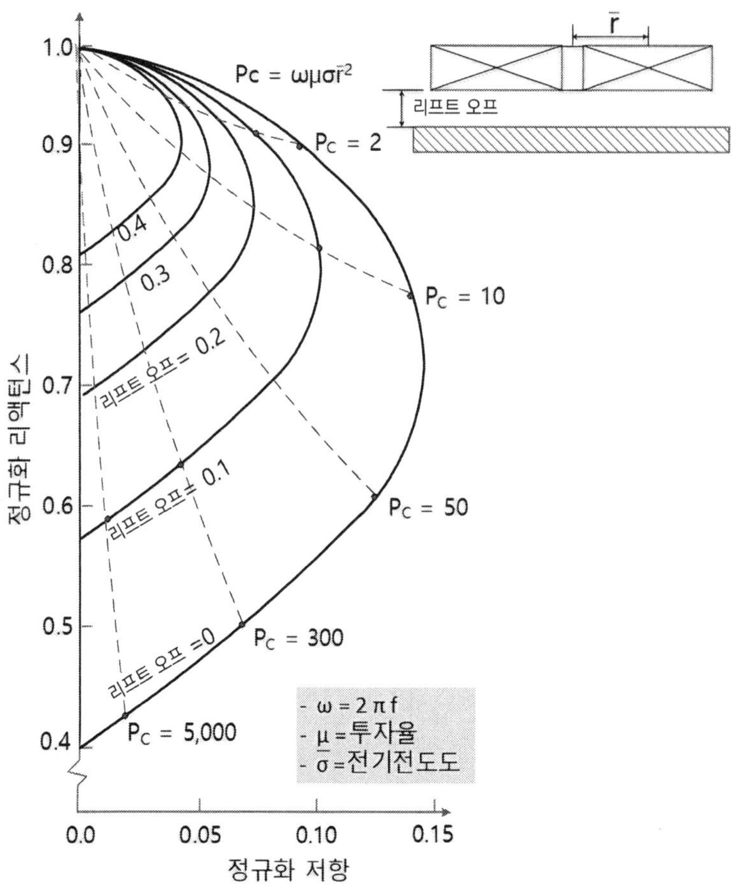


그림 4-24　**특성 인자($P_c$)를 나타내는 임피던스 선도**[1]

　　만약 100 kHz 이상의 고주파수와 길이 1 m 이상의 긴 탐촉자 케이블을 검사에 사용하면 검사 주파수는 신호가 불안정하게 흔들리는 표류 현상을 피하기 위해 탐촉자 코일과 케이블 사이의 공진 주파수를 피하는 것이 바람직하다. 탐촉자 케이블은 케이블에 의한 전류 소모를 줄이기 위해 커패시턴스가 작은 동축 케이블을 사용한다.

　　검사자는 최적의 검사 결과를 얻기 위해 탐촉자 크기와 검사 주파수를 적절하게 선정해야 한다. 탐촉자 크기를 선정할 때 다음 사항을 고려한다.

- 임피던스 선도 상의 운전점
- 탐촉자 코일의 인덕턴스 및 저항 성분
- 코일의 감지 면적
- 결함 길이 감도
- 결함 깊이 감도

- 리프트 오프 감도
- 코일 직경 방향의 최외각부터 중심까지의 감도 변화
- 코일 코어 또는 차폐체 형상(ferrite 또는 cup)에 따른 감도 변화

## 4.3.3 제한 주파수

코일의 특성 인자($P_C = \bar{r}^2 \omega \mu \sigma$)는 $\bar{r}$, $\omega$, $\mu$, $\sigma$가 임피던스 선도에 미치는 영향을 나타내기 위한 인자이다(Deeds & Dodd). 특성 인자에 의해 검사 코일 임피던스를 4개의 독립변수($\bar{r}$, $\omega$, $\mu$, $\sigma$)가 아닌 하나의 단일 양으로 표시할 수 있다. 특성 인자는 실린더와 튜브의 검사에 적용할 수 있다. 또한 여기에서 설명하는 특성 인자($P_C$)에 추가하여 다른 인자로서 푀르스터가 제안한 제한 주파수($f_g$)가 와전류검사에 자주 사용된 제한 주파수($f_g$)는 탐촉자 평균 반경($\bar{r}$)이 튜브 또는 실린더 치수로 대체되기 때문에 특성 인자($P_C$)와는 다르다. 제한 주파수($f_g$)는 맥스웰 방정식을 원통형 막대에 적용하여 구해지는 자기장에 대한 해를 나타내는 1차 베셀함수로부터 유도되는 주파수이다. 베셀함수는 삼각 사인 및 코사인 함수와 유사하지만, 훨씬 더 복잡하다.

관통(외삽) 코일로 두께가 두꺼운 튜브 또는 속이 찬 실린더를 검사할 때 제한 주파수($f_g$)는 식 (4-24a)로 주어진다.

$$f_g = \frac{5.07\,\rho}{\mu_r D_o^2}\ \text{kHz} \tag{4-24a}$$

여기에서, $\rho$ = 비저항($\mu\Omega\cdot$cm), $D_o$ = 튜브 외경(mm)이다.

보빈 코일로 두께가 두꺼운 튜브를 검사할 때 특성 주파수 $f_g$는 식 (4-24b)로 주어진다.

$$f_g = \frac{5.07\,\rho}{\mu_r D_i^2}\ \text{kHz} \tag{4-24b}$$

여기에서 $D_i$는 튜브의 내경(mm)이다.

관통 코일 또는 보빈 코일로 두께가 얇은 튜브를 검사할 때 제한 주파수($f_g$)는 식 (4-24c)로 주어진다.

$$f_g = \frac{5.07\rho}{\mu_r D_i t}\ \text{kHz} \tag{4-24c}$$

주파수비($f/f_g$)는 임피던스 선도 상의 운전점을 정의한다. 비자성 재료의 실린더와 두께가 두꺼운 튜브를 관통 코일로 검사할 때 주파수비($f/f_g$)는 식 (4-25a)와 같이 주어진다.

$$f/f_g = \frac{f D_o^2}{5.07\rho} \tag{4-25a}$$

여기에서 $f$ = 검사 주파수(kHz), $f_g$ = 제한 주파수(kHz)이다.

두꺼운 튜브를 보빈 코일로 검사할 때 주파수비($f/f_g$)는 식 (4-25b)로 주어진다.

$$f/f_g = \frac{f D_i^2}{5.07\rho} \tag{4-25b}$$

얇은 튜브를 보빈 또는 관통 코일로 검사할 때 주파수비($f/f_g$)는 식 (4-25c)와 같이 주어진다.

$$f/f_g = \frac{f D_i t}{5.07\rho} \tag{4-25c}$$

그림 4-25에 두께가 얇은 튜브, 두꺼운 튜브 및 일체형 실린더에 대한 주파수비($f/f_g$)값이 곡선 상에서 영(0)에서 무한대로 변할 때 각 임피던스 곡선이 나타나 있다.

임피던스 선도는 형상과 주파수비($f/f_g$) 두 가지 모두 다르다. 예를 들어 임피던스 선도의 무릎 부근에서 주파수비는 얇은 튜브는 1, 실린더는 6, 두꺼운 튜브는 4가 된다. 이러한 차이는 $D_o^2$, $D_i^2$, $D_i t$가 포함된 각 식으로부터 발생한다. 주파수비를 사용하여 임피던스 선도에서 운전점을 찾기 위해서는 튜브 또는 실린더의 형상을 파악해야 한다. 두껍거나 얇은 튜브의 조건을 만족하지 않는 튜브는 선도 최상단 및 하단을 제외하고는 주파수비를 계산하기가 어렵다.

주파수비는 운전점 정의에 추가하여 유사 조건을 사용하여 외삽법을 사용할 수 있다. 이 조건은 만약 두 재료가 같은 주파수비($f/f_g$)를 가지고 있다면 와전류 분포는 동일하다. 따라서 검사 주파수 $f_1$이 재료 1의 검사 조건을 만족한다면, 재료 2의 검사 주파수 $f_2$를 아래와 같이 구할 수 있다.

실린더의 경우 $f_1 D_{O1}^2 \rho_2 = f_2 D_{O2}^2 \rho_1$가 되고, 얇은 튜브는 $f_1 D_{i1} t_1 \rho_2 = f_2 D_{i2} t_2 \rho_1$이 되며, 두꺼운 튜브(보빈 검사)는 $f_1 D_{O1}^2 \rho_2 = f_2 D_{O2}^2 \rho_1$가 된다.

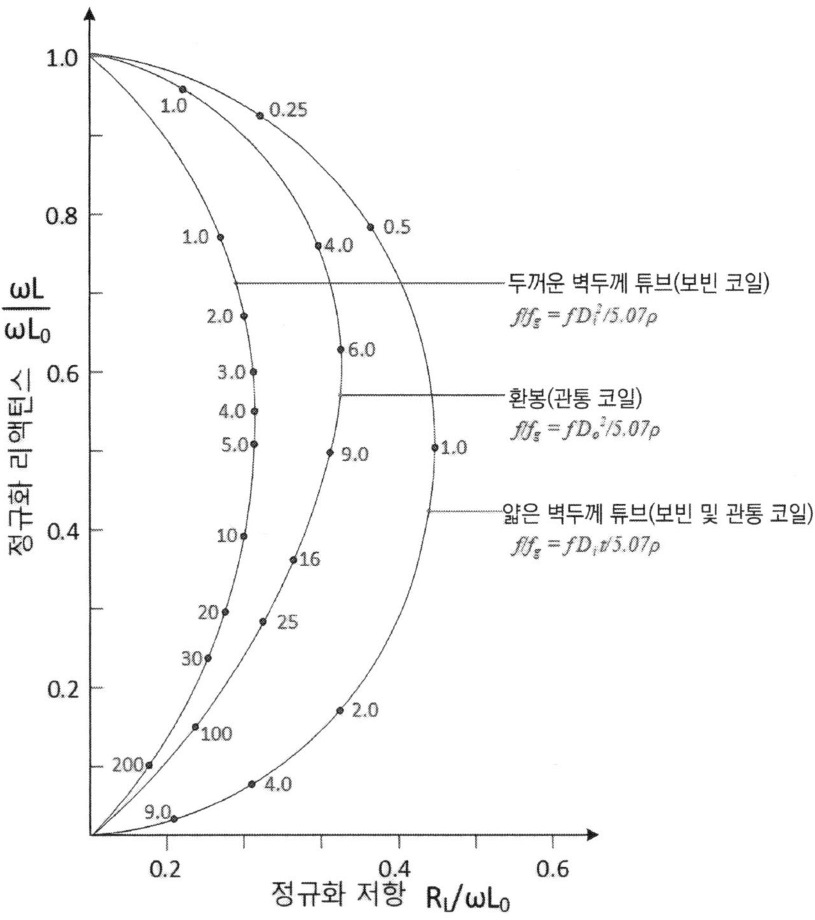


그림 4-25  충전율($\eta$)이 1인 길이가 긴 코일에 의한 튜브 및 환봉의 주파수비 ($f/f_g$)를 나타내는 임피던스 선도[1]

와전류검사는 크기를 알고 있는 인공 결함이 포함된 표준시험편을 사용하여 검출된 결함 신호를 상대 비교하여 결함의 진위 여부와 크기를 추정한다. 표준시험편에 포함된 인공 결함 신호의 진폭과 위상각을 기준으로 적합한 교정곡선을 구성하여 실제 검사에서 얻어진 와전류 신호 진폭과 위상각을 비교하여 결함 크기를 추정한다.

와전류검사는 표준시험편 결함 신호와 검출 결함 신호를 상대 비교하는 추론에 기반을 두기 때문에 최적의 검사 결과를 얻기 위해서는 튜브에 발생할 수 있는 손상 기구를 최대한 유사하게 표준시험편에 모사하는 것이 중요하다. 검사에 사용되는 표준시험편과 교정곡선의 형태는 검사 대상 열교환기에서 발생할 수 있는 손상 형태에 따라 결정된다. 특정 열교환기 튜브에서 발생되는 손상기구를 정확하게 파악하려면, 손상된 튜브를 인출하여 절단해서 확인하는 것이 필요하다. 발생된 손상을 파악하면 정확한 표준시험편을 제작하는 데 도움이 될뿐만 아니라 열교환기 계통의 수화학 및 유동 설계를 수정하여 튜브의 성능 저하를 최소화할 수 있다. 또한 인출 튜브의 건전부는 열교환기 튜브의 실제 가동 상태와 치수를 제공하기 때문에 표준시험편 을 제작하기 위한 가장 바람직한 재료이다.

열교환기 튜브 와전류 신호 분석에 적용하는 기법은 이전에 검사 이력이 없거나 문제가 없으면 일반적으로 KEPIC(또는 ASME) 표준시험편 또는 이와 동등한 표준시험편을 사용하여 위상각 분석법을 적용한다. 발생 결함의 특성과 손상 기구를 알고 있을 때 알고 있는 결함 형태를 포함한 표준시험편을 사용하여 위상각 및/또는 진폭 기준으로 한 분석법을 적절하게 선택하여 적용한다.

와전류검사에 사용되는 표준시험편은 검사 재료와 같은 재료 규격(또는 시방서)을 충족하는 재료로 제작해야 하며, 손상 기구가 알려진 재료를 평가하기 위해 사용되는 표준시험편은 재료 에 실제로 발생하는 결함 유형과 형상을 최대한 유사하게 모사해야 한다. 표준시험편은 일반적 으로 검사 신뢰도와 정확도를 확보하기 위해서 다음 요건을 따르는 것이 바람직하다.

- 검사 대상 재료와 같은 재료 등급과 호칭 크기의 튜브로 제작해야 한다.
- 표준시험편은 검사 대상 재료와 같은 합금 및 열처리 조건을 갖는다.
- 표준시험편의 표면 거칠기는 검사 대상 기기의 표면 거칠기를 대표해야 한다.
- 용접부 표준시험편의 경우 인공결함은 열영향부(HAZ), 용접부 크라운, 용접부 융합선

및 모재에 위치해야 한다.

- 환봉 또는 튜브와 같이 길이가 긴 재료는 끝단효과가 발생하지 않도록 충분하게 긴 것이 좋다.
- 표준시험편 제작을 위한 기계가공은 재료의 투자율 변화가 발생할 수 있는 과도한 냉간가공, 문지르기, 과열 및 응력을 피해야 한다.
- 검사 대상 튜브와 열처리 조건이 다른 튜브 재료의 경우 포함된 불연속 신호응답이 검사 대상 튜브와 같게 열처리된 튜브와 동등한 것을 확인한 후에 사용한다.
- 교정 표준시험편에 포함된 인공 불연속은 튜브 축방향으로 배치하고, 불연속 상호간 및 튜브 끝단으로부터 구별되어야 한다. 불연속 치수와 적용 와전류검사 장비 응답은 교정 표준시험편의 영구 기록으로 보관해야 한다.
- 모든 표준시험편은 일련번호를 부여하여 영구적으로 식별되어야 한다.


## 4.4.1 KEPIC(ASME) 표준시험편 요건

주요 산업의 열교환기 튜브 와전류검사에 널리 적용되고 있는 전력산업기술기준(KEPIC)에서 규정하는 표준시험편 요건은 다음과 같다[3].


### (1) 보빈 코일의 교정 표준시험편

절대 및 차동형 보빈 코일 와전류검사를 위한 교정 표준시험편은 다음과 같은 벽 관통공과 외면 측 평저공의 인공 불연속을 포함해야 한다.

① 튜브 벽두께 관통공
- 직경이 19 mm 이하인 튜브의 경우 직경 1.3 mm 1개의 구멍, 또는 직경이 19 mm 보다 큰 튜브는 직경 1.7 mm 1개의 구멍 또는
- 직경이 19 mm 이하인 튜브의 경우 같은 원주 선상에 90° 간격으로 배치된 직경 0.65 mm 4개의 구멍, 그리고 19 mm보다 큰 튜브는 직경 0.83 mm 4개의 구멍
② 깊이가 외면으로부터 튜브 벽두께의 60 %이고 직경 2.7 mm인 1개의 평저공
③ 깊이가 외면으로부터 튜브 벽두께의 20 %이고, 같은 원주선상에 90° 간격으로 배치된 직경 5.0 mm 4개의 평저공

위 인공 불연속의 깊이 허용오차는 불연속 중심에서 규정된 깊이의 20 % 또는 0.08 mm 중 작은 값 이내이어야 한다. 모든 다른 치수는 0.08 mm 이내의 오차이어야 한다. 모든 인공

불연속은 위의 동일 원주선상에 90° 간격으로 배치된 4개의 벽 관통공과 같은 원주선상에
90° 간격으로 배치된 4개의 평저공을 제외하고 신호 사이의 간섭을 피하고자 충분히 분리되어
야 한다. 그림 4-26에 제시된 교정 시험편은 재질이 인코넬 합금인 증기발생기 튜브의 와전류
검사에 대표적으로 사용되는 표준시험편이다.

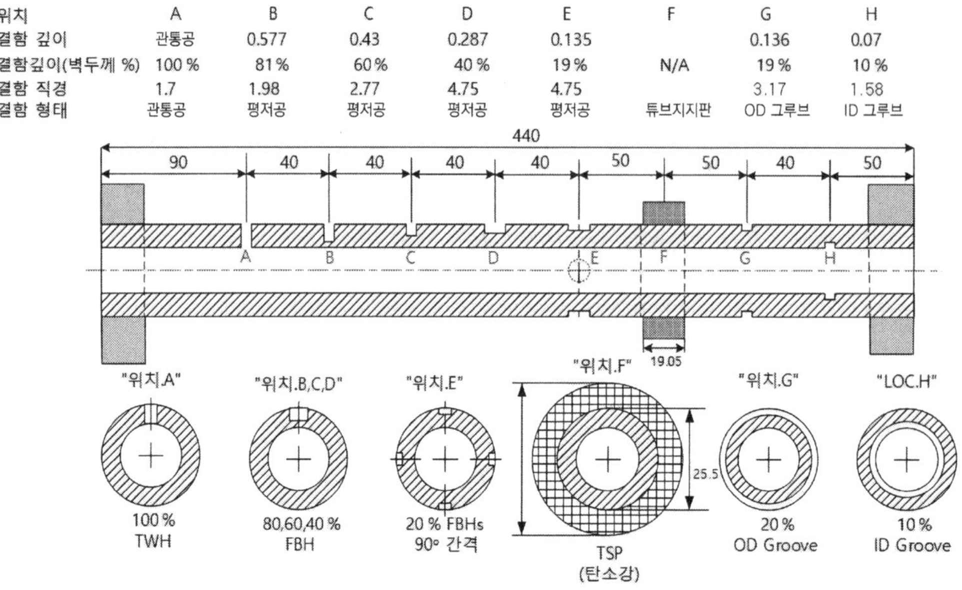



그림 4-26　열교환기 튜브 보빈 검사 교정 표준시험편(예시)

　위 그림에서 튜브 지지판(TSP[3])은 링 형태이며 일반적으로 열교환기에 실제로 설치된 튜브
지지판을 모의하기 위해 사용된다. 이 신호는 나중에 신호 혼합(mixing) 주파수를 사용하여
소거된다. 신호 혼합으로 이 신호를 소거함으로써 튜브 지지판 하부 또는 근처에서 발생하는
모든 지시의 크기를 더 정확하게 측정할 수 있다. 이 신호는 열교환기 실제 검사에서 얻어지는
신호와 같다.

### (2) 표면 코일 탐촉자의 교정 표준시험편

　비자성 재료의 표면에 존재할 수 있는 불연속을 검출하고 그 깊이를 측정하기 위한 와전류검
사에 사용되는 표준시험편이다.

　KEPIC A8, 와전류검사 일반 요건에서 규정하고 있는 표면 검사에 사용되는 표준시험편은
재료와 동일한 합금으로 제작해야 한다. 표준시험편의 최소 치수는 50 mm × 100 mm 이어야
하며 최소 2개의 노치를 포함해야 한다. 노치의 길이는 최소 6 mm이고, 노치의 최소 깊이는

---

3) TSP(Tube Support Plate): 튜브 지지판

측정이 가능한 최소 깊이이어야 하고, 최대 깊이는 허용된 최대 깊이이어야 한다. 만약 참조 기술기준에서 더 작은 길이의 노치 검출이 요구된 경우, 표준시험편은 참조 기술기준 요건을 만족하는 더 작은 길이의 노치를 포함해야 한다. 가공된 깊이는 요구된 치수의 +10 %~-20 %의 공차를 가져야 한다. 깊이 범위가 0.25 mm~1 mm인 결함의 깊이 측정을 위한 대표적인 표면검사 표준시험편이 그림 4-27에 나타나 있다. 관심 부위 내 재료의 곡률이 편평하지 않아 리프트 오프 신호에 영향을 미치게 될 경우는 적용 가능한 노치를 포함하고 재료의 특정 형상을 대표하는 표준시험편을 사용해야 한다.

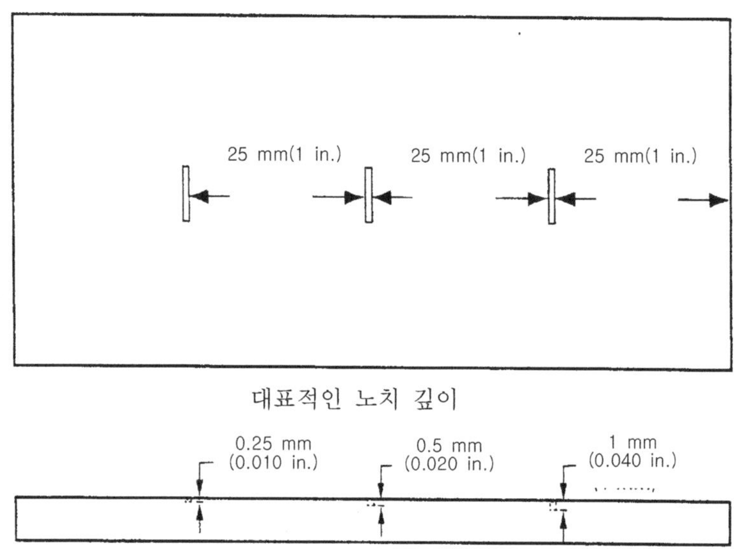



(a) 대표적인 노치 치수는 길이 6 mm × 폭 0.25 mm이다.
(b) 노치 치수의 공차는 길이와 폭이 ±10 %, 깊이는 +10 %와 -20 %이다.

그림 4-27  표면 코일 와전류검사 표준시험편[3]

### (3) 평판 및 용접부 표면 결함 검출을 위한 다중 배열형 와전류검사 표준시험편

그림 4-28의 표준시험편은 KEPIC A8, 와전류검사 일반 요건에서 규정하고 있는 판재 및 용접부 표면에 존재할 수 있는 불연속을 검출하고 그 깊이를 측정하기 위한 다중 배열형 와전류 검사(ECA[4])에 사용되는 표준시험편이다. 표준시험편은 재료 등급(grade)과 동일하게 제작해야 한다. 표준시험편의 표면 거칠기는 재료 표면의 표면 거칠기를 대표해야 한다. 표준시험편은 길이 스캔 방향의 시작과 끝으로부터 38 mm의 무결점 영역을 가져야 한다.

표준시험편은 최소 한 개의 바닥이 편평한 평저공과 3개의 표면 노치를 포함해야 한다. 표면 노치는 45° 경사, 가로 및 세로 방향 노치를 포함해야 한다. 동일한 길이 방향 내의 결함

---

4) ECA(Eddy Current Array): 다중 배열 와전류검사

사이 거리는 최소 13 mm이어야 한다. 평저공의 최대 지름과 깊이는 각각 1.57 mm 및 1.0 mm이다. 각 노치의 길이, 너비 및 깊이는 각각 최대 1.57 mm, 0.25 mm 및 1.0 mm이다.

또한 평판 및 용접부의 표준시험편은 각 채널의 교정을 위해 일정한 깊이의 긴 가로 방향 노치를 포함해야 한다. 긴 가로 방향 노치의 길이는 다중 배열 탐촉자 코일의 적용 범위보다 최소 25 mm 더 길어야 한다. 긴 노치의 너비와 깊이는 각각 최대 0.25 mm와 1.0 mm이다. 관심 부위가 곡률을 갖는 곡면일 경우 위의 결함을 갖는 특정 형상을 대표하는 표준시험편을 사용해야 한다. 표준시험편 제작을 위한 기계가공은 투자율 변화를 방지하기 위해 과도한 냉간 가공, 과열 및 응력을 피해야 한다.

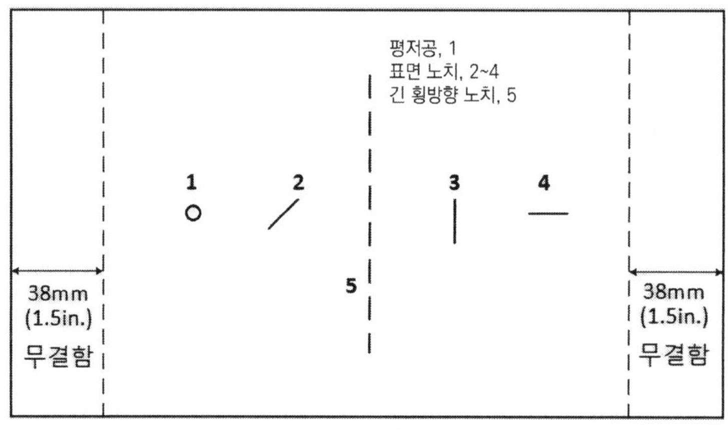



(a) 평판

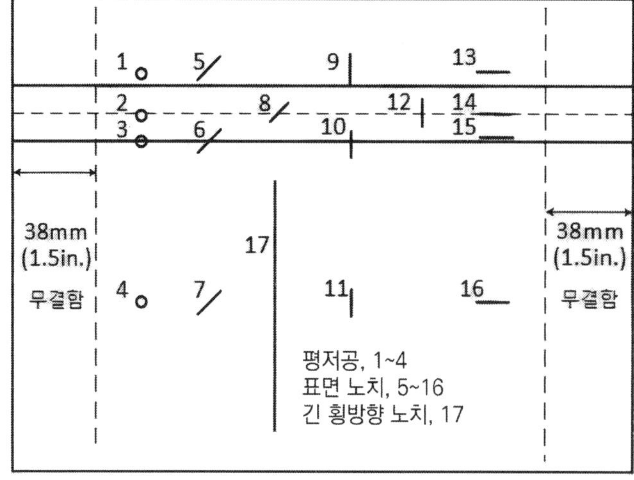



(b) 용접부

그림 4-28  평판의 다중 배열 와전류검사 표준시험편[3]

### (4) 교류 자기장 측정(ACFM[5]) 기법 교정 표준시험편

그림 4-29에 교류 자기장 측정 기법을 적용한 용접부 검사에 사용되는 교정 표준시험편을 나타내었다. 노치는 용접 토우(예, 열영향부)와 용접부를 포함하는 시험편의 용접부 내에 가공해야 한다.

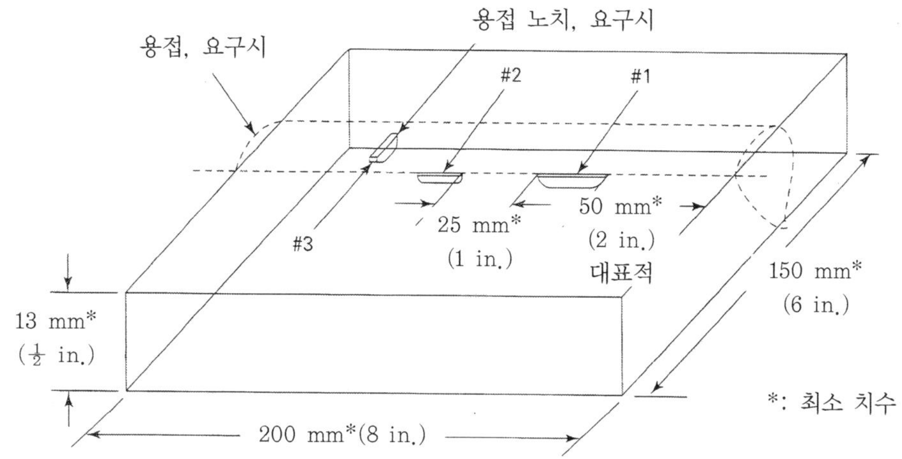


| 타원형<br>노치 번호 | 길이,<br>mm(in.) | 깊이,<br>mm(in.) | 폭, mm(in.) |
|---|---|---|---|
| 1 | 50 mm(2 in.) | 5 mm(0.2 in.) | |
| 2 | 6 mm(0.25 in.) | 2.5 mm(0.1 in.) | 0.5 mm(0.02 in.) 최대 |
| 3 | 6 mm(0.25 in.) | 2.5 mm(0.1 in.) | |

비고 (1) 노치 깊이의 공차는 ±0.2 mm(0.01 in.)이어야 한다.
  (2) 노치 #1의 길이 공차는 ±1 mm(0.04 in.)이어야 한다.
  (3) 노치 #2와 #3의 길이 공차는 ±0.2 mm(0.01 in.)이어야 한다.
  (4) 노치 형상은 타원형이어야 한다.
  (5) 노치 #3은 시험편이 용접을 포함하고 있을 때만 요구된다.

그림 4-29　용접부의 ACFM 검사 교정 표준시험편[3]

### (5) 누설자속검사 교정 표준시험편

그림 4-30에 누설자속검사에 사용되는 교정 표준시험편을 나타내었다. 누설자속(magnetic flux leakage, MFL)검사는 코팅 또는 코팅되지 않은 강자성체의 한쪽 표면에서 검사를 수행한다. 누설자속검사는 튜브와 배관의 길이 방향 용접 이음부 중에서 용접이 이루어지지 않은 부위를 찾아내기 위한 검사에 주로 사용된다. 이 검사는 또한 일반적으로 저장탱크 바닥과 같은 판형 재료와 배관의 부식이나 다른 형태의 열화를 평가하기 위한 비파괴검사법으로서 건조 후 검사법으로 사용된다. 이 검사법을 사용하여 검출이 가능한 다른 형태의 불완전은 균열, 심, 불완전 융합, 불완전 용입, 눌린 자국, 랩 및 비금속 개재물 등이 있다.

---

5) ACFMT(교류 자기장 측정 기법): Alternating Current Field Measurement Technique(ASTM E2261 참조)

| 대비평판 두께 | 구멍번호 | 스텝개수 | 스텝크기 | 지름 D1 | 지름 D2 | 지름 D3 | 지름 D4 | 지름 D5 |
|---|---|---|---|---|---|---|---|---|
| 6(1/4) | 1 | 3 | 0.8(.032) | 12(.47) | 8(.32) | 3(.12) | | |
| | 2 | 4 | 0.8(.032) | 16(.62) | 12(.47) | 8(.32) | 3(.12) | |
| 8(5/16) | 1 | 4 | 0.8(.032) | 16(.62) | 12(.47) | 8(.32) | 4(.16) | |
| | 2 | 5 | 0.8(.032) | 20(.78) | 16(.62) | 12(.47) | 8(.32) | 4(.16) |
| 10(3/8) | 1 | 4 | 1(.039) | 20(.78) | 15(.59) | 10(.39) | 5(.2) | |
| | 2 | 5 | 1(.039) | 24(.96) | 20(.78) | 15(.59) | 10(.39) | 5(.2) |

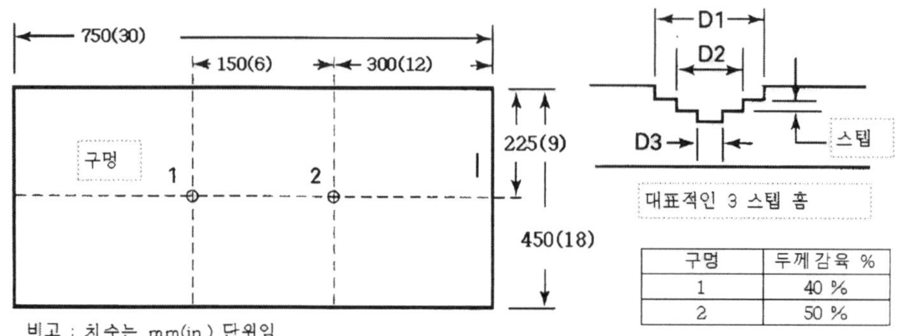



(a) 평판 표준시험편

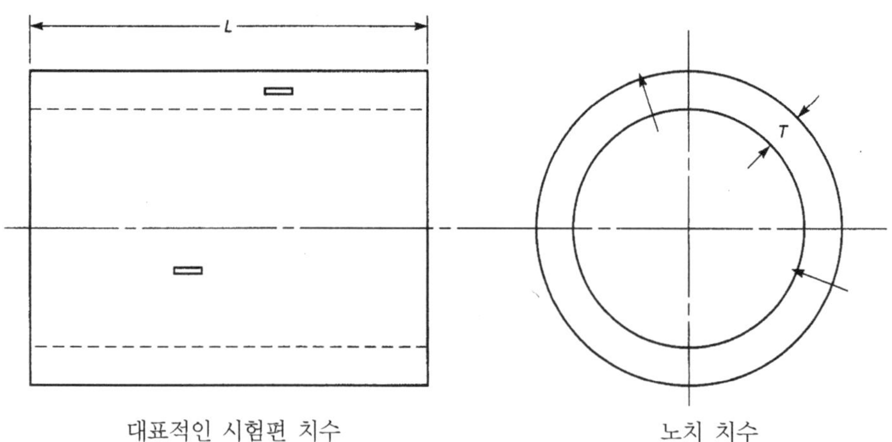



최소길이 L 200 mm(8 in.) 또는
8T 중 큰 치수 적용 전체 원주

길이 L: 최대 25 mm (1 in.)
깊이 D: 10 % T, 깊이의 (+10 %-20 %) 공차
　폭: 최대 0.25 mm(0.01 in.)
위치: 블록 모서리 또는 다른 축방향
　　　노치로부터 3T 이상 이격거리 필요
　　　인접 노치로부터 최소 90° 이상 이격 필요

(b) 튜브 및 배관 표준시험편

그림 4-30　누설자속검사(MFL) 표준시험편[3]

모든 누설자속검사에서 장비의 정상 작동을 확인하기 위해 검사 전에 교정 표준시험편을 사용하여 장치를 교정한다.

평판 대비시험편은 검사 기기와 동일한 공칭 두께, 가공형태 및 화학성분을 가진 재료로 제작해야 하며, 그림 4-30(a)에 나타낸 것과 같이 평판의 저면에 기계 가공된 노치 또는 기타 불연속을 가지고 있어야 한다. 배관 및 튜브의 표준시험편은 검사 기기와 같은 공칭두께, 가공형태 및 화학성분을 가진 배관 또는 관으로 구성되어야 하며, 그림 4-30(b)에 나타낸 것과 같이 표면의 내외부 측에 기계 가공된 노치 불연속을 가져야 한다. 인공 불연속의 깊이와 폭은 검출 대상 불연속의 크기 및 물리적 특성과 유사해야 한다. 검사하는 동안 검사대상 기기에 코팅 또는 임시 피복이 존재하는 경우 표준시험편은 검사 중 직면하게 되는 최대 두께의 비자성 코팅재료로 코팅 또는 포장되어야 한다.

### (6) 원격장 와전류검사(RFT) 교정 표준시험편

그림 4-31에 원격장 와전류검사(remote field testing)에 사용되는 교정 표준시험편을 나타내었다. 원격장검사 장치는 검사를 위해 교정 표준시험편에 가공된 인공결함을 사용하여 검사 전에 설정해야 한다. 표준시험편은 KEPIC MEN B26 SE-2096, 그림 4 및 10.5항 요건에 따라야 하며, 10.6항 요건에 따른 튜브 지지판을 포함해야 한다. 부식 피트와 같은 작은 체적의 불연속을 검출하고 크기를 측정하는 것이 요구되면 그림 4-31에 나타낸 예시와 같은 두 번째 표준시험편을 사용하여 적절한 감도를 입증하여야 한다. 두 번째 표준시험편의 피트 깊이와 크기의 선정은 적용에 따라 적절하게 결정해야 한다. 피트 깊이 공차는 +0/-10 %, 구멍 직경의 공차는 ±10 %이어야 한다. 인공결함의 간격은 결함 또는 튜브 끝단과 송신(여기) 코일과 수신(검출) 코일이 동시에 가까이 위치하지 않도록 해야 한다. 표준시험편에 사용되는 튜브는 검사대상 튜브와 공칭 크기 및 재료 종류가 동일하여야 한다.

표준시험편의 재료 종류가 정확하지 않거나 치수적으로 일치하는 튜브가 없으면 대체 튜브를 사용해도 된다. 하지만 대체 표준시험편의 동등성을 입증해야 한다. 정상적으로 입증되는 예는 표준시험편과 공칭 튜브로부터 얻어지는 다음의 응답 중에서 하나는 동등해야 한다.

- 지지판의 튜브 전압 평면 상 진폭과 위상각의 위치
- 탐촉자가 튜브로부터 인출될 때 발생하는 지시와 튜브 지지판 지시 사이의 전압 평면 상에서 위상각
- 절대 위상 응답

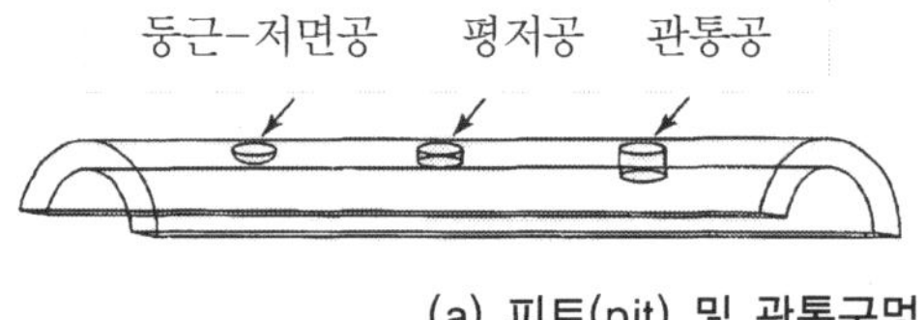


**(a) 피트(pit) 및 관통구멍**

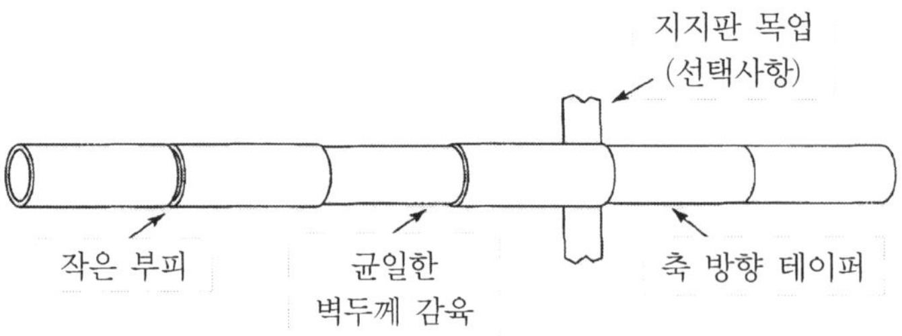


**(b) 원주 방향 홈**

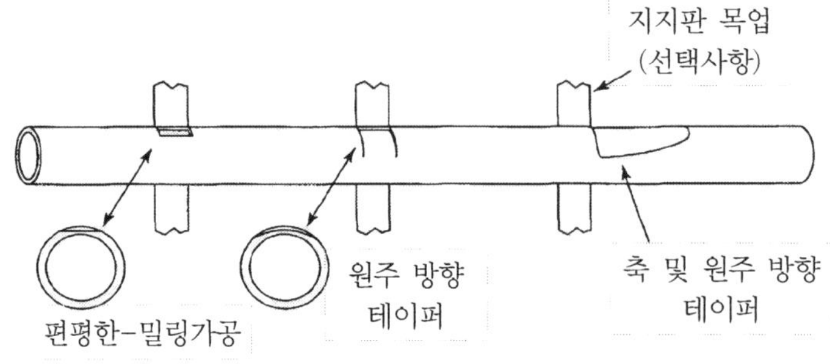


**(c) 한쪽면 불연속**

그림 4-31   원격장 와전류검사(RFT) 표준시험편[3]

# 5. 와전류검사 기법과 적용

### 5.1.1 코일 형태에 의한 분류

탐촉자 코일은 교류 자기장을 생성하여 검사 대상 재료에 와전류를 유도하고 와전류 흐름이 결함에 의해 방해되는 정도를 검출한다. 와전류 탐촉자는 검사 결과에 크게 영향을 미치기 때문에 예상되는 결함 형태 검출에 적합한 탐촉자를 선정하는 것이 중요하다. 성공적인 와전류 검사 결과를 얻기 위해서는 일반적으로 대략 3:1의 신호 대 잡음 비(SNR)가 얻어지도록 탐촉자를 선택해야 한다.

와전류검사 탐촉자는 그림 5-1에서와 같이 코일 형태에 따라 ① 표면 코일, ② 보빈(내삽) 코일, ③ 관통(외삽) 코일의 3가지 형태로 분류한다. 표면 코일은 모양이 팬케익 형상으로 재료 표면의 국소 부위를 검사하고, 내삽(보빈) 코일은 코일이 튜브 내부를 통과하여 검사가 이루어지며, 관통 코일은 코일이 재료 외면을 에워싼 상태에서 검사가 이루어진다. 이 같은 3가지 형태 탐촉자의 세부 내용은 다음과 같다.

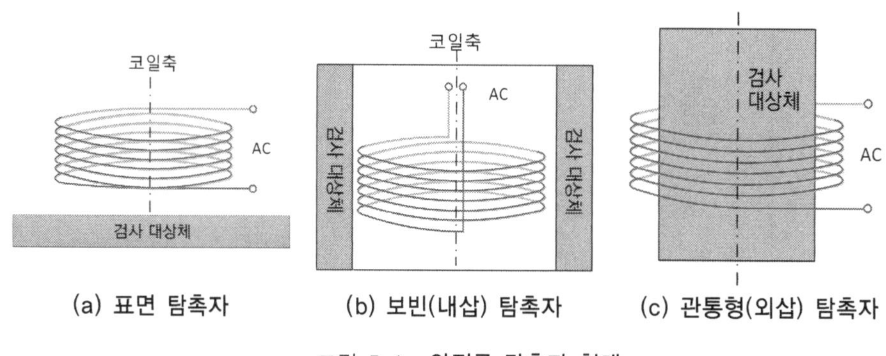


그림 5-1   와전류 탐촉자 형태

### (1) 표면 탐촉자

표면 탐촉자는 그림 5-1(a)와 같이 코일 축이 재료 표면에 수직이다. 표면 코일은 흐름 경로가 원형인 와전류를 재료에 유도하기 때문에 코일 축이 재료 표면에 수직인 상태에서 거의 모든 방향의 결함을 검출할 수 있다. 하지만 결함의 방향이 표면에 평행인 층상(laminar) 결함의 검출은 매우 어렵다.

표면 탐촉자는 재료의 표면, 평면 또는 굴곡부, 결함 또는 재료 물성 등의 검사에 적용된다.

주로 용접부, 항공기 동체 구조물과 같이 기하학적 형상이 특별한 재료의 국부적인 표면 결함을
검출하기 위해 적용된다. 표면 탐촉자를 팬케이크(pancake), 평판형(flat) 또는 연필형(pencil)
탐촉자라고도 부른다.

　표면 코일은 검사 대상체 표면 형상에 적합하도록 여러 가지 형상과 크기로 제작(그림 5-2
참조)되며, 절대형 또는 차동형 모드를 적용할 수 있다. 직경이 큰 표면 코일은 작은 코일에
비해 상대적으로 스캔 속도가 빠르고 와전류 침투 깊이가 깊지만 작은 불연속 검출에는 효과적
이지 않다. 또한 큰 직경의 표면 코일은 재료 표면을 따라 존재하는 국부적인 평균 전기전도도
변화를 측정할 수 있으므로 전기전도도 측정에 사용된다. 반대로 직경이 작은 코일은 작은
표면 불연속의 위치를 정확하게 검출하기 위해 사용되며 직경이 더 작은 전자기장으로 인해
모서리 효과에 덜 민감하다. 표면 코일의 직경은 일반적으로 예상되는 결함 길이와 대략 동일한
것을 사용한다. 표면직하 결함에 대한 검출 감도는 깊이가 깊어질수록 급격하게 감소한다.

　표면 탐촉자는 손으로 탐촉자 핸들을 잡고 검사 대상체 표면에 코일을 접촉하여 스캔할
수 있도록 코일이 탐촉자 하우징에 내장되어 있다. 연필형 표면 코일은 스터드 구멍 또는 나사
산, 터빈 블레이드와 같은 형상을 검사하는 데 사용된다. 대표적인 표면 코일의 형태는 다음과
같다.

- 연필형 탐촉자: 연필 모양으로 손으로 잡고 표면을 가로질러 스캔한다(그림 5-2(a)
  참조).
- 90° 탐촉자: 표면에 직각인 구멍과 같이 접근이 제한된 곳에 사용하기 위해 코일이
  탐촉자 하우징에 직각이며 기능은 연필형 탐촉자와 동일하다(그림 5-2(b) 참조).
- 볼트 구멍 탐촉자: 코일 축이 볼트 구멍 벽에 수직 방향으로 볼트 구멍에 적합하도록
  설계되며, 헤드를 모터로 구동하여 볼트 구멍 내에서 나선형으로 회전시켜 검사하는
  탐촉자를 적용하기도 한다(그림 5-2(c) 참조].

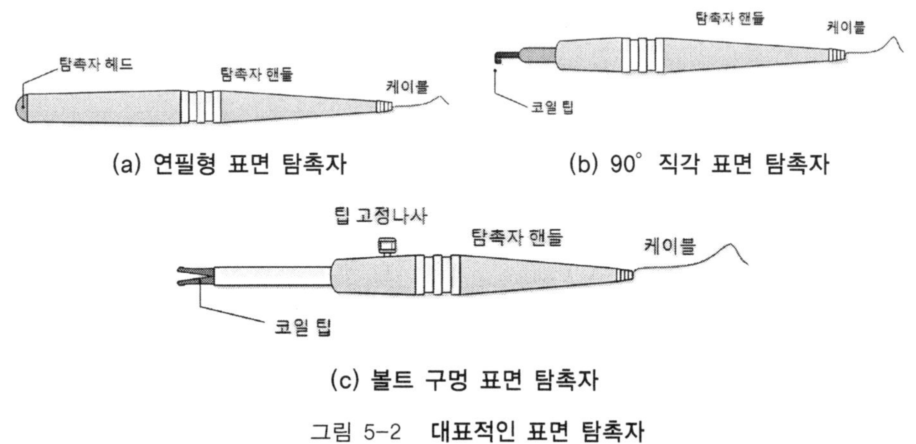


(a) 연필형 표면 탐촉자　　　　　(b) 90° 직각 표면 탐촉자

(c) 볼트 구멍 표면 탐촉자

그림 5-2　대표적인 표면 탐촉자

○ 표면 탐촉자의 결함 검출 방향성

표면 코일의 와전류는 코일의 자속 방향에 수직한 평면 내에 폐루프를 형성하여 순환한다. 이 와전류는 보통 재료 표면에 평행이고 코일 권선에 평행인 방향으로 흐른다. 결함 검출에서 최대 반응을 얻기 위해서는 그림 5-3(c)와 같이 가능한 한 와전류 흐름이 균열과 완전한 수직 방향이 되도록 해야 한다. 표면 코일 중심에서는 전류 흐름이 없기 때문에 결함 감도가 없다(그림 5-3(a) 참조). 또한 접촉 상태가 불량한 피막과 재료 표면에 평행한 결함은 그림 5-3(b)에서와 같이 감도가 거의 발생하지 않는다. 이때 와전류 흐름이 결함 방향과 평행으로 전류 흐름에 대한 방해가 거의 발생하지 않아 코일 임피던스 변화가 없게 된다.

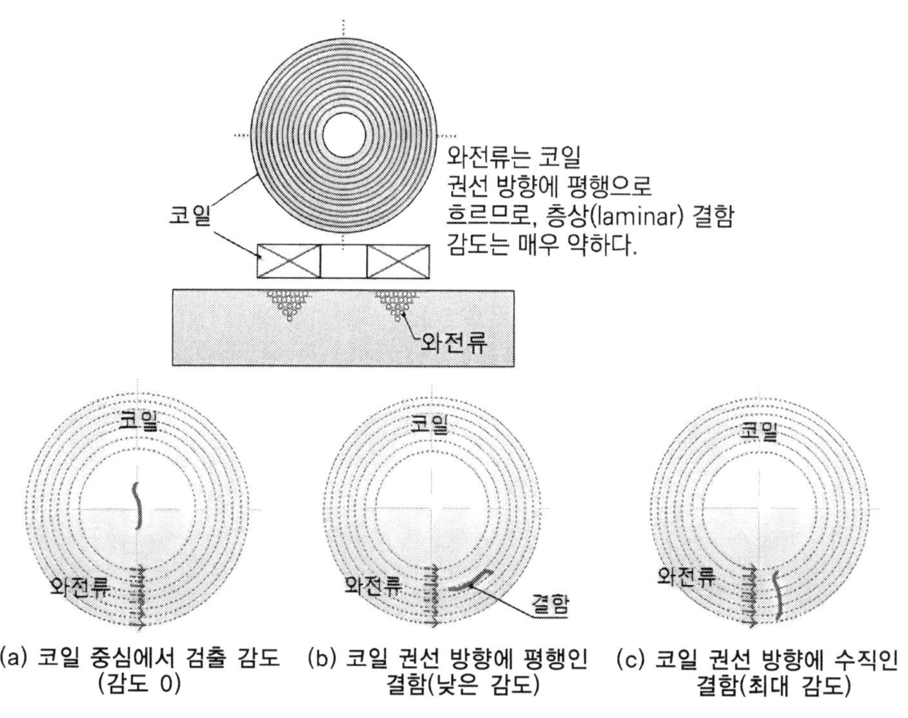


그림 5-3　표면 탐촉자의 방향적 특성

○ 모터회전 팬케이크 코일(MRPC[6]) 탐촉자

표면 코일을 사용하는 특수 와전류검사 탐촉자이다. 열교환기 튜브 내경(ID) 측에 발생할 수 있는 미세한 원주 방향 균열을 검출하는 데 주로 사용되는 탐촉자이다. 탐촉자 헤드가 헤드 후방에 장착된 모터에 의해 회전하면서 튜브 내면을 나선형 스캔으로 전방으로 전진한다. 탐촉자 헤드에는 보통 그림 5-4와 같이 플러스(+) 포인트 코일 1개, 저주파수

---

6) MRPC: Motorized Rotating Pancake Coil

팬케이크 코일 1개, 고주파수 팬케이크 코일 1개 등 총 3개 코일이 원주 방향 120° 간격으로 배치되어 있다. 코일 후방에는 스프링이 장착되기 때문에 코일이 튜브 내면에 밀착되어 리프트 오프가 최소화되기 때문에 미세한 균열에 대한 감도가 우수하지만 헤드 마모가 비교적 많이 발생한다. 튜브 내면을 나선형 방식으로 스캔하기 때문에 검사 속도가 대략 3 mm/s~9 mm/s로 저속이기 때문에 주로 검출된 결함의 추가적인 확인 검사와 결함 검출 부위의 기하학적 형상을 검사하기 위해 사용된다.

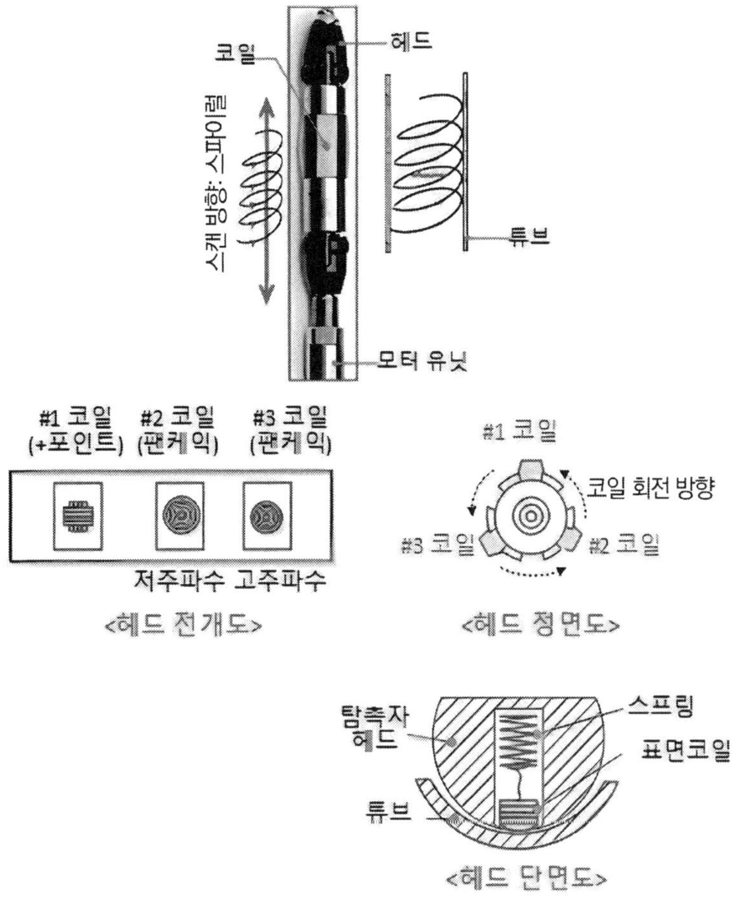


그림 5-4  모터회전 팬케이크 코일(MRPC) 탐촉자

열교환기 튜브에 대한 MRPC 탐촉자 신호는 그림 5-5에서와 같이 튜브 축 방향 및 원주 방향의 임피던스 궤적과 C-스캔 디스플레이로 화면에 나타내진다. 코일의 매 원주 방향 스캔에 의해 생성된 신호를 합성하여 입체적인 C-스캔으로 나타낸다. 그림 5-5(b)의 X축은 튜브 축 방향을 나타내고 Y축은 튜브 원주 방향을 나타내며 신호 크기를 Z축으로 나타낸다.

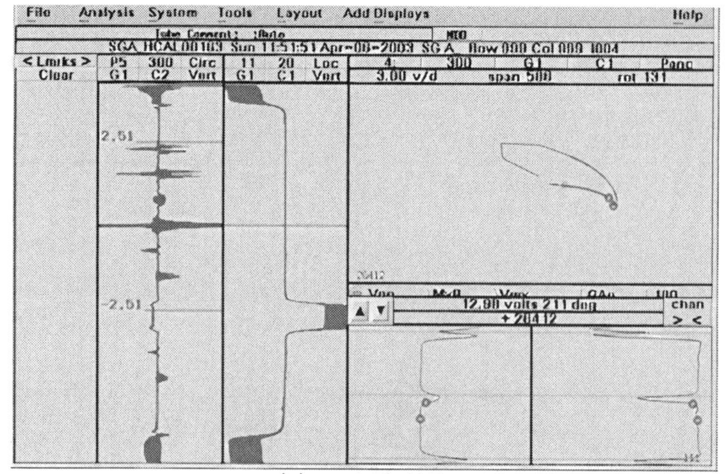



(a) A-스캔 신호

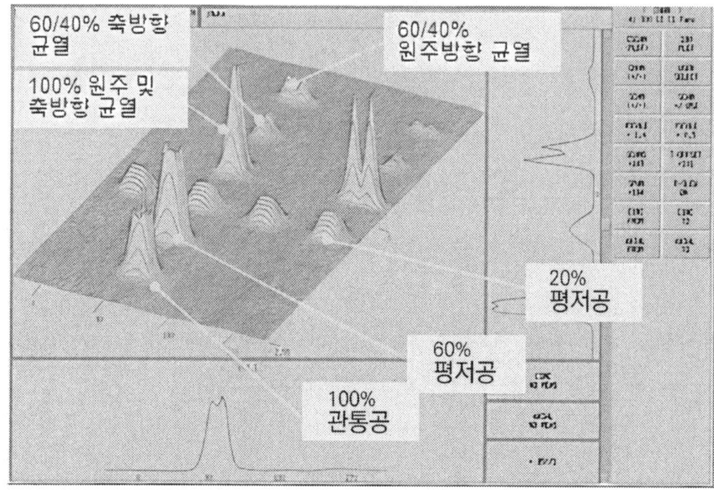



(b) 입체 신호 디스플레이(B-스캔 및 C-스캔 신호)

그림 5-5   MRPC 탐촉자 와전류검사 신호(예시)

## (2) 보빈(내삽) 코일 탐촉자

보빈 탐촉자는 코일 축이 그림 5-6(b)와 같이 튜브의 길이(축) 방향에 평행이다. 보빈 탐촉자는 중공 형태의 튜브 또는 파이프 내부로 탐촉자를 삽입하여 검사한다. 탐촉자 헤드와 코일 권선의 형상이 실패와 유사하여서 보빈 코일이라 부른다. 주로 열교환기 튜브 검사에 많이 적용되고 검사 속도가 비교적 빠르다. 관통(환형) 코일과 같이 튜브 전체 원주를 한 번에 검사하여 원주 방향에 대한 평균 임피던스 변화를 얻기 때문에 원주 방향의 정확한 위치를 파악할 수 없고, 오직 튜브의 축 방향에 대한 불연속의 위치만 알 수 있다.

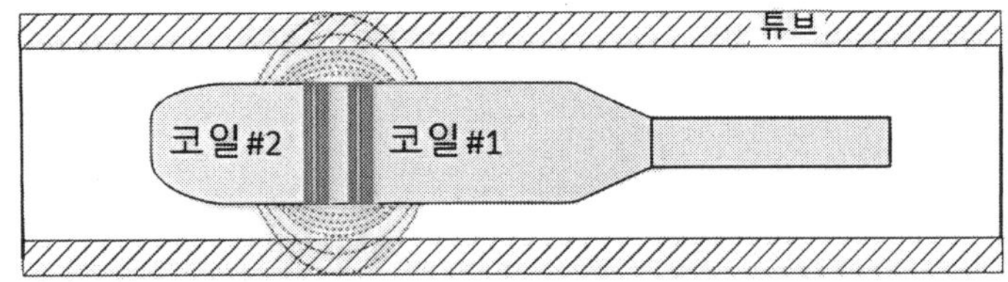


(a) 차동 보빈 탐촉자 코일 배치 및 자기장

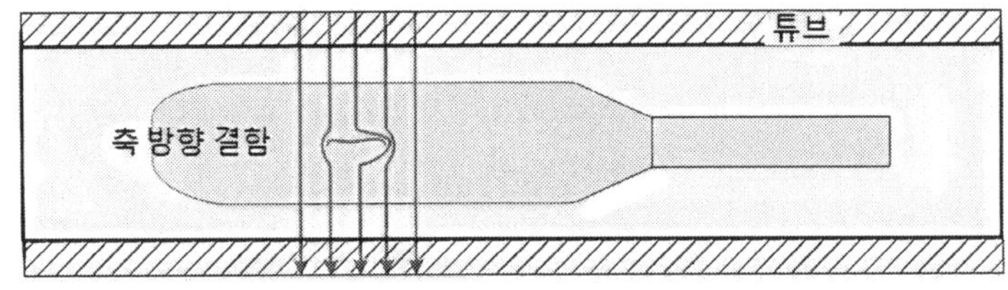


(b) 차동 보빈 탐촉자 와전류 흐름 방향

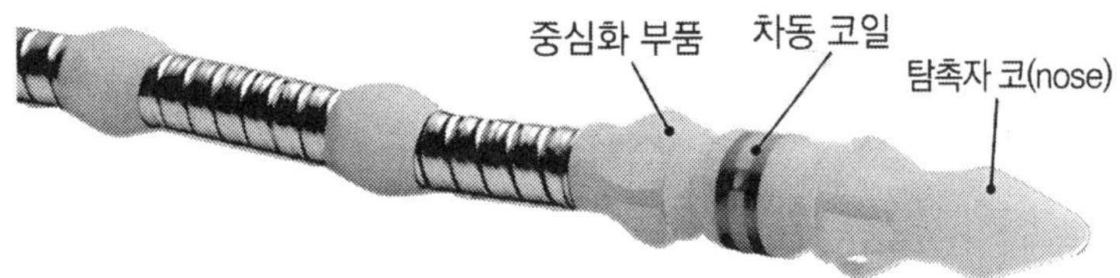


(c) 차동 보빈 탐촉자 형상

그림 5-6    보빈(내삽) 코일

보빈 코일의 장점은 다음과 같다.

- 튜브의 전체 길이를 고속으로 검사할 수 있다.
- 결함의 위치, 즉 튜브 내면과 외면에서 시작하는 결함을 구분할 수 있다.
- 결함의 튜브 축 방향 위치를 알 수 있으며, 위상각과 진폭의 두 가지로 튜브 벽두께를 백분율로 측정할 수 있다.
- 체적성 마모 결함과 균열성 결함을 구분할 수 있다.
- 탐촉자가 튜브 내부로 삽입되기 때문에 열교환기 튜브 벽두께의 100 % 체적을 검사하기 위해서 튜브 외부 측의 접근이 요구되지 않는다.

보빈 코일의 단점은 다음과 같다.

- 원주 방향 결함의 감도가 축 방향 결함에 비해 상대적으로 낮다.
- 치수 변화와 전도성/비전도성 퇴적물에 너무 민감하다.
- 신호 분석을 위해 고도로 훈련되고 숙련된 검사원이 필요하다.

### (3) 관통(외삽) 코일 탐촉자

관통 코일은 그림 5-7과 같이 구리선이 중공의 관통 코일 형태로 감겨져 있다. 관통 모양의 코일 내부로 재료가 통과하기 때문에 관통 또는 외삽 코일이라고도 부르며 일반적으로 봉재, 선재, 각재, 파이프 및 튜브의 생산 공정에서 품질검사용으로 주로 사용된다. 관통 코일 탐촉자는 보빈 코일과는 달리 검사를 위해 실린더 형태의 긴 봉 또는 튜브를 관통 코일 내부에 두거나 연속적으로 통과시킨다. 관통 코일의 축은 재료 축 방향에 평행으로 동심을 형성한다. 관통 코일 내부에서 자기장은 재료의 축 방향과 동일하게 코일 축에 평형이다. 이 같은 배치에서 재료에 축 방향의 자기장을 유도한다. 이 자기장에 의해 재료에 유도된 와전류의 원형 경로는 관통 코일 권선 방향과 평행 방향으로 흐르기 때문에 원주 방향 결함에 대한 감도가 최대로 나타나게 된다.

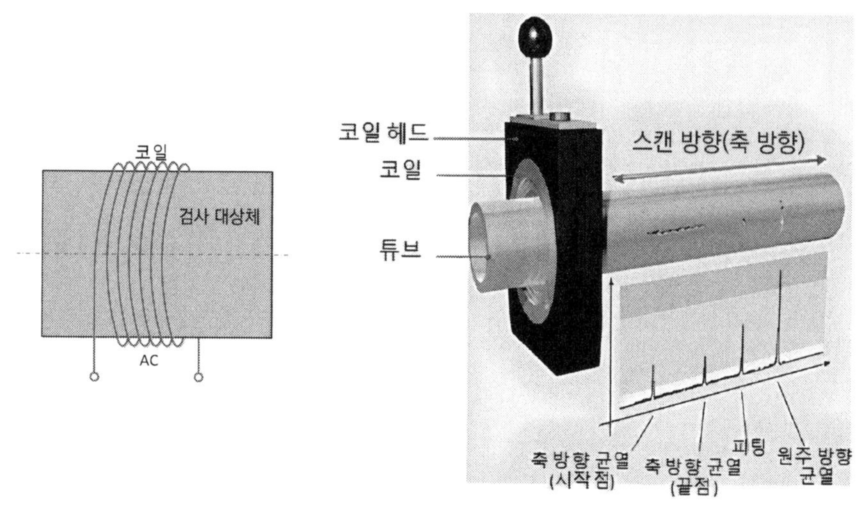



그림 5-7    관통(외삽) 코일(예시)

관통 코일의 중심 효과로 인해 관통 코일의 중심에서 와전류는 스스로 상쇄되어 중심에 위치한 불연속은 검출할 수 없다. 관통 코일은 재료의 전체 둘레를 검사할 수 있지만 보빈 코일과 동일하게 불연속의 원주 방향 위치를 알 수 없다. 관통 코일과 보빈 코일 탐촉자에 의해 형성된 와전류는 코일의 감긴 방향인 재료의 원주 방향으로 흐르기 때문에 불연속 방향이 튜브 또는 봉의 축 방향 불연속에 대해 높은 감도를 나타낸다. 관통 코일의 장단점은 보빈 코일과 동일하다.

관통(외삽) 코일을 사용하여 검사할 수 있는 튜브 직경은 보통 약 50 mm 이하이며, 보빈 코일도 동일하다. 이보다 더 큰 직경의 튜브에서는 결함 체적은 일정하게 유지되는 반면 코일 자기장이 적용되는 검사 체적이 증가하기 때문에 결함 검출 감도가 감소한다.

생산 공정에서 관통 코일은 다른 형태의 와전류검사 코일보다 더 가혹한 조건에서 사용된다. 생산 공정에서 관통 코일은 보통 연속적으로 운전되며 재료는 대략 1,500 m/min.의 속도로 이동한다.

표면 탐촉자와 보빈/관통형 탐촉자의 주요 특성을 표 5-1에 나타내었다.

표 5-1  표면 탐촉자와 보빈/관통형 탐촉자의 특성

| 표면 탐촉자 | 보빈/관통형 탐촉자 |
|---|---|
| 코일 축이 검사 재료 표면에 수직 방향이다. | 코일의 축이 튜브의 축 방향과 평행이다. |
| 표면 결함의 감도가 표면직하 결함에 비해 높다. | 튜브 축 방향 결함을 검출한다. |
| 층상(laminar) 결함에 대한 감도가 낮다. | 튜브 원주 방향 결함의 감도가 낮다. |
| 깊이에 따라 감도가 감소한다. | 튜브 또는 봉의 중심에서 감도는 영(0)이다. |
| 주로 피로 균열, 부식 등 항공기 검사, 코팅두께 측정에 적용된다. | 주로 열교환기 튜브 또는 봉형태 제품을 검사하는 데 사용된다. |
| 코일설계에 특성 인자($P_C$)를 사용한다. | 벽두께가 얇은 튜브 검사에는 특성 주파수($f/f_g$)를 적용하고 두꺼운 튜브는 $f/f_g$ = 4, 실린더형 봉은 $f/f_g$ = 10을 적용한다. |
| 코일과 재료 사이의 자기적 결합계수로 리프트 오프(lift-off)을 적용한다. | 코일과 튜브의 자기적 결합계수로 충전율(fill-factor)을 적용한다. |
| 코일의 자기장을 집속하기 위해 페라이트 코어 및 컵을 사용하여 감도를 높일 수 있다. | 코일의 자기장을 집속하는 것이 어렵다. |
| MRPC 및 배열형 와전류검사(Array EC)에 응용할 수 있다. | 튜브에 대해 원격장, 포화, 영구자석을 활용한 검사 방법의 적용이 가능하다. |

## 5.1.2 코일 배치에 의한 분류

와전류 탐촉자는 코일의 배치 형태에 따라 ① 절대 코일(absolute coils), ② 차동 코일(differential coils), ③ 송신/수신 코일(send-receiver coils 또는 driver/pickup coils) 등의 3가지 형태로 크게 분류하고 이 세 가지 탐촉자의 주요 특징은 아래와 같다.

### (1) 절대 코일(absolute coils)

절대 탐촉자는 가장 일반적으로 사용되는 와전류 탐촉자 형태이다. 절대 탐촉자는 그림 5-8 (c) 및 (d)에서와 같이 검사 재료와 접촉하거나 인접해 있는 단일 코일로 구성된다. 코일에 의해 검사되는 영역의 모든 변화 신호가 생성되기 때문에 전기전도도 및 투자율과 같은 특정 재료 물성을 측정할 수 있다.

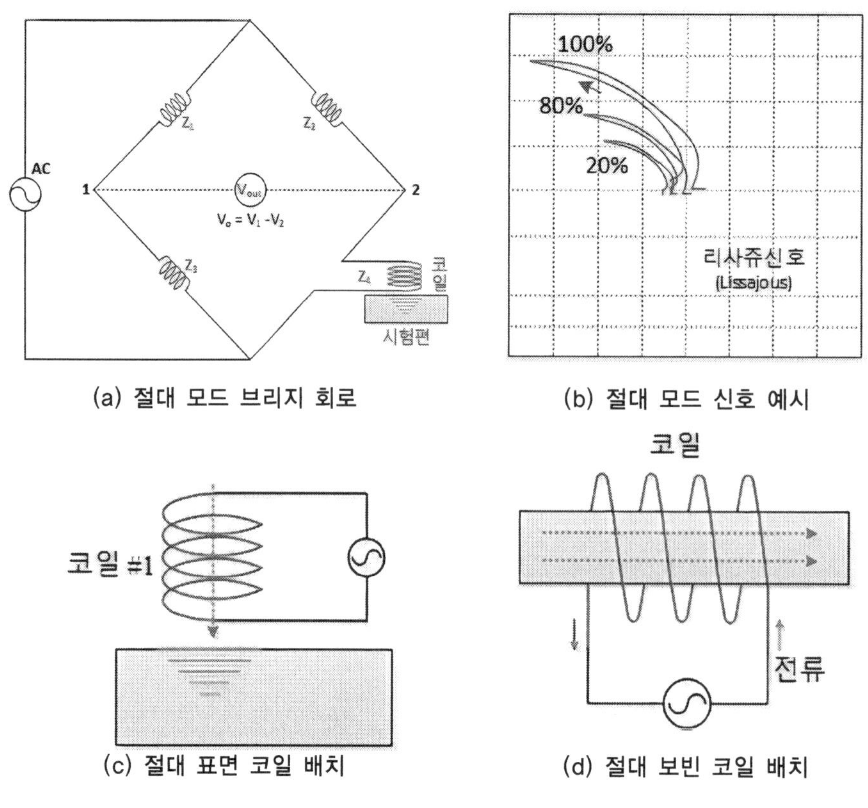


그림 5-8  절대 코일의 배치 및 신호(예시)

검사를 위해 절대 코일을 재료에 위치시킨 후 브리지 평형을 위해 재료와 이격된 평형 부하를
조정하여 브리지 회로를 평형시킨다. 절대형 코일 배치는 와전류에 민감한 모든 조건을 검출할
수 있다. 하지만 이것은 리프트 오프 및 온도 변화와 같은 불필요한 변수의 영향도 모두 민감하
게 검출되는 것을 의미한다. 절대형 코일은 재료의 모든 특성변화가 검출되며 튜브를 따라
점진적으로 완만하게 발생하는 두께 감육을 검출하는데 적합하고 특히 완만하게 변하는 체적
성 결함에 더욱 민감하다.


## (2) 차동 코일(differential coils)

코일이 위치한 부위의 특성 비교를 위해 동일한 전기적 특성을 가진 코일 쌍을 사용한다.
코일 쌍은 그림 5-9 (c) 및 (d)에서와 같이 두 개의 코일로 구성되며 코일이 위치한 특정 부위를
다른 부분과 비교한다. 두 코일의 임피던스 차이가 화면에 신호로 나타난다. 두 코일에 의해
검출된 동일한 조건은 상쇄되고 그 차이만 검출되기 때문에 온도 변화와 리프트 오프 변화가
소거되는 큰 장점이 있다. 리프트 오프가 상쇄되기 때문에 작은 불연속을 리프트 오프 잡음으로
부터 분리하여 검출할 수 있다.

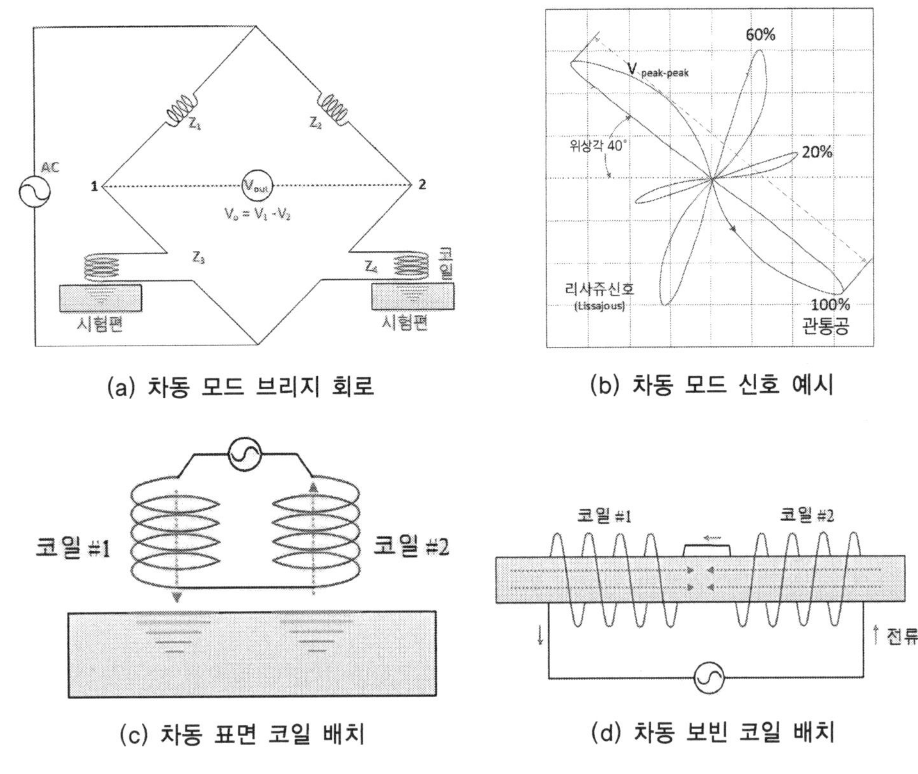


그림 5-9  **차동 코일의 배치와 신호(예시)**

튜브 검사에 사용되는 보빈 코일의 두 코일은 보통 열교환기 튜브 벽두께인 0.5 mm~1.4 mm 정도로 서로 가깝게 인접해 있다. 따라서 점진적으로 미약하게 변하는 전기전도도 또는 투자율 변화는 서로 인접한 두 코일에 동시에 검출되어 응답 신호가 거의 발생하지 않는다. 반면에 두 코일 중 한 코일에 한 번에 검출될 수 있는 부위의 전기전도도가 국부적으로 급격하게 변할 경우에는 응답 신호가 크게 발생한다.

차동 코일은 피팅(pitting), 균열 등과 같이 비교적 체적이 작은 국부 결함에 더욱 민감하다. 차동 코일의 2개 코일이 위치한 부위의 튜브 상태가 동일할 경우 두 코일에 검출된 임피던스 변화는 상쇄되어 출력은 영(0)이 된다. 차동 코일은 코일이 위치한 튜브의 두 개 인접 부위가 차동적으로 비교하기 때문에 완만한 변화보다 모양이 날카로운 불연속에 대해 더욱 민감하다.

차동 코일은 2개 코일이 반대 방향으로 감겨져 있다. 2개 코일이 튜브 내면의 결함이 없는 건전부에 놓이게 되면 2개 코일은 튜브의 동일한 부위를 감지하기 때문에 두 코일의 임피던스 차이는 영(0)이 된다. 즉, 두 개 코일이 결함조건을 동시에 감지하게 되면 아무런 신호가 검출되지 않는다. 이에 따라 길이가 긴 불연속은 결함의 처음과 끝부분만 신호로 나타난다. 또한 점진적으로 변화되는 불연속은 검출이 어렵고 길이가 긴 불연속은 완전히 무시될 수가 있다.

하지만 첫 번째 코일이 결함을 지나고 다음으로 두 번째 코일이 결함을 지날 때 임피던스 차이가 발생하여 차동 신호가 생성된다. 특히, 차동 코일은 점진적으로 변하는 치수 변화나 온도 변화와 같이 느리게 변하는 특성을 검출하지 못한다. 즉, 탐촉자가 튜브의 축 방향으로 이동할 때 두 코일이 위치한 부위에서 발생하는 신호는 연속적으로 소거된다. 또한 차동 코일은 탐촉자 떨림에 의한 신호도 감소한다. 하지만, 차동 코일에 의한 신호는 절대형 코일에 의한 신호보다 신호 해석이 다소 어렵다.

또한 차동 코일은 그림 5-10에 나타낸 것과 같이 참조 코일의 배치에 따라 자기비교 차동 코일과 외부 참조 차동 코일 두 가지로 구분한다. 자기비교 차동 코일은 검사대상 재료에 주 코일과 참조 코일 두 개가 위치한다. 두 코일 사이에 어떠한 벽두께 차이 또는 불연속이 존재하지 않을 경우 어떠한 출력 신호도 나타나지 않는다. 작은 국부 결함 검출에 아주 우수한 감도를 나타내지만 길고 점진적인 결함은 검출이 어렵다. 또한 튜브 직경의 작은 변화, 화학 조성 및 경도, 리프트 오프 변화, 온도 변화 등에 의한 영향이 최소화되는 경향이 있다.

외부참조 차동 코일은 주 코일은 검사대상 재료에 위치하는 반면에 참조 코일은 재료와 별도로 분리된 대비시험편에 위치하여 두 코일의 차이를 검출하고, 검사대상 재료 특성이 대비 시험편과 다를 경우 지시가 검출된다.

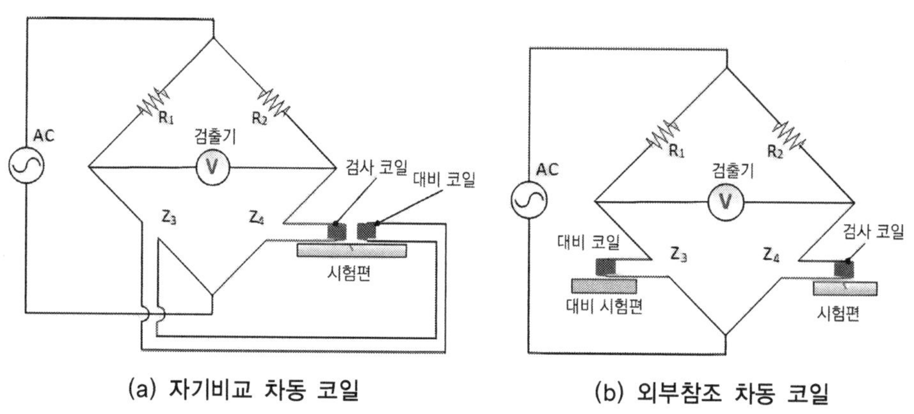



(a) 자기비교 차동 코일        (b) 외부참조 차동 코일

그림 5-10  **차동 탐촉자 코일 배치**

절대 코일 탐촉자와 차동 코일 탐촉자의 장단점을 표 5-2에 나타내었다.

표 5-2  절대 코일 및 차동 코일 탐촉자의 특징 비교

| 형 태 | 장 점 | 단 점 |
|---|---|---|
| 절대<br>코일 | • 급격하게 변하거나 점진적으로 변하는 재료의 특성 및 치수 변화에 반응한다.<br>• 결함 전체 길이 신호를 나타낼 수 있다.<br>• 신호 해석이 다소 쉽다.<br>• 코일 구조가 간단하여 제작이 용이하다. | • 온도 변화에 불안정하다.<br>• 차동형보다 리프트 오프와 탐촉자 떨림에 민감하다. |
| 차동<br>코일 | • 점진적으로 변하는 재료의 특성 및 치수 변화 검출이 어렵다.<br>• 온도 변화에 안정하다.<br>• 절대형보다 리프트 오프와 탐촉자 떨림에 덜 민감하다. | • 점진적 변화가 검출되지 않는다. 즉, 길이가 길고 전체적으로 완만하게 변하는 결함 검출이 어렵다.<br>• 긴 결함의 끝단 신호만 검출된다.<br>• 신호 해석이 다소 어려울 수 있다. |

## ○ 차동 코일 간격에 의한 보빈 코일의 분류

열교환기 튜브 와전류검사에 주로 많이 사용되고 있는 보빈 탐촉자는 검출하고자 하는 결함 형태에 따라 아래와 같이 3가지로 구분하여 적용하고 있다. 탐촉자 형태는 탐촉자를 구성하는 두 코일의 간격과 코일 폭에 따라 구분한다.

### ① 표준 간격 중간주파수 보빈 코일(mid-frequency standard-grove bobbin coil)

중간주파수 표준 간격 보빈 코일은 절대 및 차동 검사 모드에서 운전이 가능한 두 개의 차동 권선 코일이 포함되어 있다. 중간주파수 표준 간격 코일은 그림 5-11과 같이 코일 단면이 대략 1.52 mm(폭) × 1.52 mm(두께)이고 두 코일 사이 간격이 약 1.52 mm, 코일 동선의 직경은 약 0.15 mm이다. 중간주파수 표준 간격 보빈 코일은 일반적으로 튜브 내경(ID) 측으로부터 튜브 외경(OD) 측 표면까지 투과할 수 있는 주파수 범위를 제공하는 다목적 탐촉자로서 범용으로 많이 사용된다. 그러나 중간주파수 표준 간격 보빈 코일 탐촉자의 넓은 투과 범위로 인해 전반적인 결함 검출 능력이 제한되는 경향이 있다. 그 결과 큰 와전류장의 평균화 효과로 인해 작은 외경(OD) 측 시작 결함의 검출이 어려운 단점이 있다.

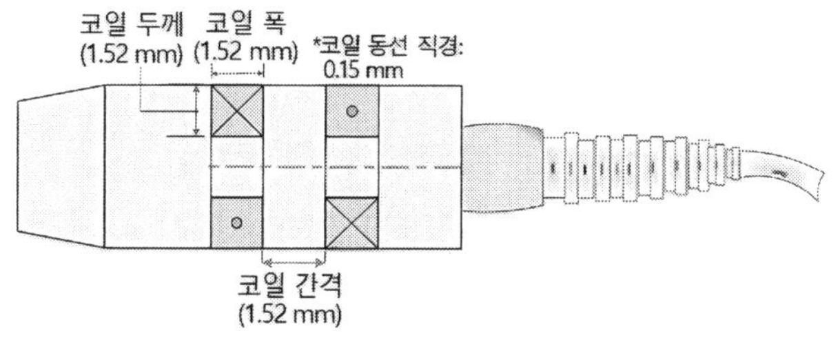


그림 5-11  보빈 코일 탐촉자 형상(중간주파수)

② 표준 간격 고주파수 보빈 코일(high-frequency standard-groove bobbin coil)

고주파수 표준 간격 보빈 코일은 중간주파수 표준 간격 코일과 코일의 형상이 동일하고 검사 주파수는 더 높게 그리고 코일 동선의 두께는 그림 5-12와 같이 0.08 mm로 더 작은 직경을 적용한다. 마찬가지로 절대 및 차동 검사 모드에서 운전이 가능한 두 개의 차동 권선 코일이 포함되어 있다. 또한 고주파수 표준 간격 코일은 코일 단면이 대략 1.52 mm(폭) × 1.52 mm(두께)이고 두 코일 사이 간격이 약 1.52 mm, 코일 동선의 직경은 약 0.08 mm이다. 고주파수 표준 간격 코일은 중간 주파수 탐촉자보다 더 높은 주파수 범위에서 운전되므로 튜브 내벽에 더 집중되고 튜브의 외경(OD) 측에 덜 민감한 와전류장이 생성된다. 결과적으로 고주파수 표준 간격 보빈 코일은 중간주파수 표준 간격 보빈 코일보다 작은 외경(OD) 측 시작 균열에 대해 더 우수한 검출 능력을 제공할 수 있다.

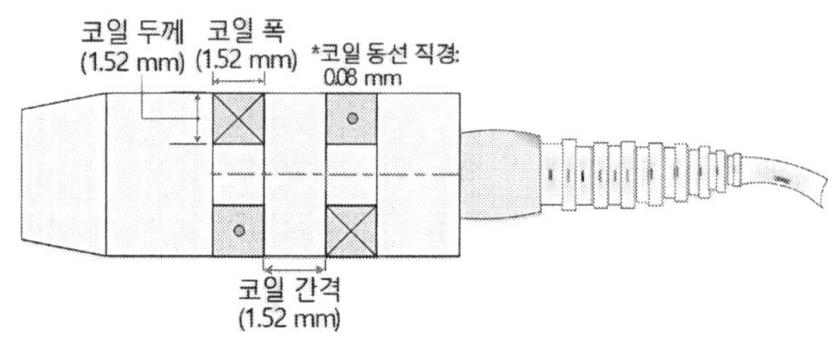


그림 5-12  보빈 코일 탐촉자 형상(고주파수)

③ 좁은 간격 고주파수 보빈 코일(high-frequency narrow-grove bobbin coil)

고주파수 좁은 간격 보빈 코일은 위에서 설명한 코일과 동일하게 절대 및 차동 검사 모드에서 운전이 가능한 두 개의 차동 권선 코일이 포함되어 있다. 또한 고주파수 좁은 간격 코일은 그림 5-13과 같이 코일 단면이 대략 0.76 mm(폭) × 1.52 mm(두께)으로 코일 폭이 표준 간격보다 좁다. 두 코일 사이 간격은 약 1.52 mm, 코일 동선의 직경은 약 0.08 mm이다. 고주파수 좁은 간격 코일은 일반적으로 더 높은 주파수 범위에서 운전되며 튜브 벽에 더 많이 집중되는 와전류장을 제공한다. 결과적으로 고주파수 좁은 간격 코일은 중간주파수 및 고주파수 표준 간격 보빈 코일보다 외경(OD) 시작 작은 균열에 대해 더 우수한 검출 능력을 제공할 수 있다. 이 코일은 코일 권선수가 더 적고 더 높은 주파수에서 성능이 우수하다. 하지만 찌그러짐(dent)과 탐촉자 떨림과 같은 잡음으로부터 발생하는 신호 진폭이 주파수가 커질수록 더욱 크게 된다. 이에 따라 전체적인 신호 대 잡음 비를 개선하기 위해서 1차 운전 주파수에 추가하여 2차 주파수를 적용하는 것이 좋다.

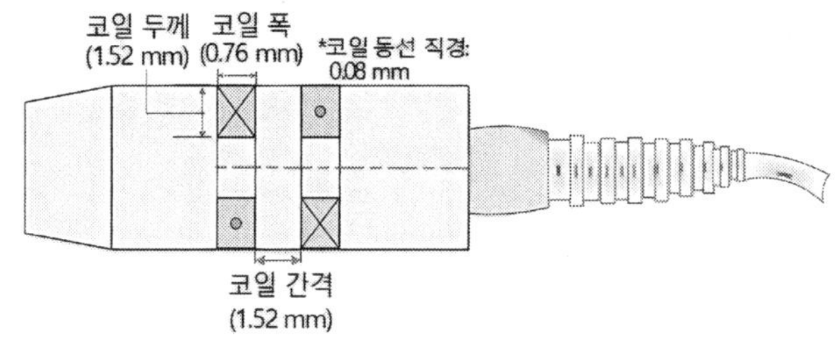


그림 5-13  보빈 코일 탐촉자 형상(고주파수)

### (3) 송신/수신 코일(send-receiver coils 또는 driver/pickup coils)

송신/수신 코일 탐촉자는 적용 목적에 따라 매우 다양한 구성을 가질 수 있으며, 한 개의 구동 코일에 하나 또는 두 개 수신 코일이 별도로 연결될 수 있다(그림 5-14(a) 참조). 한 개 수신 코일을 가진 탐촉자를 절대 송수신 탐촉자라고 하고, 두 개의 수신 코일을 가진 탐촉자를 차동 송수신 탐촉자라고 한다. 송신/수신 코일 탐촉자는 일반적으로 더 우수한 신호 대 잡음 수준을 제공하지만 제작이 더 어렵기 때문에 탐촉자가 다소 고가이다.

그림 5-14에서와 같이 코일 하우징 내에 두 개의 코일 뭉치가 장착되며 두 코일은 재료의 동일한 면을 향하도록 배치된다. 그림 5-14(b)에서 바깥쪽의 크기가 더 큰 코일은 안쪽의 작은 코일과 쌍을 이루는 송신기이고 안쪽 코일은 수신기이다. 바깥쪽 코일은 재료에 와전류를 유도하고 안쪽 코일은 변조된 자기장을 수신한다. 와전류에 의해 생성된 2차 자기장은 재료에 근접해있는 안쪽 코일에 전압을 유도하여 브리지 회로의 평형이 깨지고 이에 따라 신호가 발생한다. 온도 변화에 따른 잡음 신호가 발생하지 않는 장점이 있으며 저주파수에서 우수한 성능을 나타내며 광대역 주파수 범위에서 작동이 가능하다.

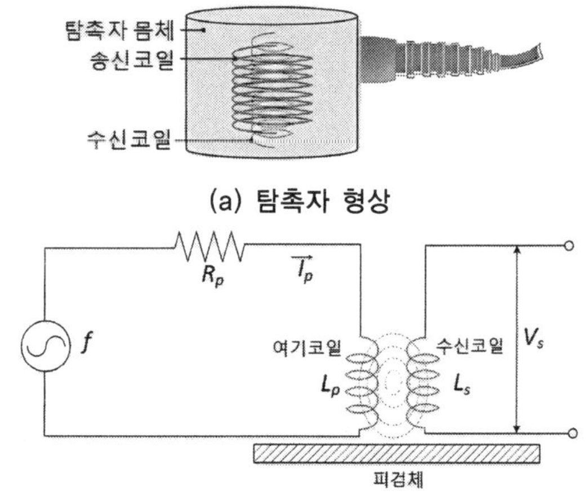


(a) 탐촉자 형상



(b) 송수신 코일 회로 구성

그림 5-14  송수신형 코일 탐촉자

## 5.2 검사 주파수 설정

와전류검사에서 검사 주파수는 검사자가 제어할 수 있는 유일한 변수이다. 일반적으로 검사 대상 재료가 정해지면 재료의 물성과 형상은 검사자가 변경하는 것이 어렵기 때문에 우선 적용 탐촉자와 주파수를 설정하고 이에 따라 다른 검사변수를 선정한다.

적합한 검사 주파수의 선정은 적용하고자 하는 검사 형태에 따라 결정된다. 즉, 재료의 직경 변화를 검사하기 위해서는 고주파수에서 충전율 변화에 최대 응답이 생성되어 직경 변화 신호와 구분이 잘 이루어져야 한다. 또한 결함을 검출하려면 결함 위치까지 와전류가 침투해야 한다. 즉, 표면에 위치한 결함은 표면직하 결함보다 더 높은 주파수에서 검출된다. 침투 깊이를 최대로 깊게 하기 위해서는 저주파수를 사용해야 하나, 이 주파수에서는 재료 특성 변화에 의한 무관련 신호와 결함에 의한 관련 신호가 확실하게 분리되어 구별이 가능해야 한다. 와전류 검사의 신뢰도와 정확도를 얻기 위해서는 다음과 같은 변수를 고려하여 검사 주파수를 선정하는 것이 좋다.

- 와전류 침투 깊이
- 깊이에 따른 위상 지연
- 임피던스 선도 상의 운전점
- 코일의 인덕턴스
- 탐촉자 코일과 케이블 사이의 공진 주파수

### 5.2.1 열교환기 튜브의 검사 주파수[7]

열교환기 튜브 결함 검사를 위한 중요한 전제 조건은 ① 결함 신호와 다른 지시 사이의 분리가 잘 이루어져야 하고, ② 튜브 내·외경 측 결함 신호 사이의 분별력이 좋아야 한다. 열교환기 튜브의 와전류검사에는 일반적으로 최소 4개 주파수 이상의 다중 주파수를 적용한다. 일반적으로 4개 채널에서 차동 모드 4개의 주파수 신호를 나타나고 추가로 4개 채널로 절대 모드 4개의 주파수 신호를 나타낸다. 와전류검사에서 검사 주파수는 일반적으로 튜브 벽두께와 같은 한 표준 침투 깊이 이상의 와전류 침투 깊이를 제공해야 하며, 이것은 다음 식으로 나타낼 수 있다.

$$f_S = K \frac{\rho}{t^2}$$

(5-1)

여기에서 $f_S$ = 한 준침투깊이에 해당하는 주파수(kHz), $\rho$ = 비저항($\mu\Omega\cdot$cm), $t$ = 튜브 벽두께 (mm 또는 in.), $K$ = 상수(mm 단위를 사용할 때 2.5, inch 단위를 사용할 때 0.0039)이다.

그러나 실제적인 검사는 최적 주파수($f_o$), 검출 주파수($f_{90}$)와 추가로 2개의 저주파수를 사용하며, 이 같은 4개 주파수는 아래와 같이 요약할 수 있다.

- 최적 주파수($f_o$): 채널 1 차동 신호 및 채널 2 절대 신호
- 검출 주파수($f_{90}$): 채널 3 차동 신호 및 채널 4 절대 신호
- 중간 주파수($f_o/4$): 채널 5 차동 신호 및 채널 6 절대 신호
- 저주파수($f_o/8$): 채널 7 차동 신호 및 채널 8 절대 신호

## (1) 최적 주파수($f_o$)

최적 주파수($f_o$)는 위상각에 기초한 와전류 신호 분석에 사용되며, 이 주파수에서는 교정 표준시험편의 벽두께 100 % 관통구멍(TWH) 신호와 튜브 외경(OD) 측 벽두께 깊이 20 %인 4개의 평저공(FBH) 신호 사이의 위상각이 최소 90° 이상 분리되어야 한다. 이 최적 주파수($f_o$) 의 위상각 분리를 그림에 나타내었다.

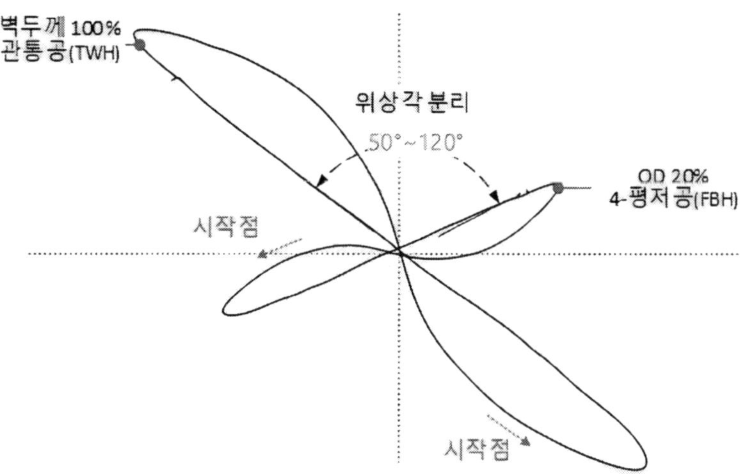



그림 5-15  100 % 벽두께 관통공(TWH)과 튜브 외경(OD) 측 벽두께 깊이 20 % 4개의 평저공 사이 50° ~90°  위상각 분리를 나타내는 최적 주파수($f_o$)

최적 주파수($f_o$)는 다음 식으로 나타낸다.

$$f_o = K\,\frac{\rho}{t^2} \tag{5-2}$$

여기에서 $f_o$ = 최적 주파수(kHz), $K$ = 상수(mm 단위를 사용할 때 6.45, inch 단위를 사용할 때 0.01), $\rho$ = 비저항($\mu\Omega\cdot$cm), $t$ = 튜브 벽두께(in. 또는 mm)이다.


### (2) 검출 주파수($f_{90}$)

검출 주파수($f_{90}$)는 위상각에 기초한 신호 분석에 사용되며, 이 주파수는 교정시험편의 튜브 내경(ID) 측 360° 벽두께 깊이 10 % 그루브(홈) 신호와 튜브 외경(OD) 측 벽두께 깊이 20 % 4개의 평저공(FBH) 신호 사이의 위상각이 90° 분리된다.

검출 주파수($f_{90}$)는 튜브 결함 검출 외에도 특정 손상 기구의 크기(깊이)를 측정하기 위해 사용하며, 유관 신호의 진위 여부 확인을 위한 도구로도 사용된다. 검출 주파수($f_{90}$)의 위상각 분리를 그림 5-16에 나타내었다.

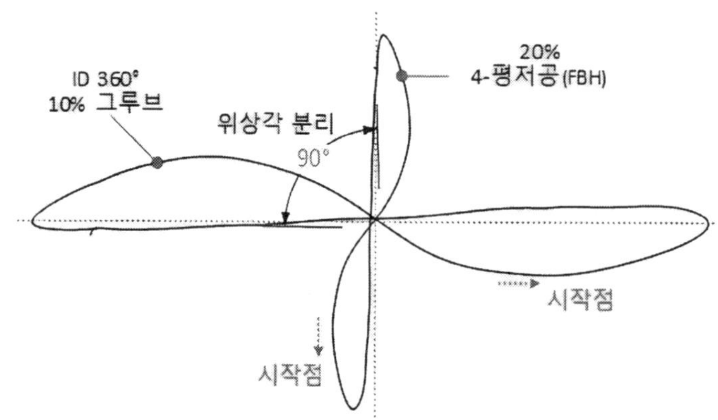


그림 5-16    튜브 내경(ID) 측 360° 벽두께 깊이 10 % 홈(그루브) 신호와
튜브 외경(OD) 측 벽두께 깊이 20 % 4개의 평저공(FBH) 신
호 사이 90° 위상각 분리를 나타내는 검출 주파수($f_{90}$)

검출 주파수($f_{90}$)는 다음 식으로 나타낸다.

$$f_{90} = K\,\frac{\rho}{t^2} \tag{5-3}$$

여기에서 $f_{90}$ = 검출 주파수(kHz), $\rho$ = 비저항($\mu\Omega\cdot$cm), $t$ = 튜브 벽두께(mm 또는 in.), $K$는 상수(mm 단위를 사용할 때 3, inch 단위를 사용할 때 0.0047)이다.

검출 주파수($f_{90}$)는 보빈 코일과 관통 코일 모두에 적용할 수 있고 대략 튜브 직경 영향으로부터 독립적이다. 검출 주파수($f_{90}$)에서는 내부 및 외부 결함에 대한 우수한 감도를 나타내고, 마그네타이트 침전물과 자성체 지지판에 대한 감도가 작게 발생한다.

### (3) 중간 저주파수($f_o/4$)

열교환기 튜브의 와전류검사의 경우 일반적으로 최적 주파수($f_o$)와 검출 주파수($f_{90}$)에 추가하여 2개의 주파수를 더 적용한다. 저주파수($f_o/4$)는 최적 주파수($f_o$)의 약 1/4 정도의 중간 주파수로서 튜브 관판(tubesheet), 튜브 지지판과 같은 외부 구조물 신호를 최소화하거나 소거하기 위해 최적 주파수($f_o$)와 혼합(mixing)하여 사용한다. 최적의 와전류검사 결과를 얻기 위해서 일반적으로 최대 4개 주파수와 8개 채널이 사용된다. 이 같은 다중 주파수는 검출 지시의 유관 상태와 무관 상태를 구분하는 데 매우 유용하다.

### (4) 저주파수($f_o/8$)

저주파수($f_o/8$)는 최적 주파수($f_o$)의 약 1/8 정도로서 약 5 kHz~50 kHz 정도 더 낮은 주파수이며, 튜브 재료 형태와 벽두께에 따라 달라진다. 이 주파수는 주로 튜브 외경 측 퇴적물 및 다른 비 결함 신호로부터 결함 신호를 구분하고 확인하기 위해 사용된다. 어떤 재료의 경우 이같이 낮은 주파수는 체적성 결함 크기를 측정하기 위해 사용된다.

비자성체 열교환기 튜브에 적용되고 있는 일반적인 와전류검사 기법은 주로 인코넬, 구리, 타이타늄, 알루미늄 합금 등과 같은 비자성 재료에 적용하지만, 탄소강, 페라이트계 스테인리스강, 모넬 400 계열 등의 강자성 재료에는 적용이 어렵다. 재래식 와전류검사 기법의 적용이 어려운 강자성 재료에 적용이 가능한 전자기검사 기법은 누설자속(MFL[7]), 원격장(RFT[8]), 자기편향(MB[9]), 펄스 와전류검사(PEC[10]), 교류 자기장 측정(ACFM[11]) 기법과 같은 특수 와전류검사 기법이 있다. 이러한 특수 전자기검사 기법은 아래와 같은 기준에 따라 분류할 수 있으며, 각 기법의 특징은 아래와 같다.

- 재료 검사에 사용되는 에너지원
- 검사 재료와 상호작용에 의해 발생하는 신호 특성
- 신호 검출 방법
- 신호 분석 기준

## 5.3.1 누설자속 기법(magnetic flux leakage technique; MFL)

이 기법은 역사가 오래된 전자기 비파괴 기법의 하나로서 초기에는 주로 석유산업의 자성체 튜브 검사에 적용되었다. 적용 방법이 단순하고 불연속 및 재질 불균일성에 의하여 왜곡되어 누설하는 자기장을 검출하여 검사한다. 유도 코일 또는 홀센서(Hall effect sensor)에 감지된 신호는 보통 필터 및 증폭되어 스트립 차트로 나타낸다. 알고 있는 결함 방향에 따라 필요한 자기장 즉 원주 방향 또는 축 방향 자기장을 선택하여 적용한다. 원주 방향 코일을 사용할 때 원주 방향 결함을 검출하기 위해서 축 방향 자화를 유도한다. 이와 유사하게 축 방향 결함은 직선형 유도체에 의해 유도된 원주 방향 자기장에 의해 검출된다. 누설자속 기법의 특징은 표 5-3과 같다.

---

7) MFL: magnetic flux leakage
8) RFT: remote-field testing
9) MB: magnetically biased
10) PEC: pulsed eddy current
11) ACFM: alternating current field measurement

표 5-3  누설자속 기법

| 검사 방법 | • 영구자석을 사용하여 튜브 자화<br>• 누설자속은 표면/표면직하 결함의 존재를 의미 |
|---|---|
| 원리 | • 에너지원: 튜브를 자화하기 위해 영구자석 사용<br>• 신호 특성: 수직 또는 접선 방향 자기장의 교란<br>• 검출 방법: 유도 코일 및 홀센서(Hall effect sensor)<br>• 분석 방법: 신호 진폭 및 특성 분석 |
| 적용 | • 검사 재료: 탄소강 및 페라이트 스테인리스강을 포함한 강자성 튜브<br>• 결함 형태: 체적/평면 결함, 튜브 벽두께, 성분 변화, 튜브 지지판 하부 결함 검출 우수 |
| 제한<br>사항 | • (감도)<br>• 영구자석의 적용 치수 제한으로 최적 결함 검출에 필요한 자화력 부족<br>• 축 방향 결함 감도가 불량<br>• 유도 신호가 탐촉자 이동 속도에 따라 결정됨<br>• (분석 제한)<br>• 튜브 내경 측/외경 측 결함의 구분이 어려움<br>• 결함 깊이 추정은 진폭 기준 분석법으로 제한됨<br>• 결함 크기 측정은 두께 감육 체적에 의존 |

## ○ 신호 취득(data acquisition)

누설자속 검사 장치의 전체 구성도는 그림 5-17에 제시되어 있다. 이 장치는 2개의 유도 코일과 한 개의 홀센서로 구성된 영구자석 기반의 탐촉자이다. 이와 같은 탐촉자 배치로 검사 데이터를 취득하여 여과 및 증폭하여 화면에 나타낸다. 다른 전자기 검사 기법과는 달리 데이터는 위상각은 포함되지 않고 오직 신호의 진폭만을 포함한다.

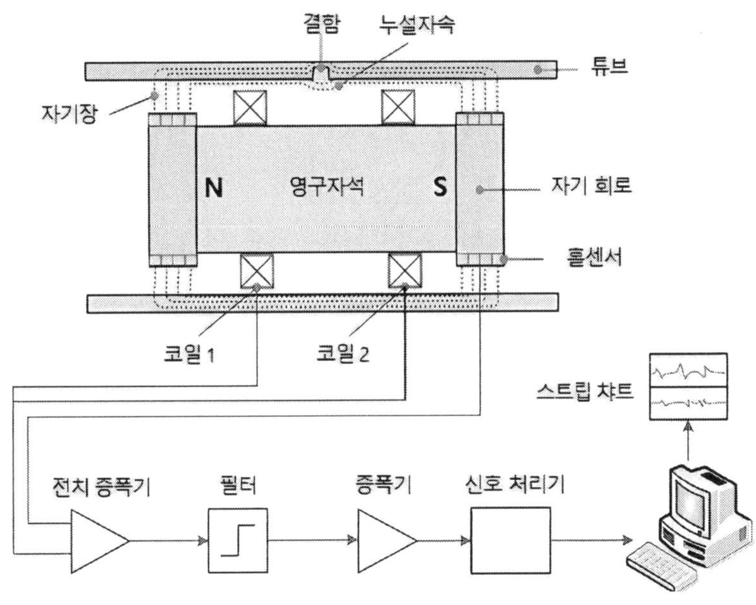


그림 5-17  누설자속(MFL) 검사 장치

신호 취득 속도는 다른 기법과 유사하지만, 탐촉자 속도를 일정하게 유지하는 것이 중요하다. 유도된 신호 진폭은 속도에 따라 달라지며 인출 속도를 빠르게 할수록 증가한다. 이것은 신호 분석에 영향을 미치기 때문에 속도를 일정하게 유지할 수 있는 탐촉자 삽입/인출 장치(pusher-puller)를 사용하는 것이 바람직하다.

탐촉자 내부에 장착되는 영구자석은 탐촉자의 내부 구조의 중심을 구성하며 희토류 재질의 고에너지 자석을 사용하여 강자성 재료를 자화시켜 검사한다. 재료가 일단 자화되면 재료에 존재하는 결함, 불연속 또는 재료의 불균일성에 의해 발생하는 자기장의 왜곡 또는 누설자속을 홀센서로 검출한다. 튜브 벽은 영구자석에 의해서 축 방향으로 자화된다. 그림의 예시된 탐촉자는 원주 방향 균열에 가장 민감하고 축 방향 균열에 둔감하다. 만약 필요한 자기장 강도 얻어지지 않을 때 생성되는 신호 진폭은 최적치보다 작게 된다. 이처럼 포화 구역에 매우 근접하도록 즉 재료의 히스테리스 곡선상의 "무릎" 부근에서 운전하는 것이 필요하다. 영구자석의 물리적인 치수 조건으로 인해 누설자속법은 튜브 내경이 공칭 벽두께의 약 6배 정도인 튜브 검사에 적용이 제한된다. 이러한 기준을 초과하는 튜브 검사는 감도가 감소하게 되는데 특히 튜브 외경 측 결함의 경우 감도가 크게 감소한다.

탐촉자의 출력은 홀센서의 자기장에 비례한다. 출력 신호는 수신된 자기장 방향이 센서 표면에 수직일 때 최대가 되며 적용 자기장이 90° 회전하면 영(0)으로 감소한다. 그림 5-18에 홀센서의 원리를 나타내었다.

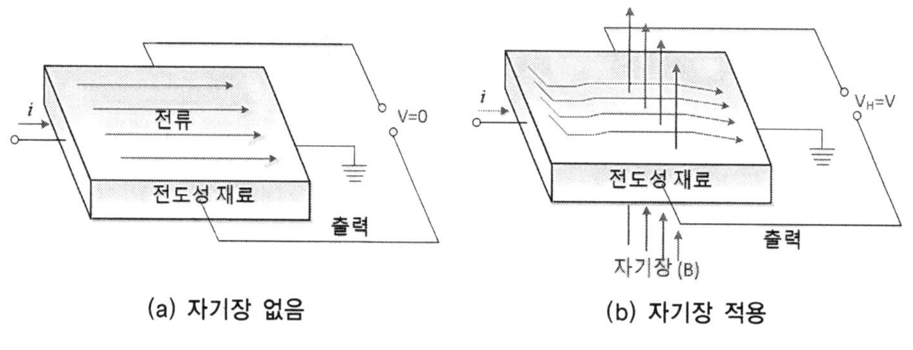


(a) 자기장 없음          (b) 자기장 적용

그림 5-18  **홀센서 원리**

## 5.3.2 원격장 와전류검사(remote-field ET; RFT)

원격장 와전류검사 기법은 초기에는 정유 산업의 소구경 열교환기 튜브 검사에 주로 적용되었다. 이 기법은 1951년 맥클린(W.R. Maclean)에 의해서 처음으로 소개되었지만, 경험적인 것은 캐나다의 슈미트(T.Schmidt)에 의해서 이루어졌다. 기존의 와전류 탐촉자와는 달리 송신 자화 코일의 자기장이 튜브 벽두께를 투과한 후 튜브 외부에서 다시 벽두께를 투과하여 원격장 구역에 위치한 내부 코일에 수신된다. 이 기법의 특징은 상대 투자율이 약 50~100이고 두께가 약 12 mm 정도인 두꺼운 탄소강 튜브에 대한 체적검사를 외부의 편향 자기장이 없는 상태에서 검사할 수 있다. 그림 5-19에 원격장 와전류검사의 기본적인 개념을 나타내었다.

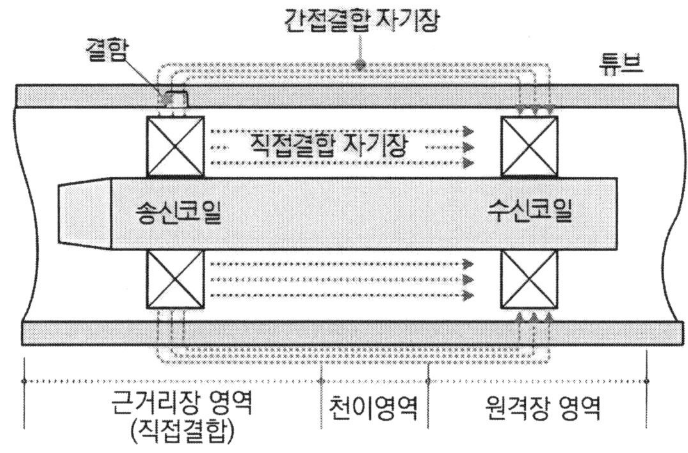


그림 5-19　**원격장 와전류검사 개념도**

원격장 와전류검사 기법의 특징은 아래와 같다.

표 5-4　**원격장 와전류검사 특징**

| 검사 방법 | • 저주파수 와전류를 튜브에 유도. 별도로 분리된 수신 코일에 수신된 신호를 분석하여 결함의 진위 여부 및 잔여 튜브두께 추정 |
|---|---|
| 원리 | • 에너지원: 50 kHz~20 kHz 교류 |
| | • 신호 특성: 튜브 벽관통 및 유도 전류의 교란 |
| | • 검출 방법: 한 개 또는 다중 수신 코일 |
| | • 분석 방법: 위상 지연(송신 코일과 수신 코일 신호 사이의 위상 차) |
| 적용 | • 검사 튜브 재료: 탄소강, 모넬(Monel), 페라이트(ferrite) 스테인리스강 포함 모든 강자성 및 저합금강 튜브 |
| | • 검사 결함 형태: 체적/평면 결함, 튜브 벽두께, 투자율/전기전도도 변화, 열처리 상태 |
| 제한 사항 | • 감도: 튜브 관판/튜브 지지판 하부의 결함 검출 감도가 제한 |
| | • 분석 제한: 결함 크기 측정 시 튜브 관판/튜브 지지판 및 투자율 변화의 영향을 받음<br>• 위상 지연 분석법은 결함체적에 더욱 의존 |

원격장 와전류검사는 그림 5-20과 같이 여기 송신 코일로부터 튜브 직경의 약 3~4배 거리에 있는 수신 코일에 측정할 수 있는 신호를 유도하기 위해서 저주파수의 여기 자기장을 적용한다. 이 같은 코일 배치로 두 가지 원격 자기장 성분이 발생한다. 즉, 하나는 튜브 내경(ID) 측에 위치하고 여기 송신 코일로부터 떨어진 거리에 따라 지수함수적으로 감소하는 근거리장 또는 직접 결합 영역이다. 다른 하나는 여기 송신코일 근처 튜브 벽을 투과하여 튜브 외경(OD) 측 표면을 따라 확산한 후 다시 튜브를 통과하여 내부 수신코일 근처의 튜브 내경 표면으로 확산되는 원격장 또는 간접 결합 영역이다. 이들 두 영역 사이는 근거리장 및 원격장 두 성분의 방향이 반대이고 서로 동일한 천이영역에 해당한다.

송신 코일로부터의 수직 이격 거리에 따라 변화하는 수신 코일 신호의 진폭과 위상 지연이 그림 5-20에 나타나 있다. 기존의 와전류검사와 같이 튜브 내경(ID) 측 신호 진폭은 근거리장 내에서 외경 측 신호보다 더 높게 나타난다. 그러나 원격장 내에서 외경(OD) 측 신호 진폭은 내경(ID) 측 신호를 초과하여 크게 나타나며, 근거리장과 원거리장 사이의 천이 구역에서 위상 이 반전된다. 송신 코일을 전도성 또는 자성 재질로 차폐하여 원격장 구역을 튜브 직경에 해당 하는 거리로 감소시킬 수 있다.

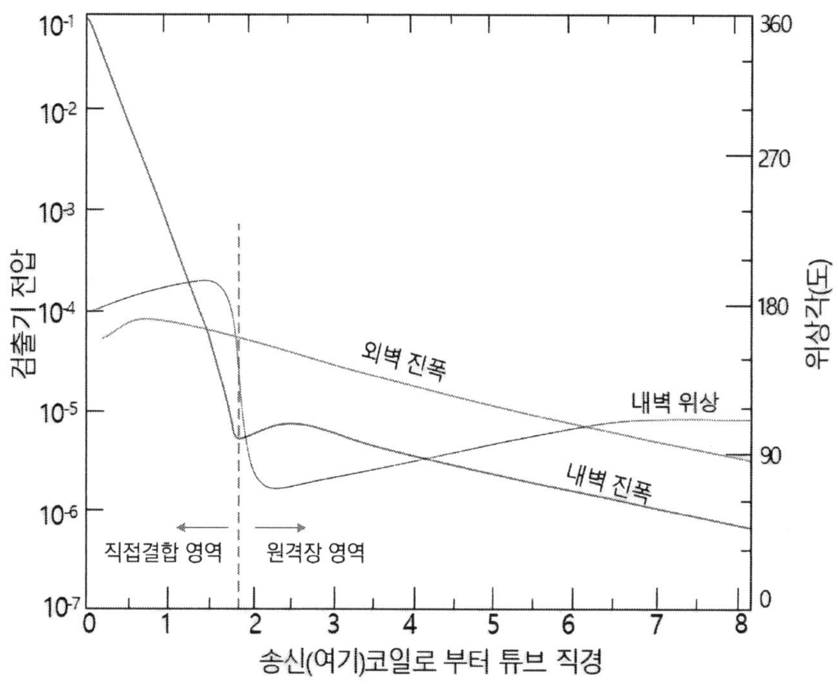


그림 5-20　　원격장 와전류 탐촉자의 수신 코일 진폭 및 위상 대 튜브 직경[6]

송신 코일에서 생성된 원격장 자기장은 내부에서 외부로 튜브 벽을 효과적으로 투과하여 튜브 외부 표면을 흐른 후 튜브 내부로 다시 들어와 수신 코일에 검출된다. 일반적으로 탄소강 튜브의 운전주파수는 튜브 두께에 따라 대략 40 Hz~400 Hz 정도이다. 원격장 와전류검사의 적용은 강자성 재료에 국한되지 않으며 지르코늄 합금을 포함한 비자성체 튜브에도 적용이 가능하다.

원격장 와전류검사의 적용에 대한 여러 가지 제한 사항에 주의해야 한다. 이 중 한 가지는 튜브 관판(tubesheet) 내 또는 튜브 지지판 부위의 결함 검출 능력이 제한되는 것이다. 유도된 와전류 흐름이 관판 등과 같은 튜브 외부 구조물에 의해서 방해를 받게 되어 결함 지시에 대한 검출능이 감소한다. 이와 유사하게 수신 코일이 송신 코일 앞에 위치하고 있을 경우 튜브 지지판 바로 아래에 있는 결함 검출이 어려울 수 있다. 이 같은 현상은 일반적으로 원격장 탐촉자가 한 개의 수신/송신 코일로 구성된 구조일 때 발생한다.

이 같은 문제를 해결하는 방법으로 송수신 코일을 이중으로 사용하여 두 코일 사이에 수신 코일을 배치하는 방법이다. 2개의 수신 코일 중 첫 번째 탐촉자는 튜브 지지판으로부터 멀리 떨어진 결함을 검출하고 다른 하나는 가까이 위치한 결함을 검출한다. 원격장 신호 형성 과정과 함께 측정된 위상각을 관찰할 수 있을 경우 내경(ID) 측 결함과 외경(OD) 측 결함을 구별할 수 있다. 위상각과 신호 형성의 혼합 분석은 하나로 된 절대 수신 코일보다 차동 수신 코일을 사용할 때 더 유리하다.

## ○ 신호 분석(data analysis)

원격장 와전류 신호 분석은 신호의 위상 지연을 결함 깊이와 연관시켜 이루어진다. 신호 진폭으로 변환되는 위상각 지연은 보통 리사주 신호로 나타난다. 크기를 알고 있는 결함이 포함된 표준시험편을 사용하여 진폭(위상 지연) 대비 두께 감육 곡선을 작성한다. 앞에서 설명한 것과 같이 위상 지연은 오직 결함 깊이만 관련되는 것이 아니고 전체 벽두께 감육 체적에 의해서도 영향을 받는다. 신호 분석은 위상각 분석법을 적용하여 얻어진 리사주 신호를 평가한다.

### 5.3.3 자기편향 와전류검사(magnetically biased ET; MBET)

자기편향 와전류검사 기법은 자성 튜브의 벽을 어느 정도까지 자화하기 위해 탐촉자에 내장된 영구자석 또는 전자석을 사용한다. 재료 형태, 공칭 벽두께 및 가능한 자화 수준에 따라 튜브 벽을 완전 포화 또는 부분 포화시킨다. 이 자기장은 튜브 벽에 자속 밀도를 생성하고, 이 자속 밀도는 튜브 벽두께와 투자율이 증가하면 감소하고, 튜브 두께와 투자율이 감소하면 증가한다. 완전 포화 또는 부분 포화 모드에 따라 완전 포화 시는 튜브 벽 감육으로 인한 임피던스 변화를 분석하거나 부분 포화 시는 투자율 변화로 인한 코일 임피던스의 변화를 관찰하여 재료 상태를 평가할 수 있다. 자기편향 와전류검사 기법의 특징은 아래와 같다.

표 5-5  자기편향 와전류검사법의 특징

| 검사 방법 | • 영구자석/전자석을 사용하여 튜브를 부분/완전 포화시킴<br>• 검출되는 투자율 및 전기전도도 변화 등은 표면/표면직하 결함의 존재 및 튜브 두께 변화를 나타냄 |
|---|---|
| 원리 | • 에너지원: 튜브 자화를 위해 영구자석/전자석 사용<br>• 1 kHz~500 kHz 주파수로 국부적으로 전류 유도<br>• 신호 특성: 정적 자기장의 교란<br>• 신호 검출: 유도 코일<br>• 신호 분석: 차동/절대형 신호 진폭 및 위상각 분석 |
| 적용 | • 검사 가능 튜브: 탄소강, 모넬(monel), 페라이트계 스테인리스강을 포함한 거의 모든 강자성체 튜브<br>• 검사 대상 특성(결함): 체적/평면 결함, 튜브 잔여 벽두께, 투자율 변화 및 경도 |
| 제한 사항 | • 감도: 튜브 지지판 하부는 완전포화가 어려움. 부분포화법의 감도는 튜브 두께가 커질수록 감소<br>• 검사 가능 튜브 두께: 2.8 mm~19.1 mm로 제한<br>• 신호 분석 제한: 결함 크기 측정 시 튜브 관판/지지판 및 투자율 변화의 영향을 받음<br>• 결함 크기 측정 정확도: 결함 기구에 따라 차이가 나고 튜브 지지판, 투자율 변화, 자성 퇴적물 등과 같은 외부 변수의 영향을 받음 |

### (1) 완전포화 기법

강자성 재료의 와전류 침투에 영향을 미치는 주요 요인 중 하나는 재료 투자율이다. 투자율 변화로 인한 코일 임피던스 변화는 튜브 벽감육의 영향을 가려버린다. 따라서 투자율 효과를 최소화하지 않으면 결함 검출 신뢰도가 떨어진다. 상대 투자율 값은 보통 10~200까지 다양하며 재료 성분, 냉간 가공 및 열 이력에 따라 달라질 수 있다. 재료의 투자율 변화를 거의 균일하도록 줄일 수 있다면 기존의 와전류검사와 매우 유사하게 된다. 강자성 재료를 완전 포화시켜 투자율 변화를 소거하는 것이 바람직하나 검사 대상 튜브와 탐촉자의 치수 제한으로 인해 크고 강한 영구자석을 설치하는 것이 어렵기 때문에 튜브 재료를 자기적으로 완전하게 포화시키는 것은 어렵다.

검사 대상 튜브 재료의 자화 수준을 확인하는 쉬운 방법의 하나는 표준시험편을 사용하는 방법이다. 즉 크기가 다른 여러 결함의 위상각이 명확하게 관찰되면 적절한 자화 수준에 도달한 것을 의미한다. 표준시험편의 교정 신호가 배경잡음과 구별되지 않을 때는 검사 신뢰도를 높이기 위해 포화 수준이 더 높은 대체 탐촉자 또는 다른 검사 방법(부분 포화)을 사용하는 것이 좋다.

강자성 재료의 완전 포화는 어렵지만 희토류 영구 자석을 사용하여 자기포화에 가깝게 자화시킨다. 그림 5-21은 3개의 자석과 한 개의 절대 검출 코일로 구성된 자기포화 탐촉자이다. 탐촉자 후단의 도넛형 참조 코일의 임피던스는 운전 주파수 범위에서 검사 코일의 임피던스와 일치한다.

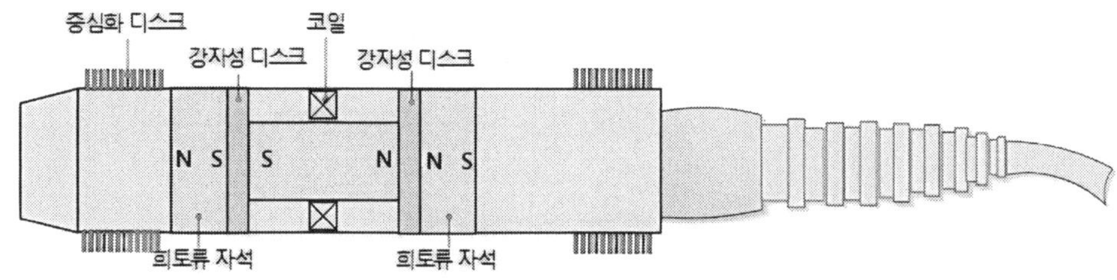


그림 5-21　영구자석 기반의 포화 코일 배치

### (2) 부분포화 기법

이 기법은 희토류 영구자석을 사용하여 튜브 벽을 부분적으로 포화시킨다. 와전류 탐촉자는 절대 또는 차동 모드에서 운전되고 결함 크기 측정을 위해 송수신 코일을 사용할 수 있다. 튜브 벽이 자기적으로 포화되지 않아 자기력(인력)이 약하기 때문에 부분 포화 탐촉자는 튜브를 통해 쉽게 조작할 수 있다. 기존 와전류검사에서와 같게 코일 임피던스 변화를 분석하여 튜브 상태를 평가한다.

튜브 벽이 부분적으로 포화되기 때문에 코일 임피던스 변화는 주로 탐촉자 충전율과 재료 투자율 변화 두 가지 인자의 조합에 의해 영향을 받는다. 튜브 내부 표면의 유도 와전류는 탐촉자 충전율에 민감하지만 코일 임피던스의 주요 변화는 투자율 변화로 인해 발생한다. 코일에 의해 유도된 와전류는 튜브 벽을 투과할 수 없으므로 튜브 벽의 체적 검사는 튜브 벽을 투과하는 영구자석의 정적 자기장에 의해 이루어진다.

### 5.3.4 펄스 와전류검사(pulsed eddy current testing; PEC)

기존의 와전류검사는 정현파 교류를 사용하여 코일을 여기 한다. 검사가 가능한 깊이는 와전류 침투 깊이에 의해 제한되고 침투 깊이는 적용 운전 주파수에 따라 결정된다. 운전주파수가 커지면 침투 깊이는 감소하고 주파수가 감소하면 침투 깊이가 커진다. 즉, 기존의 와전류검사는 침투 깊이로 인해 재료의 표면 및 표면 부근의 균열 검출에 적용이 제한된다. 결함 검출이 가능한 깊이를 증대시키기 위해서 운전 주파수를 낮추어야 한다. 그러나 코일의 유도 전압은 패러데이 법칙에 따라 자기장 변화율인 주파수에 비례하기 때문에 신호 대 잡음 비(SNR)가 감소하여 검출능이 감소한다. 즉 기준의 와전류검사 방식은 매우 좁은 대역폭의 주파수를 사용하는 연속파 방식이다.

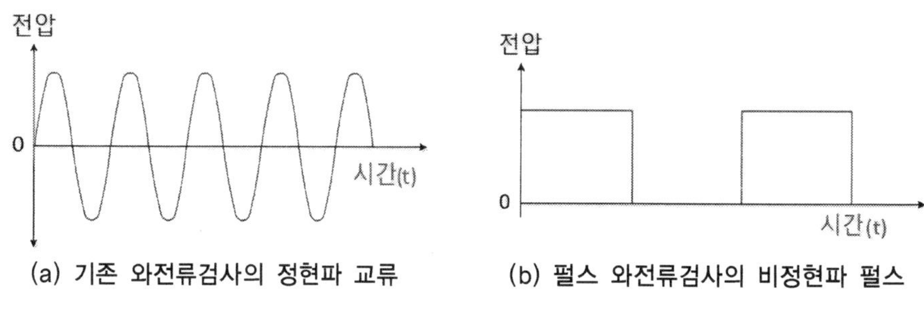



그림 5-22  **와전류검사 코일 여기 파형**

반면에 펄스 와전류검사는 스텝 함수 전압을 사용하여 탐촉자 코일을 여기한다. 스텝 함수 전압의 장점은 하나의 주파수가 아닌 넓은 대역의 주파수 성분을 포함하는 와전류 신호를 만든다는 것이다. 펄스 방식에 의해 여기되는 와전류 신호의 대역폭은 펄스 길이에 반비례한다. 따라서 펄스 길이에 따라 포함되는 주파수 대역 폭이 달라지지만 다중 주파수를 인가하는 것과 비슷한 효과를 얻을 수 있다. 이에 따라 단 한 번의 스텝 펄스로 여러 다른 주파수에 대한 전자기 응답을 측정할 수 있다. 코일의 여기 주파수에 따라 와전류의 침투 깊이가 변하므로 다양한 깊이의 정보를 한 번에 얻을 수 있다. 신호 강도를 시간의 함수로 보는 방식인 시간 영역(time domain)에서 측정하는 경우 코일 근처의 결함이나 기타 특징에 의한 지시 신호가 먼저 나타나고, 더 멀리 떨어진 특징의 신호는 나중에 나타난다. 펄스 와전류검사는 송신 및 수신 코일로 구성된 탐촉자를 사용한다.

펄스 와전류검사는 기존 검사 기술과 마찬가지로 수집된 신호를 쉽게 분석하기 위해 얻어진 신호와 비교하기 위한 교정 표준 신호를 취득한다. 검사 재료의 결함 존재, 전기전도도 및 치수 변화로 인해 나타나는 신호는 교정 표준 신호와 차이가 발생한다. 결함 및 기타 특성이 위치한 거리에 따라 신호가 변하여 시간에 따라 이동하게 된다. 따라서 초음파탐상검사에서와 같이 시간 게이팅 기술을 사용하여 관심 있는 결함 및 특성이 위치한 깊이에 대한 정보를 얻을 수 있다.

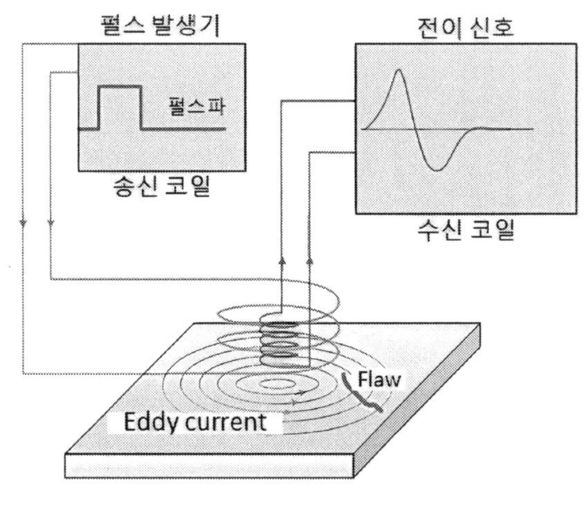


그림 5-23   펄스 와전류검사 원리

## 5.3.5 교류 자기장 측정(alternating current field measurement; ACFM)

ACFM은 여러 재료와 두께를 갖는 코팅 검사 대상체에서 표면 개구 결함을 검출하고 크기를 측정하기 위해 개발된 전자기 비접촉식 비파괴검사 기술이다. 이 검사의 기술적인 기초는 도체 표면 근처의 얇은 표피에 교류를 통전시키는 것이다. 그림 5-24에서와 같이 재료의 결함이 없는 건전부에 균일한 전류가 흐르게 되면 전류는 방해받지 않지만, 표면 개구 균열이 존재할 때 전류는 결함 주변과 그 아래로 흐르게 되어 표면상의 두 가지 자기장이 교란된다.

ACFM은 투자율 변화와 리프트 오프에 상대적으로 민감하지 않으며 탐촉자 접촉에 의존하지 않기 때문에 다양한 두께와 재질의 코팅을 투과시켜 검사하는 데 적용할 수 있다.

ACFM 탐촉자는 재료에 균일한 전류를 유도하는 솔레노이드 모양의 큰 코일과 자기장 교란을 측정하는 소형 검출기 또는 센서로 구성된다. 표면에 가깝게 위치한 별도의 검출 코일은 이 전류에 의해 생성되는 자기장의 두 가지 성분을 측정한다.

이 같은 자기장 성분의 교란은 표면 개구 결함을 검출하기 위해 사용되며, 수학적 모델을 사용하여 길이와 깊이를 측정한다. 전류는 예상되는 균열 방향에 수직으로 정렬되어 자기장의 두 가지 성분을 측정한다. 입력 자기장 및 예상되는 결함 방향에 평행한 자기장($B_x$)는 재료 표면 전류밀도의 변화에 반응하여 깊이를 나타내고, 표면에 수직인 자기장($B_z$)은 전류 생성극으로 인한 결함의 양쪽 끝에서 음수 및 양수 반응을 나타내므로 길이를 나타낸다.

수학적 모델에서 균일한 입력 자기장을 사용하여 수학적 모델링을 단순화하여 균열 크기의 함수로서 자기장의 예측 교란을 모델링한다. 이론적으로 예측된 자기장 교란과 측정된 자기장 교란 사이에 상관관계를 유도하여 자기장 교란을 정량적으로 측정하고 이것을 결함의 크기를 추정한다.

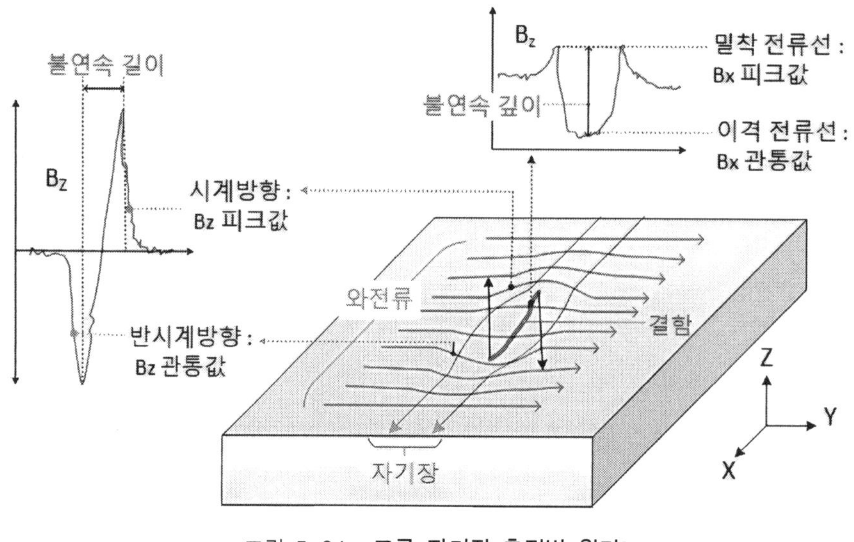


그림 5-24  교류 자기장 측정법 원리[1]

## 5.3.6 주파수 스위프 와전류검사(frequency sweeping ET; F-SECT)

주파수 스위프 와전류검사 기술은 단지 몇 개의 단일 주파수에서 자료를 수집하는 기존의 검사와는 달리 광범위한 주파수 범위에서 주파수를 스위핑하여 와전류 자료를 수집한다. 보통 임피던스 분석기와 같은 특수 장비를 사용하여 일정 범위의 주파수 범위에 걸쳐 자동으로 자료를 수집한다. 스위핑 주파수 기술은 일반적으로 기존의 와전류검사에 비해 조금은 어렵고 시간이 많이 소요된다. F-SECT 검사의 장점은 와전류 침투 깊이가 주파수의 함수로 변하기 때문에 깊이 정보를 얻을 수 있다는 것이다.

F-SECT 검사는 전도성 기저 금속의 전도성 코팅 두께 측정, 표면 코팅의 결함과 기저 금속의 결함 구별, 여러 코팅 층의 결함을 구별하기 위한 적용 분야에 매우 유용하다. 한 예로 항공기 동체 적층 구조물의 검사에서 F-SECT 검사를 적용하여 외부 적층, 내부 적층 또는 이중 적층에 균열이 발생했는지를 구별할 수 있다. 그림 5-25는 F-SECT 검사에서 얻을 수 있는 데이터의 예시를 나타낸 것이다.

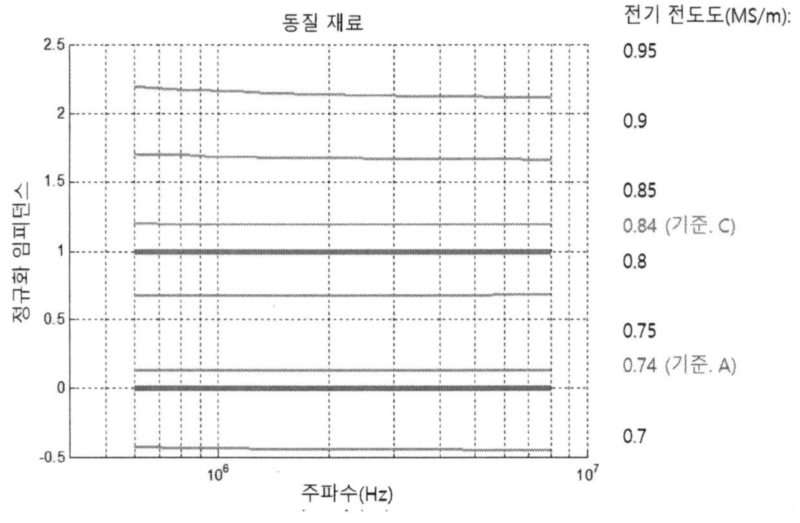


그림 5-25    F-SECT 측정 데이터 예시

## 5.3.7 자기 카메라 검사(magnetic camera)

기존의 와전류검사는 코일을 이용하여 결함을 검출한다. 즉, 교류전류가 인가된 코일을 시험편에 근접하면 시험편에 유도전류가 발생한다. 결함이 없는 건전부에서 생성된 균일한 유도전류는 결함이 있는 곳에서는 왜곡이 발생한다. 이러한 유도전류의 왜곡은 코일 주변의 시변 자속밀도 분포를 변화시키고, 결과적으로 코일에 발생하는 기전력이 변화된다. 한편 코일에 의하여 발생하는 기전력은 식 (5-4)의 패러데이-렌츠의 법칙에 의하여 표현할 수 있다. 즉,

$$V_{emf} = -N\frac{d\Phi}{dt} = -N\frac{d}{dt}\int_S B ds = -N\int_S \frac{dB}{dt} ds \tag{5-4}$$

여기에서, N, $\Phi$, dB/dt, s는 각각 코일의 권선수, 코일을 통과하는 총자속, 시변 자속밀도, 코일의 면적을 나타낸다. 즉, 많은 권선수, 높은 주파수 및 넓은 코일 면적에 의하여 보다 큰 신호가 얻어지며, 결과적으로 결함 검출능이 향상된다. 하지만, 고속으로 와전류 분포를 측정하는 와전류검사에서는 코일 센서의 조밀한 배열이 필수적이지만, 권선수 및 코일면적의 증가는 공간분해능이 저하되는 원인이 된다. 따라서 보다 많은 권선수 및 넓은 코일의 면적은 와전류검사의 결함 검출능을 저하할 수 있다. 한편 전자기적 간섭을 최소화하기 위해서는 센서와 센서의 간격을 이격시켜야 하며, 결과적으로 공간분해능이 저하된다. 전자기적 간섭을 최소화하기 위한 또 다른 방법으로는 센서를 조밀하게 배열한 후, 센서를 차례로 구동시키는 방법이 있다.

하지만, 이러한 경우에는 모든 센서를 동시에 구동하는 것에 비하여 스캔 속도가 저하된다는 단점이 있다.

한편 상기 식 (5-4)는 코일과 검사 대상체의 상대적인 위치가 고정되어 있을 경우를 가정한 것이다. 따라서 고리형으로 배열된 코일 센서가 열교환기 튜브의 축 방향으로 기계식 스캔하여 상대적인 위치가 변화할 때 식 (5-4)는 다음과 같이 수정되어야 한다.

$$
\begin{aligned}
V_{emf} &= -N\frac{d(\Phi_1 + \Phi_2)}{dt} = -N\left\{\frac{d}{dt}\int_S B ds\right\} \pm N v(t) \\
&= -N\int_S \frac{dB}{dt} ds \pm N v(t)
\end{aligned}
\tag{5-5}
$$

여기에서, $\Phi_1$, $\Phi_2$, $v(t)$는 각각 유도전류에 의한 총자속, 자화영역에서 발생하는 총자속 및 기계식 스캔 속도를 나타낸다. ± 기호는 검사 대상체의 국부적인 자화($M$)의 방향을 나타낸다. 즉, 스캔 속도가 빠를수록 $\delta$-ferrite 조직, 강자성 이물질 및 튜브 지지판(TSP)과 같은 고투자율 재질에 의한 바이어스 기전력이 발생한다. 그리고 해당 기전력은 자화의 방향에 따라 양의 값 또는 음의 값을 가질 수 있다. 따라서 결함이 아닌 곳에서 결함으로 인식하거나, 오히려 큰 신호의 경우에는 결함이 없는 것으로 오판할 수 있다.

그림 5-26에 제시된 열교환기 튜브 검사용 자기 카메라는 전술한 기존 와전류검사의 제한적 정량평가, 검사 속도의 제약, 공간분해능 저하 등에 대한 해결책으로 개발되었다. 자기카메라는 금속성 검사 대상체에 정자기장($H$) 또는 자기장의 변화율($dH/dt$)를 인가하여 결함 주변에서 발생하는 누설 자속밀도($B$) 또는 유도된 전류밀도($J$)의 변화에 의한 자속밀도($B$) 분포의 변화 를 조밀하게 배열된 자기센서에 의하여 측정한다. 또한 자속밀도의 분포를 해석하여 결함 유무, 위치 및 크기를 판정한다. 따라서 자기카메라는 자분탐상검사법, 누설자속탐상검사법과 같은 자기 기반의 검사법은 물론 와전류검사로도 분류될 수 있다. 특히, 전열관 검사용 자기카메라는 자기장의 변화율($dH/dt$)을 인가하여 결함 주변에서 발생하는 유도된 전류밀도($J$)의 변화에 의한 자속밀도($B$) 분포의 변화를 실린더형으로 조밀하게 배열된 자기센서에 의하여 측정한다.

전열관 검사용 자기 카메라의 신호처리 회로는 스위칭 회로, 고대역 통과 필터, 저대역 통과 필터, 전치 증폭 회로, 프로그램에 의한 게인 증폭회로, 위상 지연 회로, 승산회로, 적분회로 및 AD 변환기로 구성된다. 여기 코일과 홀센서의 출력은 바이어스 출력값을 제거하기 위한 고대역 통과 필터를 통과한 후, 전단 증폭된다. 센서 출력을 2개로 나누고, 여기 전류의 파형에 0°와 90°의 위상이 지연된 펄스파를 각각 곱한 후 적분하여 각각 X값과 Y값으로 출력한다. X값과 Y값은 식 (5-9) a, b, c 및 d에 의하여 임피던스와 위상차로 환산할 수 있다.

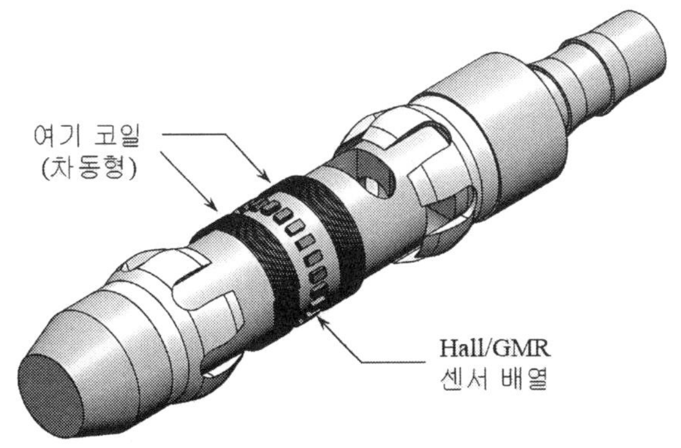


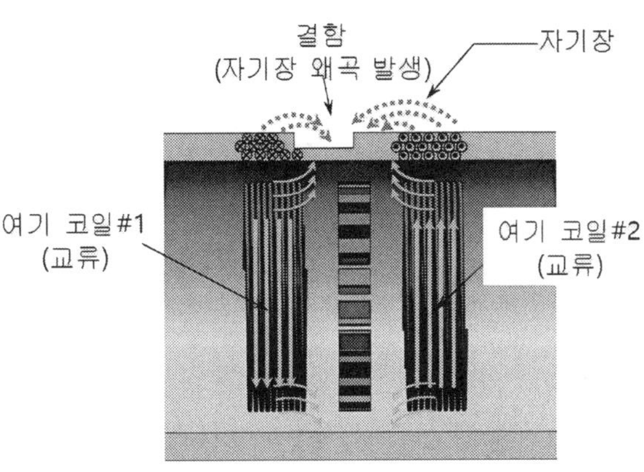


그림 5-26  **자기카메라 여기코일/센서 배치 및 형상**

$$X = R\cos(\omega t + \psi) \tag{5-6a}$$

$$Y = R\sin(\omega t + \psi) \tag{5-6b}$$

$$R - \sqrt{X^2 + Y^2} \tag{5-6c}$$

$$\psi = \tan^{-1}\frac{Y}{X} - \omega t \tag{5-6d}$$

전열관 검사용 자기 카메라의 특징적인 것 중의 하나가 센서의 개수이다. X-probe와 같은 코일 배열형 ECT에서는 10~20개의 센서가 고리형으로 배열되지만, 열교환기 튜브 검사용 자기 카메라에서는 원주 방향뿐 아니라 축 방향으로도 센서를 행렬 형태로 배열한다. 이러한 구조에서는 두 가지 모드, 즉 기계식 스캔모드와 전자식 스캔 모드로 구동할 수 있다. 기계식 스캔모드는 자기 카메라의 센서부를 축방향으로 스캔하면서 연속적인 교류 자기장의 분포를 측정하는 것이다. 또한 전자식 스캔모드는 센서부를 특정 영역에 고정한 상태에서 각 센서를 순차적으로 스위칭하여 교류 자기장의 분포를 측정하는 것이다. 따라서 기계식 스캔모드는 X-probe와 같이 연속된 와전류 분포의 측정, 전자식 스캔모드는 MRPC와 같이 특정 영역에서의 와전류 분포를 측정할 때 선택적으로 사용할 수 있다. 협폭 보빈 코일에 의하여 유도된 전류가 결함 주변에서 왜곡되는 자속 밀도를 관통형 배열 홀센서에 의하여 측정하여 연속된 자속밀도분포를 측정한다. 이러한 측정과정은 기계식 스캔모드에서 이루어지며, 결함의 유무 및 위치를 알 수 있다. 그리고 결함 영역에 행렬(matrix) 형태의 자기센서를 위치시킨 후, 모든 센서를 구동하여 실시간 시변자속밀도분포를 측정한다. 즉, 기계적인 이송 없이 전자식 스캔에 의하여 주파수에 따른 시변자속밀도의 진폭 및 위상차 분포를 실시간으로 측정할 수 있다. 이러한 구조에서는 상술한 식 (5-8)의 패러데이/렌츠(Faraday/Lenz)의 법칙에서 델타 페라이트($\delta$-ferrite) 조직, 강자성 이물질 및 튜브 지지판(TSP)과 같은 고투자율 재질에 의한 바이어스 기전력의 영향을 최소화할 수 있다.

### 5.4.1 열교환기 튜브 검사

열교환기는 발전소, 석유·화학 설비, 선박 및 제조 산업 설비를 구성하는 중요 기기로서 설비 계통의 안정적인 운전을 보장하기 위해 주기적으로 비파괴검사를 수행하여 건전성을 확인하고 있다. 열교환기 튜브는 튜브의 팽창 및 수축을 포함한 튜브 내부를 흐르는 냉각 유체의 압력으로 인해 높은 응력을 받을 수 있으며, 튜브 내외부와 접촉하는 유체에 포함된 화학제에 기인한 부식이 일어날 수 있다. 이로 인해 열교환기 튜브 내외부에 균열, 공식, 마모 등의 결함이 발생할 수 있으므로 비파괴검사를 수행하여 건전성을 확인하고 있다.

이 같은 열교환기 튜브의 비파괴검사에는 와전류검사 기술이 주된 기술로 적용되고 있다. 와전류검사는 주로 그림 5-27의 보빈 탐촉자를 일차적으로 사용하고 검사결과에 따라 정밀검사가 요구될 때는 모터회전 팬케익 코일(MRPC) 탐촉자를 사용하여 추가로 확인 검사를 수행한다. 앞에서 설명한 것과 같이 보빈 탐촉자는 와전류 흐름 방향이 튜브 원주 방향으로 생성되므로 튜브 길이(축) 방향 결함을 검출하고 와전류 흐름 방향에 평행인 원주 방향 결함에 대한 감도가 미약하다. 하지만 MRPC 탐촉자의 표면 코일은 튜브 길이 방향과 원주 방향 결함을 거의 같은 감도로 검출할 수 있다.

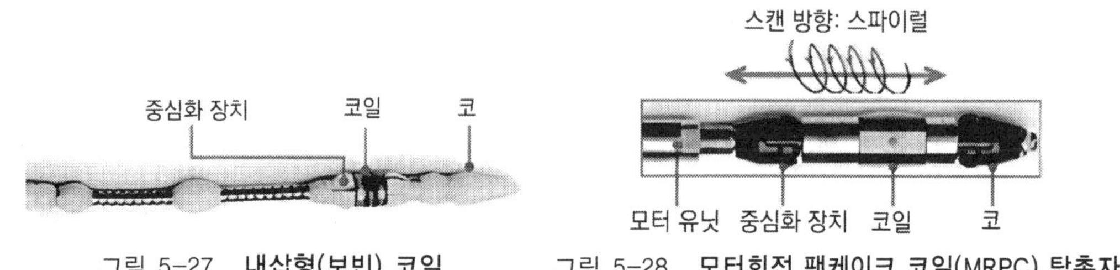


그림 5-27   **내삽형(보빈) 코일**         그림 5-28   **모터회전 팬케이크 코일(MRPC) 탐촉자**

### 5.4.2 표면 검사

표면 검사는 판재, 굴곡진 면, 항공기 구조물의 볼트 홀 등과 같이 표면이 편평하거나 굴곡을 가진 표면에 발생할 수 있는 결함을 검출한다. 표면 검사에는 팬케익형 코일을 적용한 연필형 탐촉자가 주로 사용되고 국부적으로 제한된 부위를 수동으로 검사한다. 검사 속도가 느리지만 크기가 작은 표면 코일을 사용하기 때문에 상대적으로 감도가 높다. 표면 코일은 코일의 축이 재료 표면에 수직이고, 와전류의 방향은 표면에 평행하며 코일 축을 중심으로 원형으로 형성되므로 표면에 존재하는 미세 균열을 높은 감도로 검출할 수 있다.

표면 코일 탐촉자는 재료 표면 형상에 적합하도록 여러 가지 형상과 크기로 제작된다. 탐촉자의 표면 코일은 탐촉자 핸들을 손에 잡고 재료 표면을 스캔할 수 있도록 탐촉자 하우징에 내장된다. 표면 코일 탐촉자는 스터드 구멍 또는 나사산, 터빈 블레이드와 같은 복잡한 형상을 검사하기 위해 사용할 수 있으며, 대표적인 표면 코일에 대해 '5.1.1 (1) 표면 탐촉자'를 참조하기 바란다.

## ○ 표면 코일 검사

표면 코일의 적합한 검사 주파수는 탐촉자 코일의 특성 인자($P_c$) 또는 임피던스 선도에서 정확한 임피던스 운전점을 알지 못하더라도 선정할 수 있다. 이것은 결함과 다른 불필요한 변수가 잘 구분될 수 있도록 검사 주파수를 선정하는 데 도움을 준다. 가장 흔한 변수는 리프트 오프에 의한 영향이므로 리프트 오프 신호로부터 결함 신호가 잘 분리되도록 가능한 경우 결함 신호와 리프트 오프 신호가 거의 수직이 되도록 해야 한다. 검사 주파수 선정은 보통 표준 침투 깊이를 구하는 식 (5-7)을 사용한다.

$$\delta = 50 \sqrt{\frac{\rho}{f}} \ \ \mathrm{mm} \tag{5-7}$$

여기에서, $\delta$ = 표준 침투 깊이, $\rho$ = 비저항($\mu\Omega\cdot\mathrm{cm}$), $f$ = 주파수(Hz)이다.

일반적으로 리프트 오프 신호와 결함 신호 사이의 양호한 위상 분리는 와전류 표준 침투 깊이($\delta$)와 예상되는 결함 깊이가 같을 때 얻어진다. 그림 5-29는 표면 코일 탐촉자가 표면 및 표면직하 결함을 지날 때 신호를 보여준다. 검사 주파수는 표준 침투 깊이($\delta$)가 가장 깊은 결함 깊이와 같을 때 주파수이고 리프트 오프 신호를 수평으로 조정한 것이다. 이 신호에서 표면직하 결함 ①과 ②의 리프트 오프 신호와 상대적인 신호 진폭과 위상의 차이가 발생하는 것을 알 수 있다. 이것은 와전류 침투 깊이에 따른 감쇠와 위상 지연에 의한 것이다. 만약 검사에서 결함으로 추정되는 신호가 관찰되었을 때 이 신호가 실제 결함 신호인가 또는 다른 변수의 영향에 의한 것인가를 확인하기 위해 검사 주파수를 변경한다.

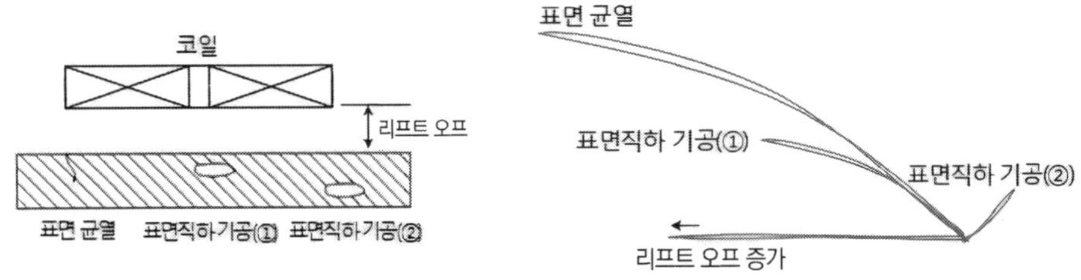


그림 5-29    두 가지 불연속(기공과 균열)에 의한 표면 코일의 응답 신호

## 5.4.3 치수 측정

### (1) 두께 측정

금속 기판의 비금속 코팅 두께는 리프트 오프가 임피던스에 미치는 영향을 통해 간단히 측정할 수 있다. 이 방법은 페인트 및 플라스틱 코팅의 두께를 측정하는 데 광범위하게 사용된다. 재료의 두께 측정은 대비 표준 두께 시험편을 사용해야 한다. 0.5 μm~25 μm의 비금속 코팅 두께를 4 %~10 %의 정확도로 측정할 수 있다. 그림 5-30에서와 같이 리프트 오프 신호와 두께 변화에 의한 신호가 90° 위상각으로 분리되는 주파수를 적용하여 얻어진 리프트 오프 신호를 수평 방향(X축)으로 조정한 후 수직(Y축) 방향 신호 진폭을 기준신호 진폭과 비교하여 두께를 측정한다. 그림 5-30(b)의 임피던스 선도에서 양(+)의 수직(Y축) 방향 신호 진폭은 두께 감소를 나타내고 음(-)의 수직(Y축) 방향 신호 진폭은 두께 증가를 나타낸다.

### ○ 코팅 두께 측정 주파수 선정

재료의 두께 측정을 위한 주파수는 그림 5-30(a)에서와 같이 리프트 오프 신호와 두께 변화에 의한 신호가 90° 위상각으로 분리되도록 선정한다. 이 주파수는 일반적으로 와전류의 표준 침투 깊이가 재료 두께의 약 80 %가 되도록 다음 식을 사용하여 계산할 수 있다.

$$t/\delta = 0.8 \tag{5-8}$$

여기에서 $\delta = 50\sqrt{\dfrac{\rho}{\mu_r f}}$ (mm)이므로 주파수는 다음 식으로 주어진다.

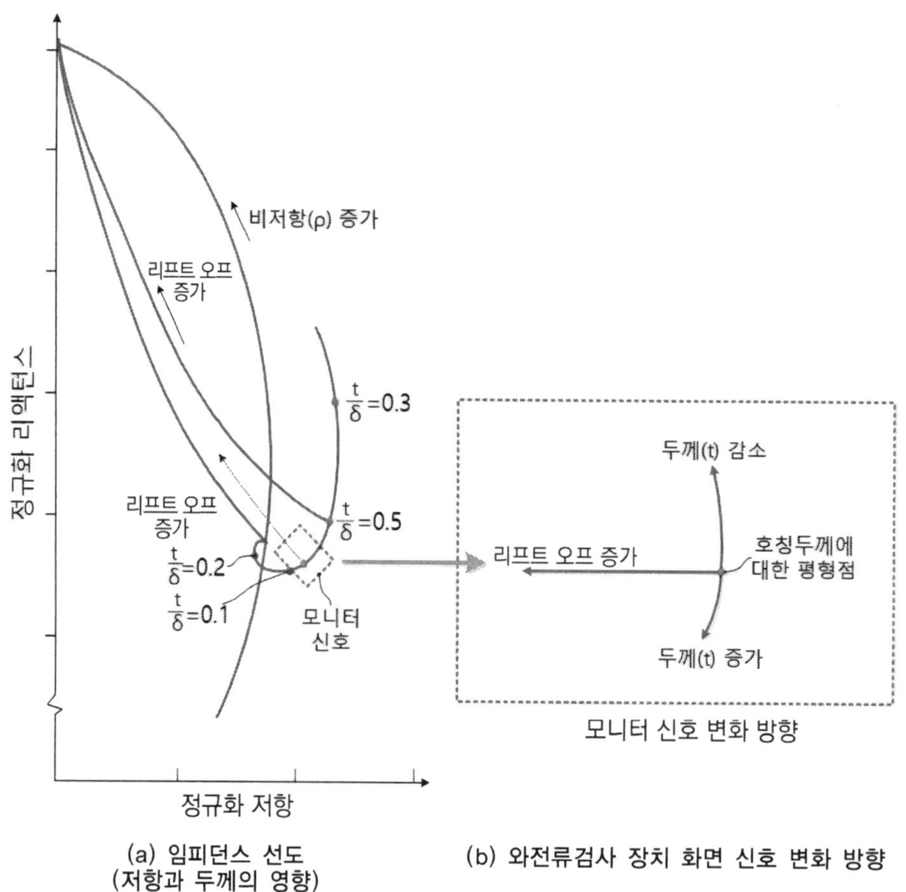


(a) 임피던스 선도
(저항과 두께의 영향)

(b) 와전류검사 장치 화면 신호 변화 방향

그림 5-30　두께 측정 임피던스 선도 및 검사장치 화면 신호 변화 방향[1]

$$f = 1.6 \ \frac{\rho}{t^2} \ \text{kHz} \tag{5-9}$$

여기에서 $f$ = 주파수(kHz), $\delta$ = 표준 침투 깊이(mm), $t$ = 재료 두께(mm), $\rho$ = 비저항($\mu\Omega\cdot$cm), $\mu_r$ = 상대 투자율(비자성체 = 1)이다.


## ○ 전도체 상의 비전도성 코팅 두께 측정

전도체에 코팅되어 있는 비전도성 절연층은 탐촉자 코일과 재료 표면 사이의 간격인 리프트 오프에 해당한다. 즉, 비전도성 절연층에 의해 탐촉자 코일과 재료 사이에 발생한 리프트 오프는 탐촉자 코일과 재료 사이의 간격에 해당하므로 이 리프트 오프를 측정하면 바로 간격을 측정할 수 있다.

고주파수에서 아주 작은 리프트 오프 변화일지라도 그림 5-31의 임피던스 선도에서와 같이 아주 큰 임피던스 변화를 유발하게 된다. 따라서 코팅두께 측정은 코팅 하부의 모재 내 변화에 의한 신호를 최소화하기 위해 가능한 경우 높은 주파수에서 검사를 수행해야 한다. 하지만 최대 주파수는 탐촉자와 와전류검사 장치 사이의 임피던스 일치, 케이블의 공진 및 케이블 잡음 등에 의해 제한된다.

## ○ 전도체 상의 전도성 코팅 두께 측정

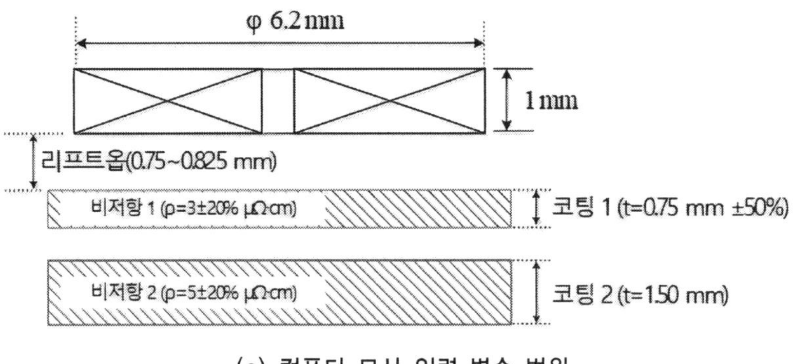


(a) 컴퓨터 모사 입력 변수 범위

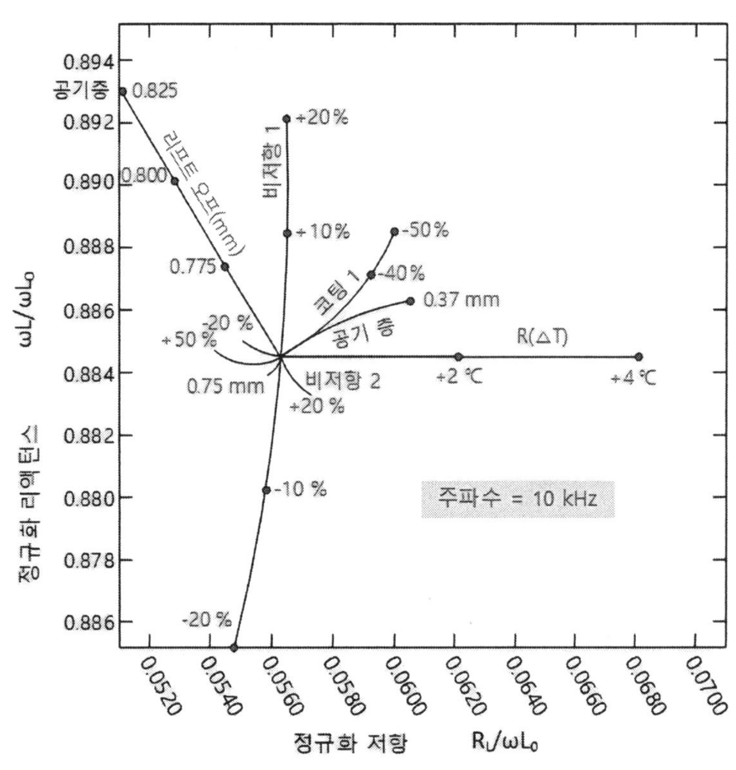


(b) 임피던스 선도

그림 5-31  **다층구조 재료의 모사 신호 변화 방향**[1]

전도체에 코팅된 전도성 코팅의 두께 측정은 두 금속 사이의 비저항의 차이($\triangle\rho$)가 존재할 때 가능하다. 측정 방법은 앞의 비전도성 코팅 두께 측정과 같다. 한 가지 차이점 은 전도성 코팅의 변수가 모재 내 변수에 더해져서 신호에 영향을 미치는 것이다. 그림 5-31(a)에 전도성 코팅 두께 측정에 대한 모사 결과가 나타나 있다. 이 모델에는 모재(코 팅 ②, 비저항 = 5 $\mu\Omega\cdot$cm)위 두께가 0.75 mm인 코팅(코팅 ①, 비저항 = 3 $\mu\Omega\cdot$cm)의 두께 측정시 각 변수의 크기와 방향이 나타나 있다. 이 그림은 정규화 임피던스 선도의 일부로서 모재 재료 특성 변수 외에 코팅 사이의 간격 변수뿐만 아니라 코일 온도에 따른 영향도 나타나 있다. 주파수 10 kHz에서 $t/\delta$는 예측 값과 동일하게 0.8이고, 리프트 오프 와 코팅 ①의 두께 신호 사이의 분리 위상각은 90°이다. 탐촉자 코일의 온도, 간극, 모재 저항에 의한 신호 중 몇 개는 더 높거나 또는 낮은 주파수에서 분리할 수 있다.

### (2) 금속 간격

두 개 금속 시트 사이의 간격은 비전도성 접착층 또는 비금속 심(shim)으로 채워지거나 고정된 특정 치수로 유지될 수 있다. 이 간격을 측정하기 위해서는 와전류가 두 번째 하부층까 지 생성되도록 운전 주파수와 코일 자름을 선택해야 한다. 운전 주파수와 코일 지름은 와전류가 상부층을 통과하여 대략 표준 침투 깊이($\delta$)에 해당하는 깊이까지 도달하고, 모재와 코팅의 두 개 금속은 $3\delta$ 깊이 정도까지 침투하도록 선택하는 것이 좋다.

두 금속이 접촉하여 간격이 영(0)일 때 두 금속의 결합은 무한 두께에 해당하는 전기전도도 궤적을 생성한다. 간격이 증가할수록 유도 리액턴스가 증가하고 임피던스 평면에서 전기전도 도 궤적선과 교차하는 수직 방향으로 신호점 궤적이 생성된다. 간격이 커질수록 신호점 궤적은 최종적으로 상부 금속 시험편의 두께를 나타내는 점에서 감육 궤적과 교차한다(그림 5-32 참조). 이 점의 간격에서 와전류는 오직 상부층에서만 발생하는 값에 도달한다. 이에 따라 두 금속 사이의 간격이 더 커지게 될 때는 임피던스 변화가 더 이상 발생하지 않는다. 더 큰 간격을 측정하기 위해서 운전 주파수를 감소시키고 더 큰 지름의 코일을 사용해야 한다.

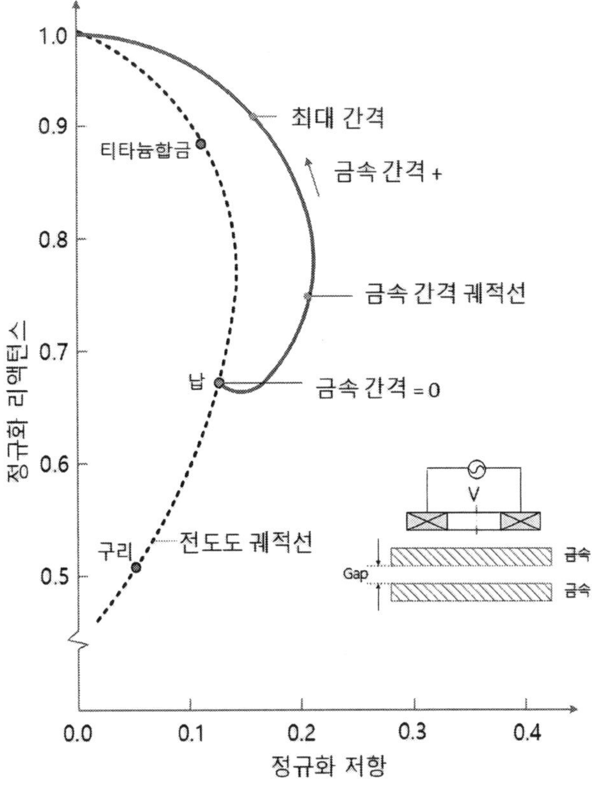



그림 5-32　**금속 간격 임피던스 평면 선도**[1]


## 5.4.4 금속 재료의 물성 측정

와전류기법을 적용하여 금속 재료의 전기전도도, 열처리 정도, 경도 등의 물성을 간접적으로 측정할 수 있다.


### (1) 전기전도도 측정

재료의 전기전도도(또는 비저항)의 측정은 상호 비교에 의한 측정기법으로서 교정을 위해서 이미 저항값을 알고 있는 교정 표준시험편을 사용해야 한다. 측정 정확도를 높이기 위해 재료의 여러 위치를 선택하여 측정하는 것이 좋다. 검사 대상 재료의 체적은 탐촉자 크기와 검사 주파수에 따라 달라진다. 큰 체적을 측정하기 위해서는 지름이 큰 탐촉자를 사용하고, 와전류 침투 깊이를 최대로 하기 위해 저주파수를 적용해야 한다. 적용 운전 주파수에서 와전류 침투 깊이를 추정하기 위해서 표준 침투 깊이 식을 사용한다.

측정 정확도에 영향을 주는 변수는 비저항과 관련이 없는 리프트 오프, 온도와 균열, 두께, 표면 형상과 같은 재료 내 와전류 흐름에 영향을 미치는 변화이다. 임피던스 선도에서 측정 저항값과 다른 변수의 구분이 최대가 되는 임피던스 운전점을 고려해야 한다. 그림 5-33에 운전 주파수가 탐촉자의 정규화 임피던스에 미치는 영향이 나타나 있다. 곡선의 상단에서 리프트 오프 변화와 저항값 곡선 사이의 각도는 작다. 곡선의 아래쪽으로 향할수록 이 두 변수가 분리되는 각도는 곡선의 무릎 근처에 도달할 때까지 증가하고 이 이후는 감지할 수 있는 변화가 없게 된다. 그러나 곡선의 상부에서 리프트 오프가 조금만 변해도 임피던스는 크게 변하게 된다. 비저항 측정을 위한 가장 바람직한 운전점은 임피던스 곡선의 두 극한점 사이인 무릎 근처가 된다.

그림 5-33(a)는 임피던스 곡선의 무릎 근처에서 운전되는 탐촉자의 주파수 변동에 따른 저항 임피던스 전체 궤적이고, 그림 5-33(b)는 리프트 오프 신호가 거의 수평이 되도록 회전된 곡선의 확대된 부분이다. 이것은 와전류검사 장치의 화면에 나타난 선도이다. 측정하고자 하는 미지의 비저항값은 이미 알고 있는 비저항값($\rho_1$과 $\rho_2$)사이에 위치하게 되어 보간법에 의해 알고 있는 2개 비저항값을 기준으로 미지의 비저항값을 측정할 수 있다.

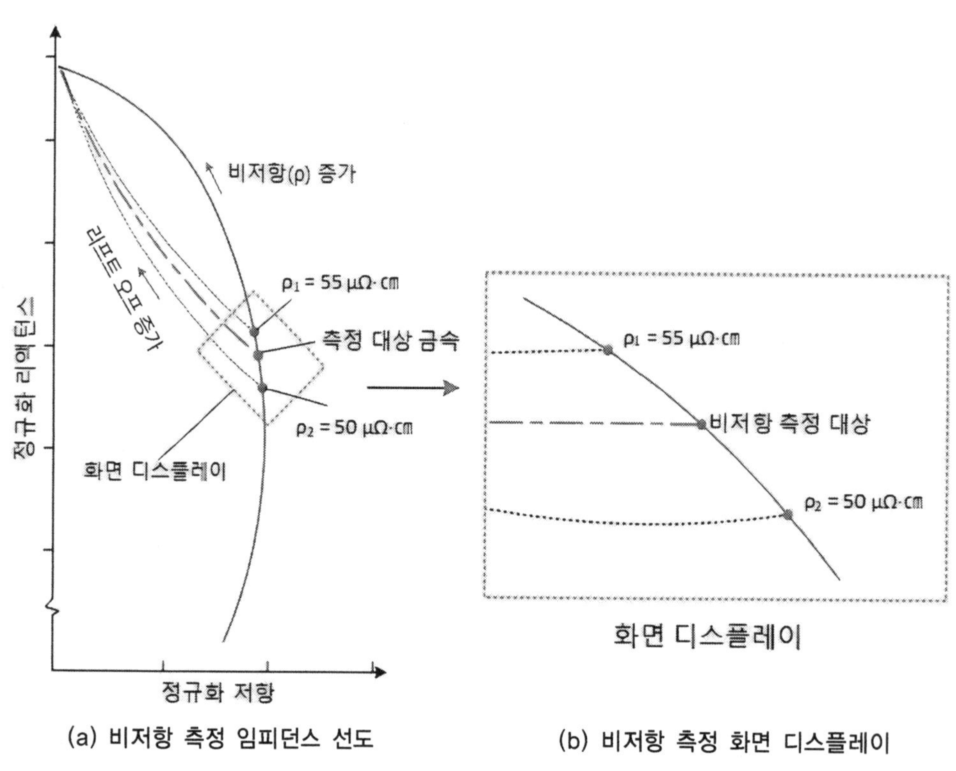


(a) 비저항 측정 임피던스 선도  　　　　(b) 비저항 측정 화면 디스플레이

그림 5-33  **비저항 측정 임피던스 선도**

비저항 측정에서 중요한 고려 사항은 온도이다. 재료의 저항은 온도 함수이므로 재료와 표준시험편 온도는 측정 중에 항상 일정하게 유지되어야 한다. 측정에 영향을 미칠 수 있는 다른 변수는 탐촉자 코일의 저항($R_{DC}$)이다. 코일의 저항은 탐촉자 임피던스 회로의 일부로서 코일 저항에 영향을 주는 온도 변화는 임피던스 변화로 나타난다. 측정 정확도의 향상을 위해 유도 리액턴스($X_L$)은 일반적으로 코일의 저항($R_{DC}$)보다 약 50배 정도 더 커야 한다($X_L$ 〉 $R_{DC}$). 이 같은 조건은 유도 리액턴스가 작은 저주파수에서는 얻기가 어렵지만 페라이트 컵으로 씌워진 지름이 큰 탐촉자를 사용하여 해결할 수 있다. 보통 큰 지름의 페라이트 컵을 사용하면 $X_L/R_{DC}$비가 증대된다. 또 다른 방법은 송-수신(T-R) 형태의 탐촉자를 사용하면 입력 임피던스 값이 매우 크고 수신 탐촉자의 임피던스 값이 아닌 전압 변화만을 감지하므로 온도 변화로부터 독립적으로 된다. 코일의 저항은 장비 임피던스와 비교하여 보통 무시할 정도로 매우 작아 영향이 거의 없다.

## ○ 임피던스 평면 선도의 전기전도도 및 투자율 곡선

임피던스 평면 선도에서 여러 비자성 합금의 운전 주파수가 전기전도도와 리프트 오프 곡선에 미치는 영향을 그림 5-34에 나타내었다.

각 재료의 운전점 궤적은 전기전도도 증가에 따라 시계 방향으로 이동하여 콤마 모양을 형성한다. 그림 5-34에서 리프트 오프 변화 궤적은 청동과 알루미늄에 대한 것이다. 청동의 경우에 20 kHz에서 전기전도도 곡선과 리프트 오프 곡선 사이의 분리 각도($\theta$)는 1 MHz에서 보다 훨씬 작기 때문에 전기전도도와 리프트 오프 사이의 구분이 상대적으로 어렵다. 이에 따라 전기전도도가 낮은 재료를 높은 주파수에서 측정할 때는 불필요한 리프트 오프 영향이 최소화된다. 이에 따라 전기전도도가 낮은 재료를 측정할 때 리프트 오프 영향을 최소화하기 위해 높은 주파수를 적용해야 한다. 그림에서 여러 합금의 운전점은 운전 주파수 변화에 따라 전기전도도 곡선을 따라 비선형적으로 이동하는 것을 알 수 있다.

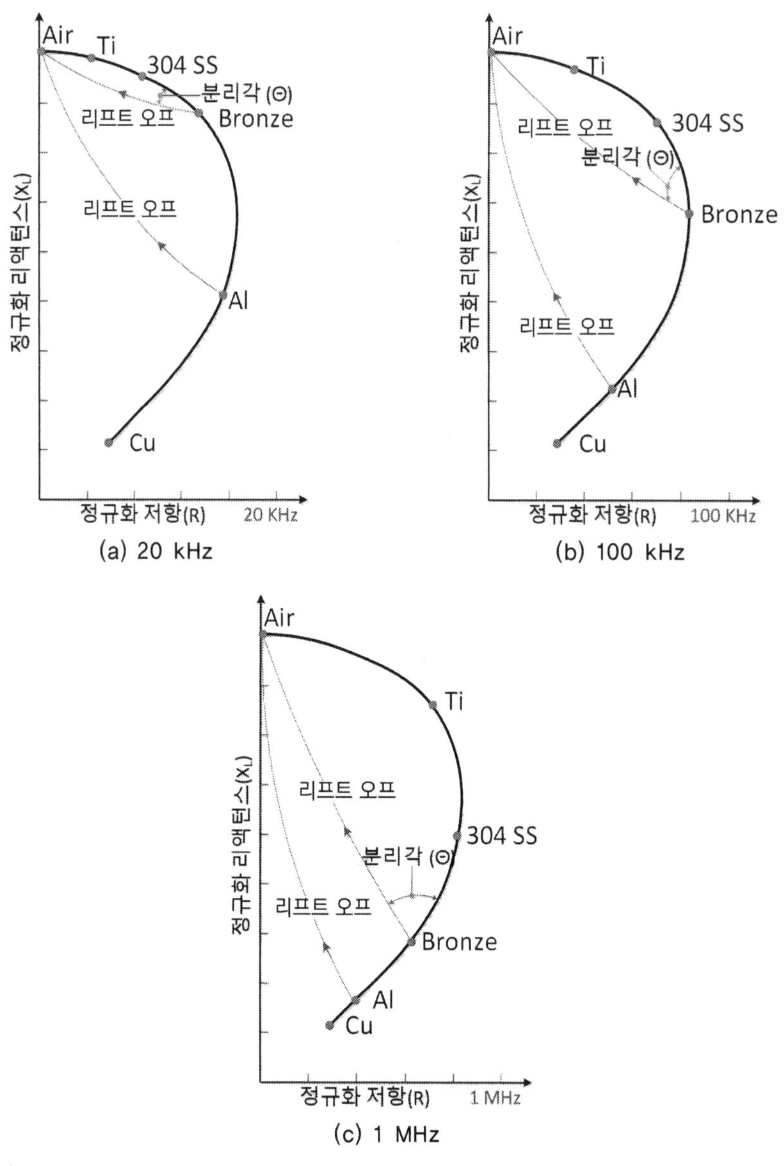


그림 5-34　주파수 변화에 따른 재료 운전점의 이동[1]

## (2) 금속 분류

와전류기법을 적용하여 금속 재료 및 합금을 분류할 수 있다.

### ○ 투자율에 의한 재료 분류

투자율을 측정하여 재료를 분류할 수 있다. 재료의 투자율은 화학 조성, 경도, 열처리 등과 상관관계가 있으므로 이를 측정하여 투자율을 간접적으로 측정할 수 있다. 하지만 투자율에 의한 재료 분류는 자기 물성 및 와전류검사에 대한 충분한 지식이 요구되므로 간단하지 않다. 상용 장비를 사용하여 재료의 투자율을 측정하기 위해서 자기이력 왜곡을 이용하며 경험이 요구된다. 또한 범용 와전류탐상 장치를 사용하여 투자율을 대략 측정한 다음 재료의 물성과 연관시키면 신뢰도가 더 높은 결과를 얻을 수 있다.

## 5.4.5 자성 재료 검사

강자성과 비자성 재료의 임피던스 평면은 그림 5-35에서와 같이 두 개의 반평면으로 나누어 진다. 그림의 선도에서 정규화 임피던스의 유도성 리액턴스가 1보다 큰 반쪽($X_L > 1$)은 강자 성 재료의 운전 구역이며, 정규화 임피던스의 유도성 리액턴스가 1보다 작은 반쪽($X_L < 1$)은 비자성 재료의 운전 구역이다. 강자성과 비자성 재료의 리프트 오프 및 결함은 평면 각 해당 구역 내에서 궤적이 형성된다. 강자성 재료에 결함이 존재하면 균열은 비자성 재료와 동일한 임피던스 효과를 나타낸다. 결함에 의해 코일의 전력 손실이 감소하고 허수 성분인 리액턴스가 증가한다. 투자율($\mu$)은 비저항($\rho$) 변화와 동일한 효과가 발생하여 궤적이 거의 겹치기 때문에 투자율과 비저항의 분리가 어렵다.

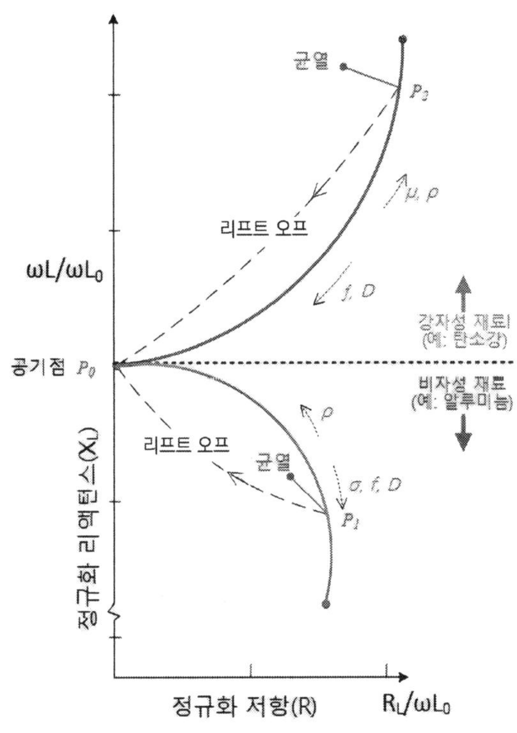


그림 5-35 **강자성 및 비자성 재료의 임피던스 운전점 궤적**

탄소강 또는 순철과 같은 강자성 재료를 자화 코일 자기장 또는 가까이에 놓을 때 자화 코일의 리액턴스 변화는 그림 5-35에서와 같이 비자성 재료와는 아주 다른 방식으로 변한다. 고 투자율 재료의 경우 자화 코일의 인덕턴스와 유도 리액턴스는 고 투자율로 인한 자속밀도가 증가하여 매우 크게 증가한다.

강자성 재료를 탐촉자 코일에 근접시키면 코일 리액턴스가 증가($X_L > 1$)하므로 임피던스 운전점 궤적은 그림에서와 같이 임피던스 선도의 위쪽을 향한다. 반면에 비자성 재료는 리액턴스가 감소($X_L < 1$)하므로 임피던스 운전점 궤적이 선도의 아래쪽을 향한다. 투자율이 비자성 재료보다 큰 강자성 재료는 투자율에 의해 코일의 1차 자기장이 집속된다. 증가된 코일의 1차 자기장은 와전류에 의해 생성된 2차 자기장을 가리게 된다. 그림에서와 같이 임피던스 운전점은 $P_0$에서 $P_2$로 이동하게 되고, 정규화 유도 리액턴스가 1 이상($X_L > 1$)인 반 임피던스 평면 내를 이동하게 된다.

높은 투자율을 갖는 강자성 재료는 와전류검사가 가능하지만 비자성 재료에 비해 신뢰도가 낮다. 강자성 재료에서 결함 신호로 잘못 인식될 수 있는 투자율 변화에 의한 영향을 억제하기 위해 재료의 자기포화가 필요하다. 강자성 재료는 자기적으로 완전 포화되면 비자성 재료와 동일한 와전류검사 조건이 된다. 부분포화는 결함에 대한 감도가 개선되지만, 잘못된 지시가 발생할 수 있다. 튜브의 지지판이 없는 부위에서는 일부 강자성 튜브 합금을 자기포화시킬 수는 있지만 강자성 지지판 하부에 발생할 수 있는 결함검사는 매우 어렵다.

강자성 환봉, 와이어 및 튜브의 공장 제작 와전류검사는 튜브의 포화를 위해 보통 튜브 외부에 수냉식 관통 자화 코일을 설치하고 튜브 내부로 보빈 탐촉자를 통과시켜 검사한다. 하지만 제작검사와는 달리 현장에 설치된 열교환기는 튜브 외면의 접근이 어렵기 때문에 설치된 열교환기 튜브의 가동중검사는 접근 및 공간 제약을 받아 현실적으로 어렵다.

그림 5-36은 강자성 튜브의 자기포화와 자기포화되지 않은 와전류신호를 비교한 것이다. 포화되지 않은 튜브 신호는 투자율의 영향으로 신호 대 잡음 비(SNR)가 높아 결함 신호의 구분이 어렵지만, 자기포화된 튜브의 와전류 신호는 투자율 영향에 의한 잡음이 소거되어 각 결함 신호가 명확하게 구분되는 것을 알 수 있다. 또한 공장 제작 시 냉간가공으로 인한 투자율 변화와 튜브가 약간 구부러졌을 때 형성된 내부응력에 의한 영향은 자기포화에 의해 억제될 수 있다. 이러한 튜브는 직류 자화 또는 영구자석을 사용하여 튜브를 가능한 자기포화에 가깝게 자화하여 검사하는 것이 좋은 와전류 신호를 얻을 수 있다.

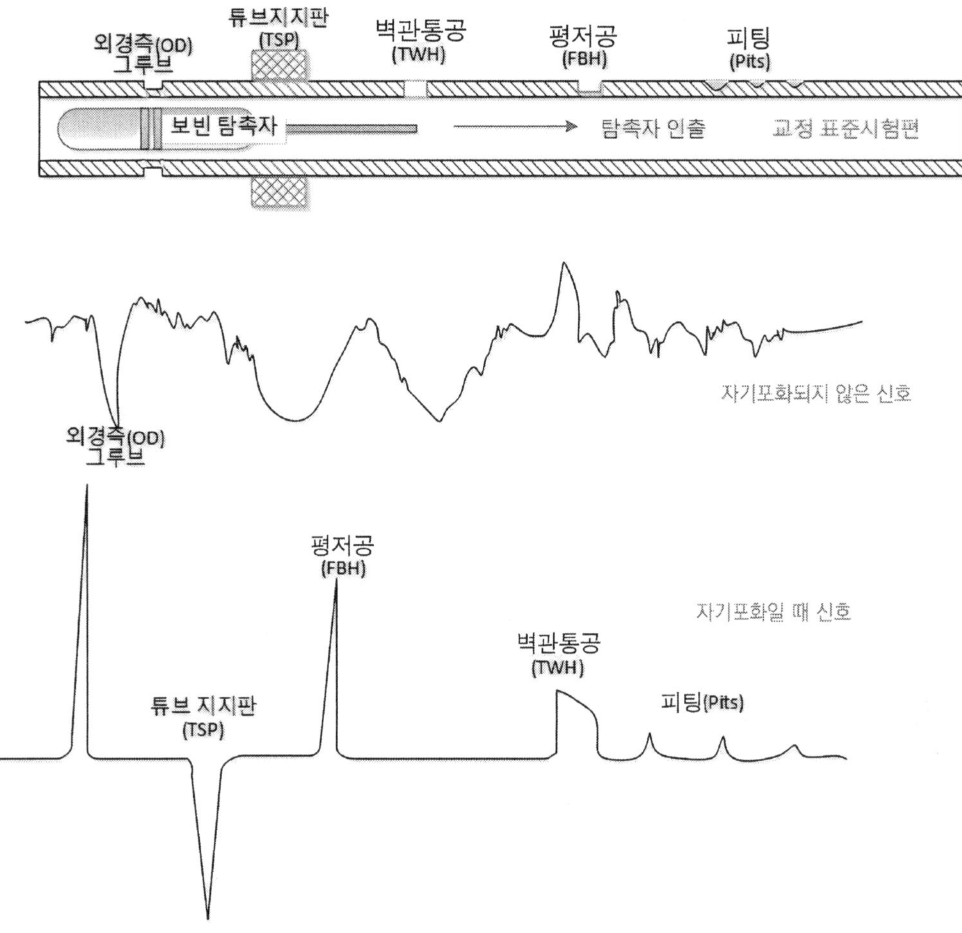



그림 5-36  강자성 튜브의 자기포화 와전류 신호[1]

발전소에서는 발전 계통 및 냉각수 요건에 따라 다양한 재질의 열교환기 튜브가 사용된다. 이 튜브는 알루미늄-청동, 애드미럴티-청동, 구리-니켈(95/5, 90/10 및 70/30), 스테인리스강 (304, 304L, 316, 316L), 타이타늄, 듀플렉스 스테인리스강, 슈퍼 페라이트 스테인리스강 등을 포함한다. 냉각수는 관류 모드 또는 재순환 모드에서 담수, 해수, 염수, 처리된 폐수 또는 재활용 수를 사용할 수 있다. 열교환기 튜브에 일반적으로 발생할 수 있는 부식, 침식, 마모 등의 주요 손상 형태와 발생 위치를 그림 5-37에 제시하였으며, 각 손상 형태의 특징은 다음과 같다.

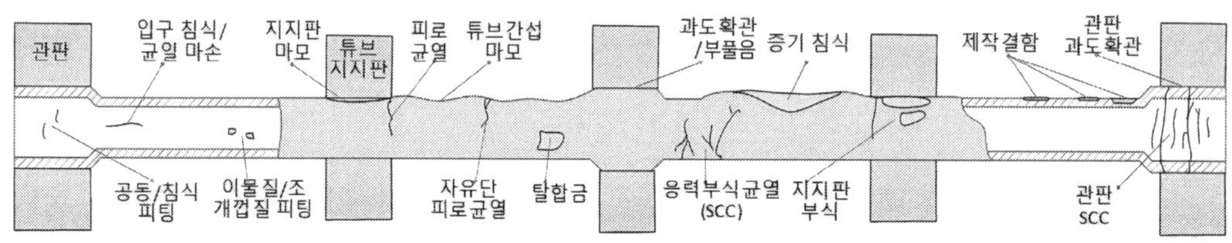

그림 5-37　**열교환기 튜브의 손상 형태와 발생 위치**

## 5.5.1 부식(corrosion)

열교환기 튜브 부식은 금속 표면이 화학 또는 전기화학적 작용에 의해 일정하게 감육되는 현상이다. 평균 부식률은 연간 발생하는 두께 변화를 마이크로 단위로 측정하여 확인할 수 있으며 금속의 예상되는 수명을 예측할 수 있다. 이 같은 형태의 부식에 따라 금속의 대량 파괴가 무게손실로 발생하지만 균일하지 않거나 예측이 어려운 다른 손상 형태만큼 서서히 발생하지 않는다. 일반 부식과 공격은 탄소강에서 가장 확실하게 발생하지만, 스테인리스강과 비철금속에서는 발생하는 정도가 더 낮으며, 부식의 종류에는 다음과 같은 형태가 있다.

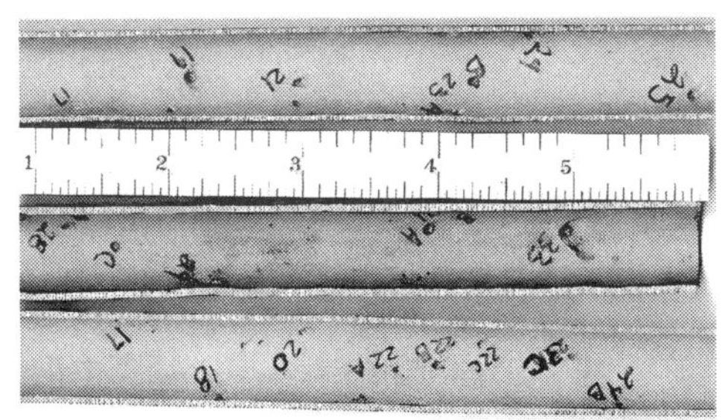

(a) 구리-니켈 튜브 내면의 다중 피트(pit)

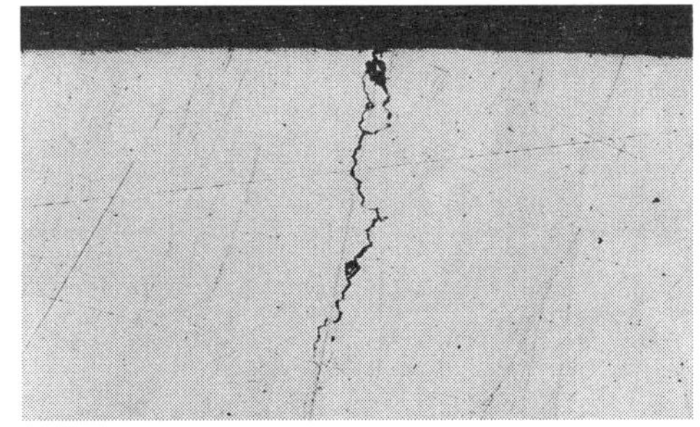

(b) 튜브 외경(OD) 측 ODSCC

그림 5-38　**열교환기 튜브의 대표적인 부식**

### ① 일반 부식

일반 부식은 국부적인 침투가 거의 또는 전혀 없이 표면 전체에 고르게 분산된 형태의 부식이다. 이는 화학적 또는 전기화학적 반응에 의해 발생하며 알려진 모든 손상 형태 중 가장 손상이 적게 발생한다. 부식 속도는 중량 감소 데이터로 설정할 수 있으며, 이를 통해 튜브의 기대 수명을 예측할 수 있다. 구리 합금 튜브의 일반적인 부식은 담수, 염수 등 부식 속도가 매우 낮은 환경에 장기간 접촉으로 인해 발생한다.

### ② 갈바닉 부식(galvanic corrosion)

갈바니 부식은 두 가지 이종금속 사이의 전위차에 의해 발생한다. 갈바니 계열에서 더 멀리 떨어질수록 발생하는 전위차는 커지게 되어 부식의 영향이 커지게 된다. 결합쌍 중 전기적 음극 부재 또는 양극은 부식되고, 더욱 전기 양극을 띤 부재 또는 음극은 부분적으로 또는 완전히 보호된다. 구리 금속은 거의 항상 강철과 같은 다른 금속에 대해 음극을 띤다. 갈바닉 부식을 줄이는 방법은 다음과 같다.

- 갈바닉 계열에서 가까운 이종 금속을 선택한다.
- 작은 양극을 큰 음극에 연결하지 않는다.
- 가능하면 서로 이종 금속을 절연한다. 또한 특히 음극 부재를 코팅하고 유지 관리를 양호하게 유지한다.
- 두 구조 금속에 모두 양극인 희생 양극을 사용한다.

### ③ 틈새 부식(crevice corrosion)

틈새 부식 공격은 정체구역으로 산소 농도의 차이가 존재하는 틈새, 균열 또는 갇힌 기계적 경계에서 시작된다. 전체적인 전기화학 작용은 금속의 용해와 산소가 수산기로 감소되는 것을 포함한다. 틈새 부식은 할로겐 환경에서 가장 심하게 일어나지만, 그 이외의 환경의 매체에서도 많이 일어난다. 틈새 부식은 발달하기까지 긴 잠복기간을 요구하지만, 부식이 일단 시작된 후 급속하게 진행한다. 스테인리스강은 특히 틈새 부식에 민감하다. 틈새 부식은 흔히 제작 시 용접 후 튜브가 관판으로 확관되지 않은 튜브 접합부 후방으로부터 시작된다.

### ④ 피팅(pitting)

피팅은 양극반응의 특이한 부식 형태로서 가장 파괴적인 부식 형태 중 하나이다. 이것은 아주 국부적이며 날카롭게 금속을 파괴한다. 대부분의 피팅은 수평면으로부터 발달하여 아래쪽 중력 방향으로 성장하고, 적게는 수직면으로 발달한다. 거의 중력에 반하여 위쪽으로는 성장하지 않는다. 피팅은 틈새 부식과 유사하게 초기 발생이 일어날 때까지 오랜 시간이 걸리지만, 일단 발행되면 피팅은 매우 빠른 속도로 침식을 일으켜 금속을 관통한다. 유체의 느린 속도와 정체가 피팅 발생에 영향을 미치는 주요 요인이다.

화학적으로 유발된 피팅으로 핀홀이 형성되고 튜브가 파손되어 누설로 진전될 수 있다. 농축 전지의 내부와 외부의 전위 차이에 의해 생긴 전기 화학적 전위가 피팅 발생의 주요 원인이다. 이 농축전지의 산소가 풍부한 환경이 양극으로 작용하고 금속 표면이 음극으로 작용한 화학반응에 의해 금속 표면에 서서히 피팅이 발생한다. 산소($O_2$)와 이산화탄소($CO_2$)의 집중된 전기 화학적 구배는 튜브 벽에 천공이 발생하는 원인이다. 부적절하게 처리된 냉각수에서 종종 발견되는 염화물 및 황산염과 같은 과량의 화학적 화합물이 존재한다.

그림 5-39 **열교환기 튜브의 피팅(pitting)**

국부적인 피팅은 하중 지지력을 감소시키고 금속의 함몰로 인한 응력 상승을 일으키기 때문에 가장 해로운 형태의 부식 결함이다. 대부분의 피팅은 금속 표면에서 중력 방향으로 아래쪽으로 발생하고 성장하며, 중력 반대 방향으로 위로 성장하는 경우는 거의 없다. 피팅 공격은 보호 표면 필름, 비보호 침전물 스케일 또는 기타 외부 무기/유기 침전물이 없는 표면 영역에 집중된다. 낮은 유체 속도 및/또는 정체는 피팅에 영향을 미치는 인자이다.

공동 현상 및 침식 피팅은 튜브 다발의 고속 난류 영역에서 발견된다. 이는 공동 현상의 증기 기포 또는 혼입된 가스 기포의 기계적 작용으로 인해 발생한다. 이물질에 의한 피팅은 조개껍질, 나뭇가지, 나뭇잎 및 기타 이물질에 의해 형성된다. 이러한 유형의 피팅은 고속의 물 난류와 섞이는 유기 물질의 결합으로 발생한다. 이러한 피팅은 구리 합금에서 가장 자주 발생한다.

### ⑤ 입계 부식(intergranular corrosion)

입계 부식은 입자의 상대적으로 작은 부식을 가진 금속 내의 결정 입계와 결정 입계에 인접한 곳에서 발생되는 국부적인 부식으로서 합금의 분해와 금속 재료의 강도가 상실된다. 입계 부식의 일반적인 형태는 스테인리스강의 예민화와 구리-니켈 합금의 박리이다. 스테인리스강의 예민화는 합금이 482 ℃ ~ 816 ℃의 온도 범위에서 서서히 가열 또는 냉각될 때 발생한다. 이 온도 범위에서 크롬이 풍부해진 탄화물이 온도와 노출시간에 직접적으로 관련되어 석출된다. 석출에 따라 입계 부근에 크롬이 고갈된다. 크롬이 고갈된 부위는 많은 환경에서 부식 공격에 대해 충분한 내성을 갖지 못하므로 더 악화한다. 예민화는 더욱 공격을 강화시키는 아주 작은 갈바니 전지를 생성하게 된다.

박리는 압연면 또는 압출면에 평행한 입계면에 특성화된 입계 부식의 특별한 형태이다. 이것은 금속층이 벗겨지거나 벗겨짐이 발생한다. 알루미늄이나 마그네슘 외에 입계 부식에 민감한 합금은 70/30 및 80/20 구리-니켈 합금이다. 입계 부식의 다른 형태는 용접 부식으로서 이 부식 손상은 예민화가 발생한 열영향부 또는 열영향부(HAZ) 부근에서 발생한다.

표 5-6 **열교환기 튜브 손상 기구(Failure Mechanism)**

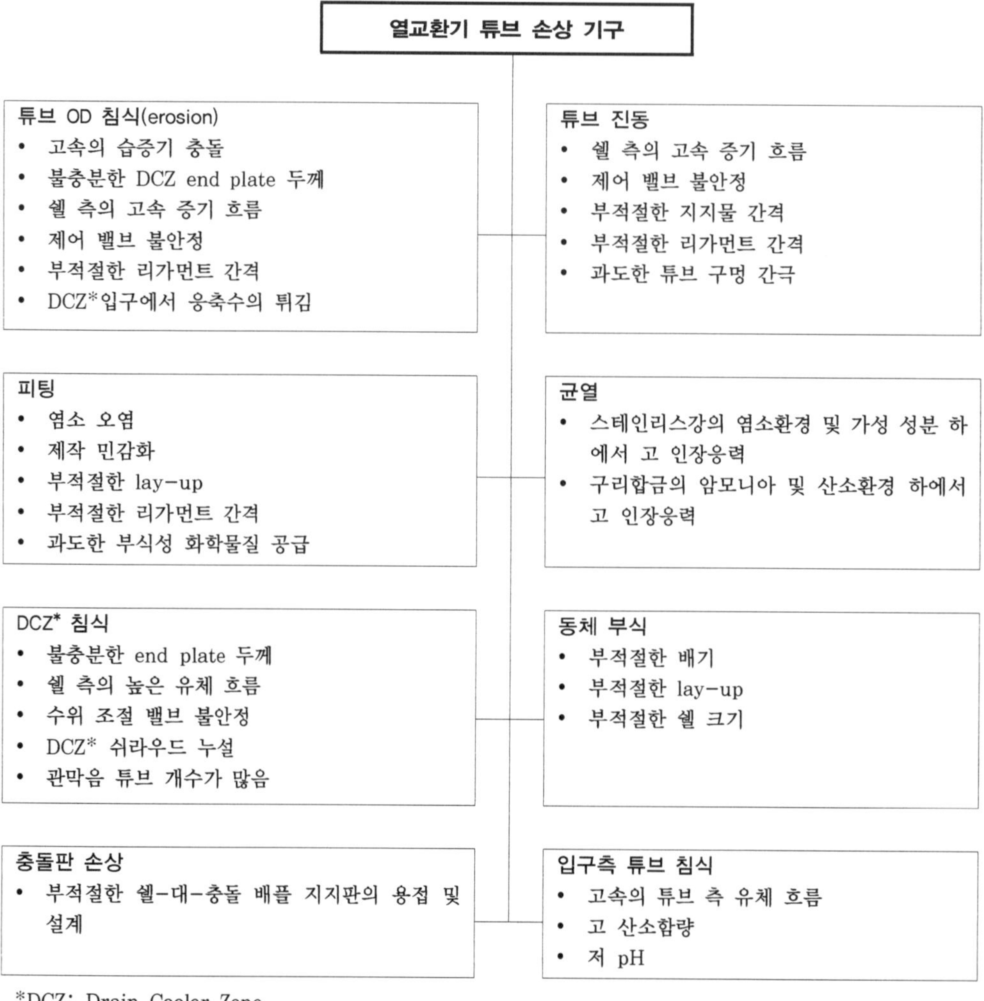


*DCZ: Drain Cooler Zone

## ⑥ 응력 부식(stress corrosion)

응력 부식은 인장응력, 시간, 부식 환경의 상호작용으로 촉진되는 파국적인 금속 손상으로 정의할 수 있다.

입계 및 입간 응력부식균열이 모두 관찰된다. 이러한 균열의 영향을 가장 많이 받는 열교환기 튜브 합금은 황동과 스테인리스강 304이다. 황동의 경우 일반적인 부식제는 암모니아이고 스테인리스강 304의 경우 염화물이 주요 원인이 된다. 내경(ID) 측 또는 외경(OD) 측에서 발생하는 응력부식균열은 가해지고 있는 인장응력에 수직인 방향을 따라 진행한다.

인장응력이 존재하지 않으면 균열의 발생 없이 입계 부식만 발생할 수 있다. 이는 주로 고압 증기와 관련되어 드물게 관찰되는 부식 결함 형태이다. 입계 부식은 튜브 벽두께의 명백한 손실 없이 입자 경계를 따라 튜브 벽을 관통한다. 그러나 잔여 벽두께는 취약하여 하중을 견디는 강도를 제공하지 못한다. 이러한 형태의 부식 결함에 취약한 합금은 문츠(mumz) 금속, 애드미럴티 금속, 알루미늄 황동 및 실리콘 청동이다.

염소 응력 부식은 오스테나이트계 스테인리스강을 사용하는 발전소에서 특별한 관심 사항이다. 스테인리스강은 고온, 산소 및 염소의 존재 하에서 응력을 받으면 균열 발생에 민감하다. 염소이온은 스테인리스강에 응력 부식을 발생시킬 수 있는 가장 유력한 부식 입자이다. 다른 중요한 환경적 응력 부식 인자는 급수 온도, 전기전도도, pH 및 용해 산소 농도이다(그림 5-40 참조).

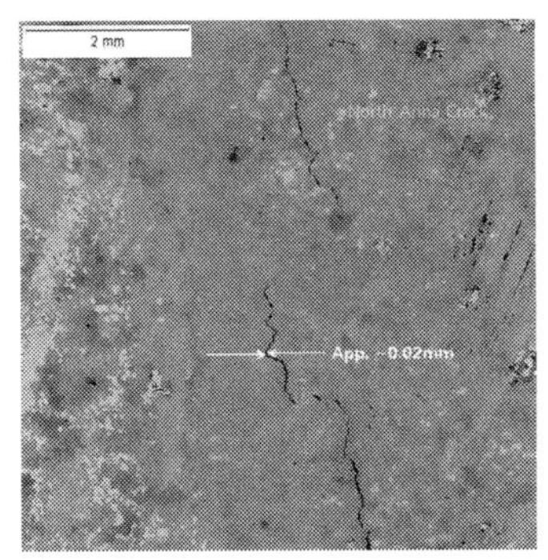


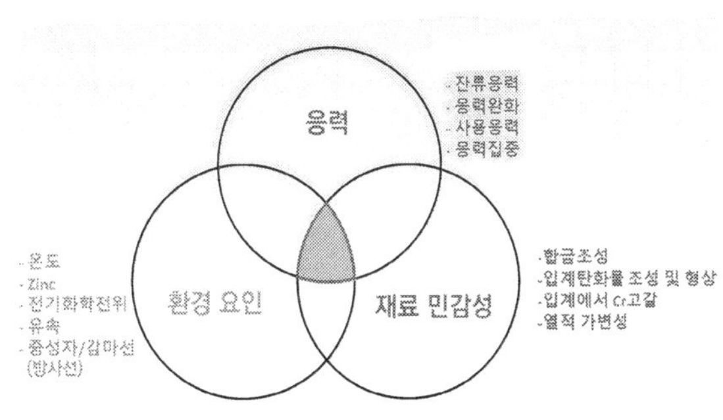


그림 5-40 　SCC 조직 사진 및 손상 기구(mechanism)

열교환기의 급수 온도는 보통 스테인리스강에 응력 부식을 유발하는데 요구되는 온도 보다 높다. 부식에 영향을 미치는 다른 주요 인자는 보통 응력부식을 촉발하는 문턱값 아래로 관리된다. Monel 400 튜브의 응력부식 손상은 주로 U-밴드 위치에서 아주 드물게 발생한다. 응력 부식에 대한 민감도는 U-밴드를 적절하게 열처리하여 튜브 굽힘 작업에 의해 생성된 잔류응력을 충분히 완화시켜 줄일 수 있다.

가동 중인 열교환기 튜브에서 발생하는 응력부식 형태 중에서 가장 문제가 되는 것은 응력부식균열(SCC, stress corrosion crack)이며, 기본적으로 3가지 인자가 복합적으로 작용하여 발생한다. 이 3가지 인자는 SCC에 민감한 재료, 특정 재료에 SCC를 유발하는 운전 환경 그리고 충분한 잔류응력이다.

스테인리스강은 매우 신뢰도가 높으며 열교환기 튜브 재료로 널리 사용되는 합금 재료 이나 염소가 존재하는 고온 환경에서 SCC에 매우 민감한 것으로 잘 알려져 있다. 일반적으로 SCC가 유발되기 위해서는 고농도가 요구되지만, 온도가 올라갈수록 SCC를 유발하는데 요구되는 농도는 심하게 감소한다. 열교환기의 튜브는 이 같은 3가지 인자의 영향에 대해 내성을 가져야 한다. 스테인리스강을 사용하는 발전소에서는 이와 같은 특성을 잘 인식하여 이에 대한 대비책을 수립해야 한다.


## 5.5.2 침식(erosion)

열교환기에서 일반적으로 발생할 수 있는 세 가지 침식 형태는 튜브 입구측 침식, 관판 침식, 충돌 침식이다.

(a) TSP 부근의 튜브 외경(OD) 측 증기 침식

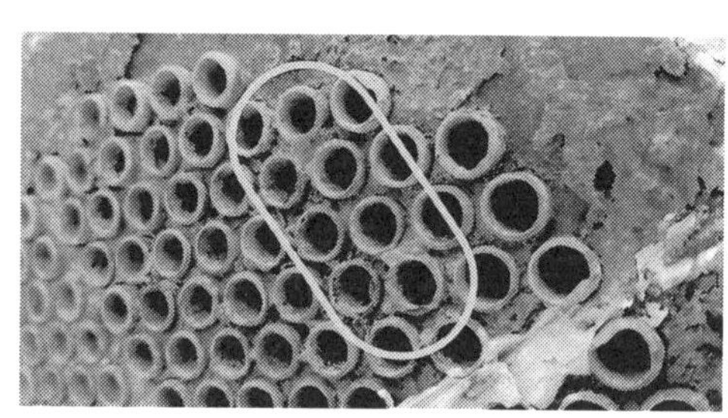

(b) 튜브 입구 측 관판(tubesheet) 침식

그림 5-41　열교환기 튜브의 대표적인 침식

### ① 튜브 입구 측 침식(tube inlet erosion)

튜브 입구 측 침식은 유동가속부식(flow accelerate corrosion; FAC)의 한 가지 형태이며, FAC는 때로 유동기인부식(flow assisted corrosion) 또는 침식-부식으로 일컫는다. 이 손상 기구는 주로 탄소강과 구리합금 재료에 영향을 미친다. 손상은 주로 튜브 입구측에서 주로 발견되지만, 출구 측에서도 발생할 수 있다. 특히 튜브가 고정되고 압력 경계가 형성되는 관판의 입구 측 튜브 선단에서 심각한 침식이 발생할 수 있다.


### ② 관판 침식(tubesheet erosion)

관판 침식은 벌레 구멍 또는 쥐구멍으로도 칭하는 특별한 침식 형태로서 관판 수명에 매우 심각한 영향을 미칠 수 있다. 관판에서 벌레 구멍과 같은 침식은 관판 구멍과 튜브 사이의 누설경로가 시간에 따라 형성될 때 시작되어 크게 성장하며 결국 누설경로를 통한 흐름에 의해 관판의 넓은 부위에 침식이 발생하게 된다. 이와 같은 침식으로 인해 튜브 구멍의 리가먼트가 약화된다. 이 누설경로는 불량 용접접합부, 균열 리가먼트(ligament), 불량 용접보수 및 관 막음으로부터 유발될 수 있다. 관판 침식은 진행 속도는 느리지만, 열교환기 운전에 심각한 문제로 발전될 수 있는 침식이다.

### ③ 충돌 침식(impingement erosion)

증기 충돌 침식은 고속의 증기에 포함된 습분 방울의 충돌로 금속이 유실되는 것이다. 열교환기에서 증기 충돌 침식은 입구 측 추기증기의 충돌로 인해 발생한 동체 및 튜브의 손상이다. 고속의 입구 측 증기에 물방울이 존재하면 심각한 침식이 발생할 수 있으며 피트의 가장자리가 형성되고 이에 따라 금속은 결국 갈라지고 재료가 유실된다. 가열기에서 튜브 손상이 주된 관심 사항이었지만 과거 몇 년 동안 동체 침식 손상 또한 주된 관심 사항이 되었다.

그림 5-42  고속 유체에 의한 아연도금 강관의 U-bend 침식

### ④ U-bend 침식(U-bend erosion)

열교환기 U-bend 부위의 튜브 내부를 흐르는 유체 속도에 의해 U-bend의 되돌아오는 튜브 측의 내면에 침식 손상을 유발할 수 있다.

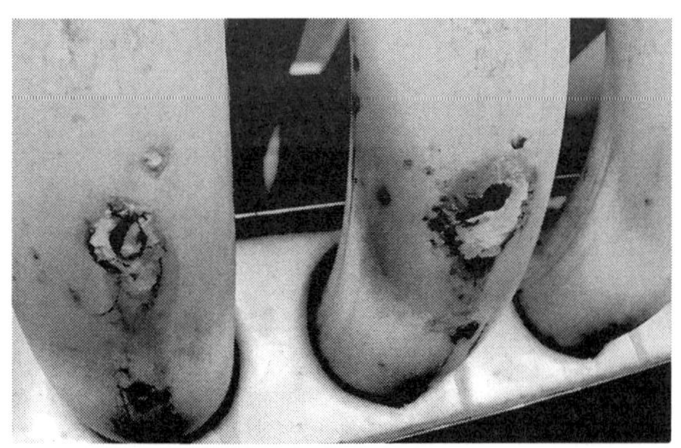

그림 5-43  고속 유체에 의한 아연도금 강관의 U-bend 침식

### 5.5.3 마모(wear)

기계적 튜브 지지판 마모는 튜브가 튜브 지지판 또는 배플 플레이트 구멍 내에서 진동할 때 발생한다. 일반적으로 탄소강 또는 스테인리스강으로 만들어진 튜브 지지 구조는 튜브 합금보다 내마모성이 더 강하기 때문에 튜브 마모가 발생한다. 열교환기 튜브가 큰 진폭의 진동이 있을 때, 튜브와 튜브 지지판 사이의 간격이 증가하면 마모율이 증가한다. 진동이 증가하면 튜브와 튜브 지지판의 교차점에서 피로 균열이 발생할 수도 있다.

(a) 튜브-TSP 부위 프레팅 마모

(b) 튜브-TSP 부위 프레팅 마모

그림 5-44  **열교환기 튜브의 대표적인 마모**

튜브 진동으로 인한 또 다른 손상 기구는 튜브 사이의 마모이다. 진동 진폭이 상당히 높으면 인접한 튜브가 서로 충돌하여 튜브 사이에 프레팅 마모가 발생할 수 있다. 이러한 손상은 튜브 진동을 줄이거나 최소화하지 않으면 튜브 누출로 빠르게 진행될 수 있다. 튜브가 얇게 마모된 비지지 튜브 영역에서 피로 균열이 발생할 가능성이 크게 증가한다. 그 결과 발생하는 피로 균열은 원주 방향 및 외경(OD) 방향으로 시작된다.

동체·튜브형 열교환기에서 진동은 소성 튜브와 쉘 측의 유동 유체에 의해 가해지는 변동력과의 상호 작용에 의해 유발되는 자연현상이다. 튜브 진동은 프레팅이나 피로로 인해 진동 진폭이 튜브 또는 튜브 접합부에 손상을 줄 정도의 크기에 도달하면 문제를 일으킨다. 가장 낮은 주파수를 고유주파수라고 하며 동체 측 유체 흐름에 의해 튜브에 가해지는 힘은 유속에 따라 특정 주파수로 변동하며 이 변동력에 따라 튜브에 진동이 발생하게 된다. 튜브 진동에 의해 발생할 수 있는 튜브 손상형태는 프레팅(fretting), 충돌, 균열 등이다.

○ **진동/공진(vibration/resonance)**

튜브의 진동과 공진은 외부 및 내부적 원인에 상관없이 열교환기 튜브에 강한 힘을 가할 수 있다. 진동이나 공진이 시작되면 튜브가 파손되고 관판과의 압력 경계가 손실되어 누설이 발생할 수 있다. 열교환기 배플은 동체 및 열교환기의 조립 과정에서 튜브를 지지하며 열에너지의 교환을 촉진하기 위해 동체 측 유체의 흐름을 유도한다. 열교환기 튜브는 일반적으로 용접되거나 이음부가 누설되지 않도록 보장하기 위해 관판에 확관된다. 배플 및 관판과 튜브의 접촉 부위는 손상 발생에 대해 취약하다. 튜브 내부의 유체 속도가 과도할 경우 튜브의 진동 주기가 짧거나 공진이 발생하여 튜브와 배플 가장자리 사이에 마모가 발생할 수 있다. 이에 따라 튜브가 파열되거나 관판의 밀봉부가 손상될 수 있다.

그림 5-45  고주파수 및 공진 환경에서 배플 파손과 튜브 마모

## 5.5.4 기타 손상 기구

O **열피로(thermal fatigue)**

열교환기 튜브는 일정한 열 사이클링 또는 높은 온도 차와 관련된 누적된 응력으로 인해 파단과 균열이 발생할 수 있다. 동체와 튜브 사이의 심한 온도 차이로 인해 튜브 굴곡이 발생할 때 열피로가 발생한다. 열피로에 의해 튜브가 뒤틀려 튜브 소재의 인장강도를 초과하는 응력하중이 발생하여 튜브가 파열될 수 있다.

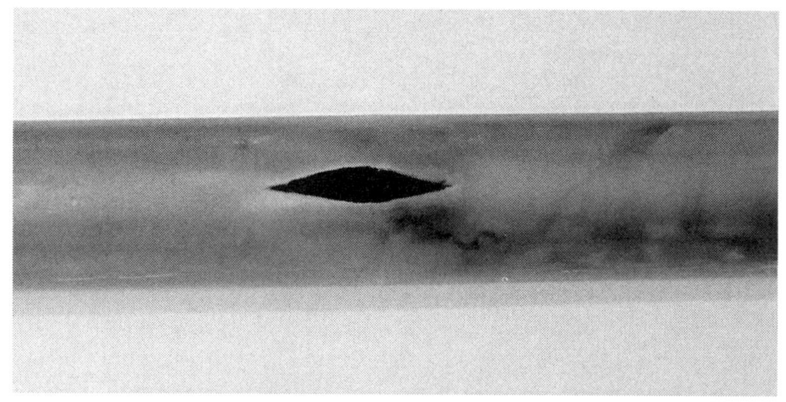

그림 5-46    심한 온도 차이로 인한 구리 튜브의 파열

## ○ 증기 또는 물에 의한 수격 현상

수격 현상은 일반적으로 냉각수 흐름의 갑작스러운 중단, 정체된 물의 급속한 기화 또는 펌프의 오작동으로 인해 압력 변동이 급격하게 발생한 위치에서 일반적으로 발생한다. 수격 현상은 증기 압력이 높은 급수 가열기에서 관찰될 수 있다. 수격 현상은 강한 힘이 발생하기 때문에 열교환기의 동체 또는 튜브의 파단을 초래할 수 있다.

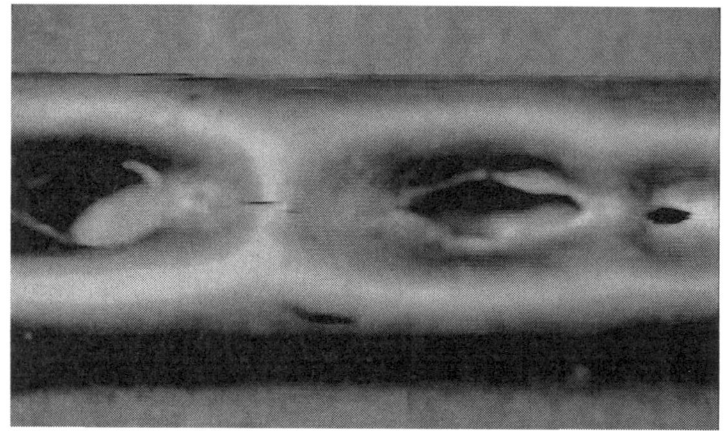

그림 5-47    증기 수격 현상에 의한 구리 튜브의 파열

와전류검사에서 검출된 불연속 신호의 결함 판정과 크기 측정은 불연속에 의해 생성된 코일의 임피던스 변화 궤적 신호의 진폭과 위상각을 측정하여 추정한다. 검사 결과 수집된 와전류신호의 진폭과 위상각을 6.2항에서 설명한 신호 분석 기본원칙에 따라 평가하여 결함 신호로 확인되면 신호 진폭 값과 위상각 값을 측정한다. 또한 리사주 결함 신호의 진폭 값과 위상각 값을 기본적인 측정 방법에 따라 측정하지 않을 경우 검사 정확도가 떨어지게 되므로 아래에 설명한 측정 방법을 적용하는 것이 좋다. 이 측정 방법은 탐촉자 교정, 크기 추정 곡선 작성 그리고 검사에서 검출된 결함 깊이 추정에 사용할 수 있다.

○ **와전류신호 분석 프로그램의 화면 구성**

열교환기 튜브 와전류검사에 사용되고 있는 와전류검사 신호평가 프로그램의 기본적인 리사주 화면이 그림 6-1에 제시되어 있다.

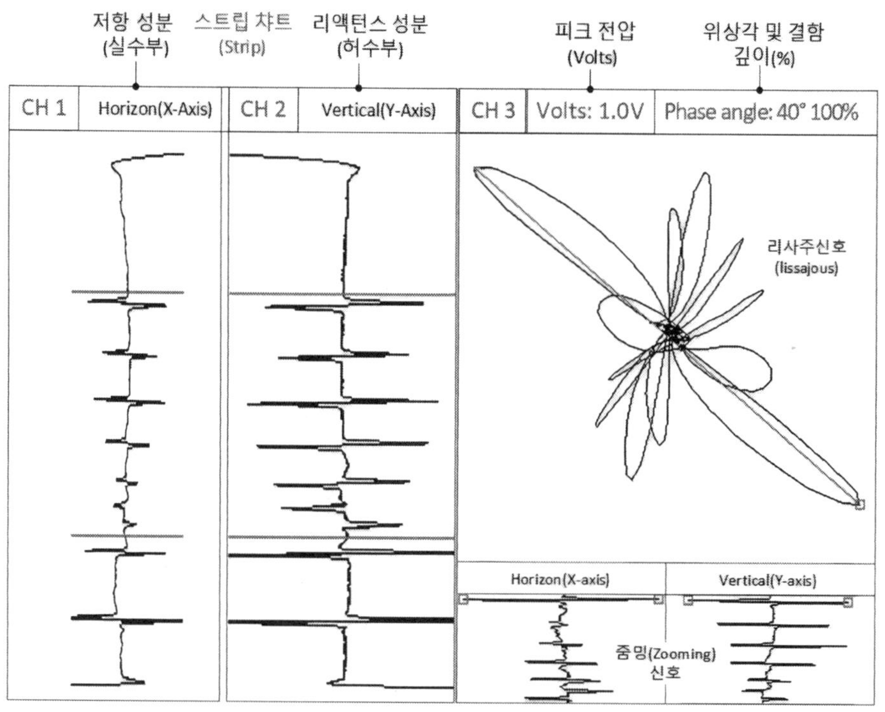


그림 6-1 와전류검사 신호 분석 프로그램 창(예시)

화면 왼쪽의 CH-1과 CH-2의 신호는 코일 임피던스의 실수(X축)와 허수(Y축) 성분을
나타낸다. 화면 오른쪽의 CH-3의 리사주 신호는 코일 임피던스 궤적으로 나타내는 신호
로서 코일의 진폭(전압)과 위상각을 각각 수치로 나타내어 측정할 수 있다. 리사주 신호
아래쪽 신호는 실수(X축)와 허수(Y축) 신호의 전체 또는 일부를 줌(zoom) 처리하여 확대
관찰할 수 있다.

CH-1, CH-2 및 CH-3의 각 신호는 검사원이 화면에 나타나는 신호의 크기를 신호
분석에 편리한 크기로 조정할 수 있다.

## ○ 와전류신호 진폭 및 위상각 측정

열교환기 튜브 보빈 탐촉자 신호 분석은 피크 전압 측정($V_{PP}$), 최대 위상 변화율 측정
($MxR$), 최대 수직 진폭 측정($V_{mx}$), 추정 위상각 측정($GA_n$)과 같은 4가지 측정기법에
따라 리사주 신호의 진폭과 위상각 값을 측정한다. 신호 진폭과 위상각 값의 측정 방법은
그림 6-2에 나타낸 것과 같은 절대 및 차동 신호를 예시로 하였다.

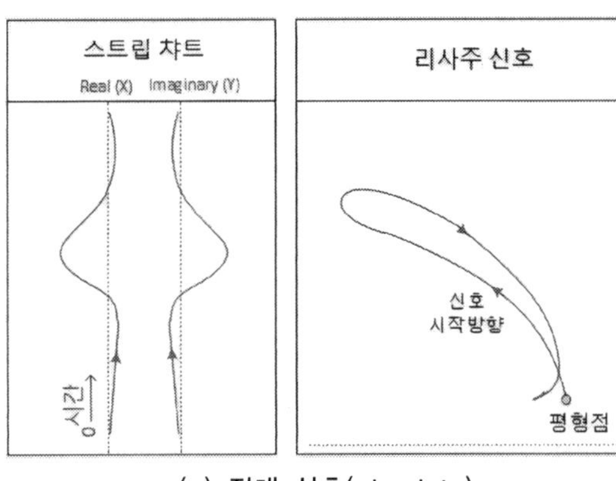


(a) 절대 신호(absolute)

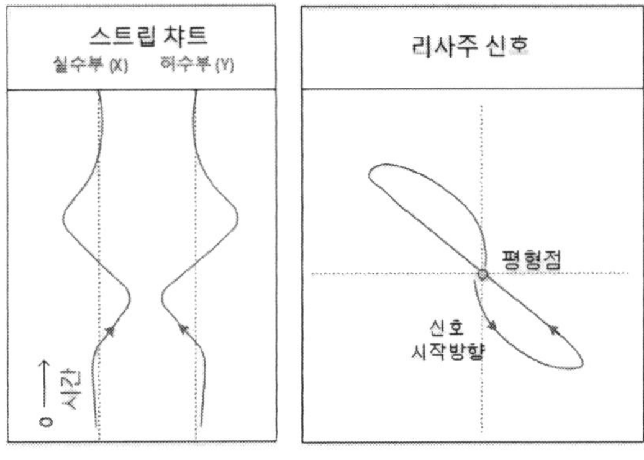


(b) 차동 신호(differential)

그림 6-2  절대 및 차동 리사주 신호(예시)

그림 6-2에 나타낸 바와 같이 절대 신호는 한 개의 로브(lobe)를 형성하고 차동 신호는 두 개의 로브로 된 "8"자형 신호를 형성한다.

① **절대 신호의 피크 전압**(absolute peak-to-peak, $V_{PP}$)

절대 피크 전압 및 위상각 측정 방법은 매우 간단하다. 이 측정 방법은 와전류 결함 신호의 피크 사이의 진폭과 위상각을 측정하는 방법으로서 그림 6-3과 같이 신호의 최대 벡터점을 연결하여 측정한다.

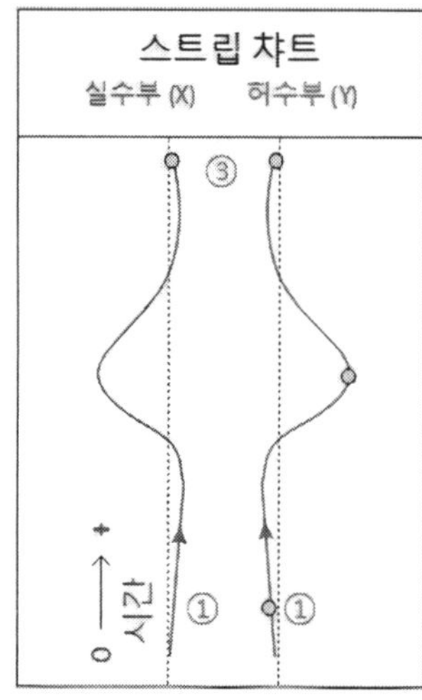
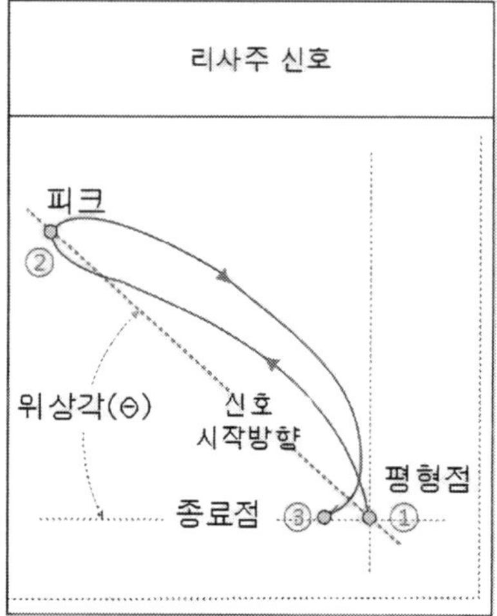


(a) 피크 전압의 올바른 측정

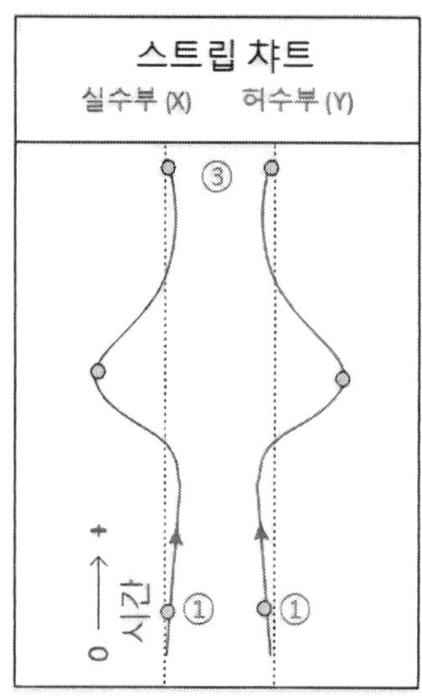
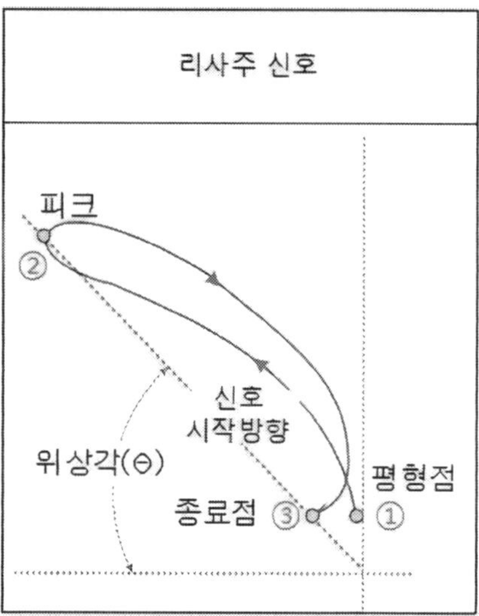


(b) 피크 전압의 잘못된 측정

그림 6-3　절대 신호의 피크 전압 및 위상각 측정 방법

즉 탐촉자의 브리지 평형점 ①과 이 점으로부터 가장 먼 벡터점 ②를 잇는 신호의 직선 길이(전압)를 측정한다. 전압과 위상각을 측정하기 위한 시작점은 항상 리사주 신호의 원점인 평형점 ①을 기준으로 한다. 이 측정 방법은 한 개의 로브를 포함하는 절대 신호를 측정하는 데 사용한다. 그림의 절대 신호에서 벽 관통공 신호가 시작되는 평형점 ①과 결함 신호의 마지막 벡터점 ③이 일치하지 않고 옵셋되어 차이가 나는 것은 탐촉자 이동 시 발생하는 리프트 오프 차이에 의한 것이다. 결함 신호가 시작되는 평형점 ①을 기준으로 하지 않고 옵셋된 마지막 벡터점 ③과 피크점 ②를 잇는 크기를 측정할 때 잘못된 진폭 값이 얻어질 수 있으므로 주의한다. 절대 신호의 위상각도 전압 측정과 동일하게 탐촉자의 브리지 평형점 ①과 이 점으로부터 가장 먼 벡터점 ②를 잇는 직선과 X축이 이루는 각을 측정한다.

## ② 차동 신호의 피크 전압(differential peak-to-peak, $V_{PP}$)

차동 신호 피크 전압($V_{PP}$)의 측정 방법은 절대 신호와는 다르다. 즉 그림 6-4에서와 같이 두 개의 로브로 된 "8"자형 차동 리사주 신호 양단의 가장 멀리 떨어진 피크 점을 잇는 직선 길이(전압)를 선택하여 측정한다. 이 방법은 커서의 위치에 상대적으로 민감하지 않다는 장점이 있다. 하지만, 커서 위치에 따라 조금 더 크거나 작을 수 있으나 선택한 커서 포인트는 보통 거의 동일하거나 가깝다.

시작 원점이 가장 먼저 신호가 시작되는 점이다. 첫 번째 로브는 결함을 통과하는 첫 번째 코일에 의해 생성된다. 리사주 신호가 정상적인 "8"자 모양을 형성하면 교정 조건이 적절하게 설정된 것이다. 이 방법은 차동 리사주 신호 두 개 로브의 피크를 기준으로 하므로 신뢰도가 높고 차동 채널에서 널리 사용된다.

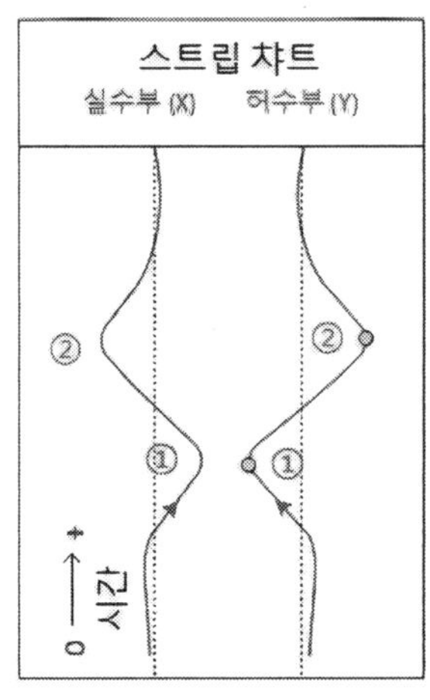

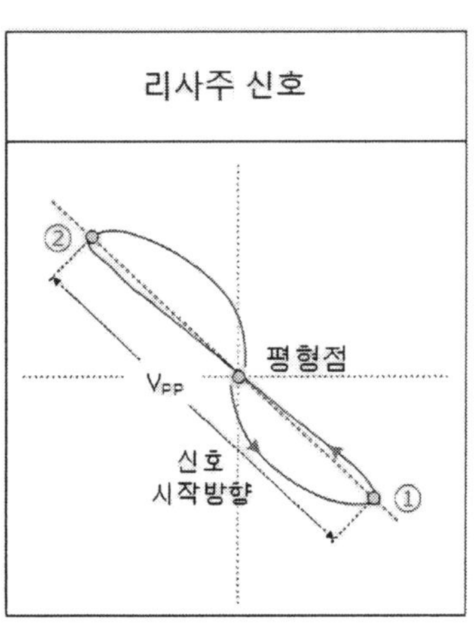


그림 6-4  **차동 신호의 피크 전압 측정($V_{PP}$)**

### ③ 최대 위상 변화율(maximum rate, $MxR$)

이 방법은 결함 신호의 최대 기울기, 즉 최대 변화율이 발생한 점의 위상각을 측정하여 평가하는 방법으로 차동 모드에서 자주 사용된다. 일반적으로 위상각 측정에만 적용하고 진폭측정은 적용하지 않는다. 그림 6-5에 나타낸 차동 신호의 벽 관통공에서 최대 위상 변화율은 첫 번째 코일과 두 번째 코일이 전환될 때 신호 양단 피크 사이 직선의 위상각을 측정한다.

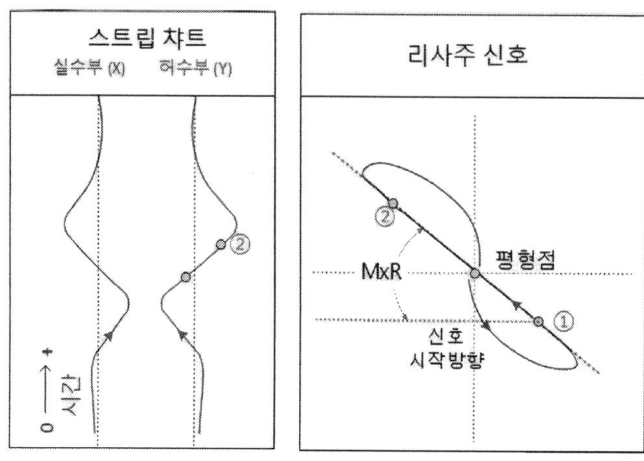



그림 6-5  **차동 신호의 최대 위상 변화율 측정($MxR$)**

### ④ 최대 수직 진폭(vertical maximum amplitude, $V_{mx}$)

이 측정 방법은 와전류 신호의 수평과 수직 성분 중 오직 Y축의 수직 성분만을 측정한다. 측정은 그림 6-6과 같이 신호 위상각을 90°로 조정한 다음 결함 신호의 Y축 최대 수직 방향 진폭을 측정한다. 하지만 최신 장비는 위상각 조정 없이 리사주 신호의 양 끝단을 선택하면 자동적으로 진폭값을 읽을 수 있다.

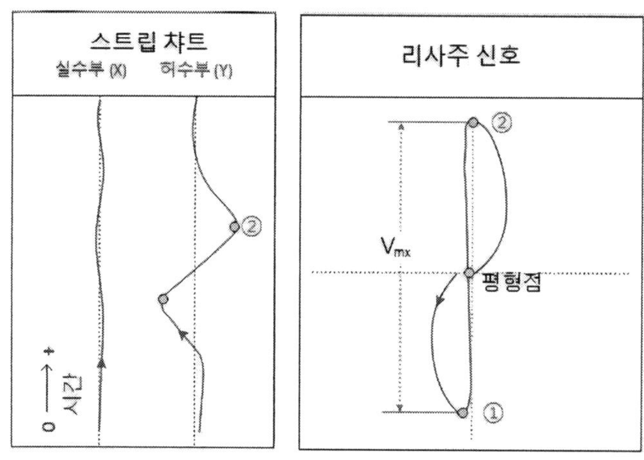



그림 6-6  **차동 신호의 최대 수직 진폭($V_{mx}$) 측정**

⑤ 위상각 추정(guess angle, $GA_n$)

이 측정 방법은 그림 6-7에서와 같이 신호의 위상각($V_{PP}$, $MxR$, $V_{mx}$)을 측정하기 위해 화면에 나타난 리사주 신호의 위상각 측정 벡터점 또는 측정 라인의 마우스를 이용하여 수동으로 조정하여 직접 측정한다. 이 방법은 검출된 신호 형상이 응력부식균열 신호와 같이 복잡할 때 검출된 신호의 측정 벡터점 또는 라인을 검사자의 신호 분석 경험에 따라 마우스를 이용하여 벡터점을 임의 점으로 이동시켜 $V_{PP}$, $MxR$, $V_{mx}$ 값을 추정한다.

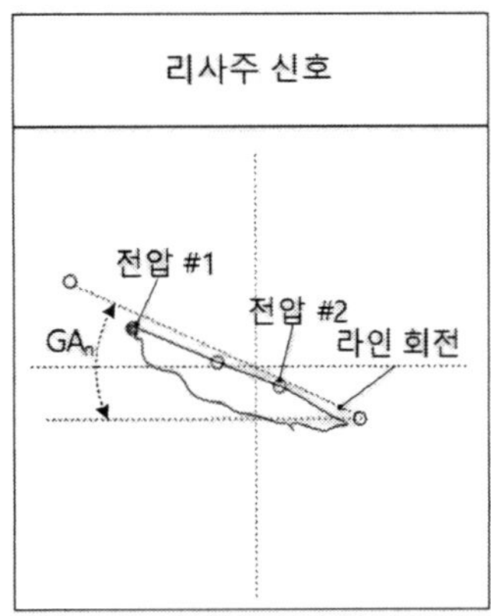


그림 6-7　**추정 위상각($GA_n$) 측정**

## 6.2.1 결함 깊이와 위상 지연 관계

➡ 와전류는 재료 두께를 통과하기 위해서 시간이 소요되므로 깊이가 깊어지면 위상 지연이 발생한다. 즉, 결함의 깊이가 깊어지면 위상 지연은 더 증가하므로 이 위상 지연과 결함 깊이와의 상관관계를 구하여 결함 깊이를 추정한다.

앞의 3장에서 설명한 것과 같이 와전류는 전자기유도의 결과로 생성된다. 유도 회로에서 교류전류의 흐름은 전압에 대해 위상이 지연되고, 이에 따라 유도되는 와전류 흐름도 전압에 대해 90° 지연된다. 코일의 자기장과 유도된 와전류는 재료 두께를 통과하기 위해 시간이 소요된다. 이러한 시간 변화는 위상 지연 변화와 관련되므로 위상 지연을 결함의 깊이를 추정할 수 있다. 위상은 전기적 측면에서 전기 파형의 시차 관계를 설명하는 데 사용되고 보통 라디안(radian) 또는 도(degree)로 나타낸다.

와전류 결함 신호는 결함의 방해를 받은 와전류의 진폭과 위상에 따라 결정된다. 검사 재료 표면 근처에 있는 크기가 작은 표면 결함과 재료 표면으로부터 멀리 깊게 위치한 크기가 큰 내부 결함은 코일 임피던스 크기에 유사한 영향을 미친다. 그러나 결함 깊이에 따라 위상 지연이 증가하여 코일 벡터 차이가 발생하므로 이를 분석하여 결함의 위치와 크기(범위)를 결정할 수 있다. 와전류의 이와 같은 위상 지연은 다음과 같은 이론식으로 설명할 수 있다.

앞의 3장에서 설명한 바와 같이 전도체가 반무한의 두꺼운 두께면 재료 표면의 와전류 밀도($J_0$)와 깊이($x$)에서 와전류 밀도($J_x$)의 비는 식 (6-1a)로 주어진다[1].

$$J_x/J_0 = e^{-\alpha}\sin\left(\omega t - \alpha\right) \tag{6-1a}$$

여기에서 $J_x/J_0$는 표면의 와전류 밀도($J_0$)와 깊이 $x$에서 전류밀도($J_x$)의 비이며, $x$는 표면으로부터 거리, $e$=2.718 , $\alpha$=$x/\delta$, $\delta$=$1/\sqrt{\pi f \mu \sigma}$ 이다.

또한 식 (6-1a)는 식 (6-1b)와 식 (6-1c)와 같이 두 개의 성분으로 분해할 수 있다.

$$J_x/J_0 \propto e^{-\alpha}\left(= e^{-\frac{x}{\delta}}\right) \tag{6-1b}$$

$$J_x / J_0 \;\propto\; \sin\left(\omega t - \frac{x}{\delta}\right) \tag{6-1c}$$

식 (6-1b)로부터 와전류 밀도는 깊이($x$)에 따라 지수함수적으로 감소함을 알 수 있고, 식 (6-1c)로부터 깊이($x$)에 따라 와전류 밀도의 위상 지연이 증가함을 알 수 있다.

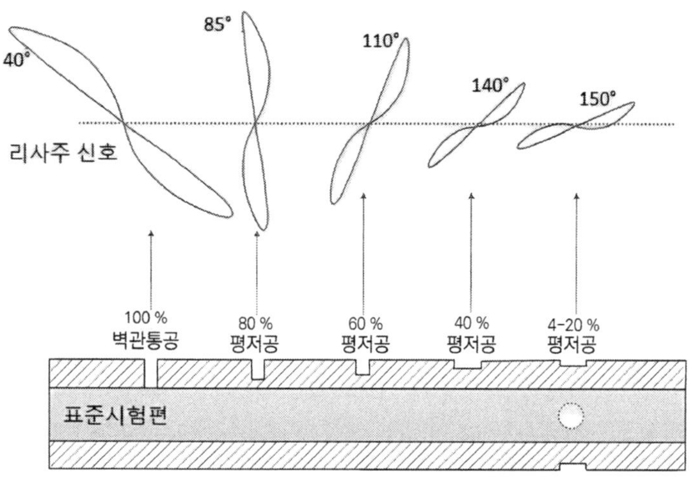


그림 6-8　결함 깊이에 따른 위상 지연(예시)

깊이($x$)가 표준 침투 깊이($\delta$)와 같을 때 위상 지연은 57° 또는 1라디안으로서 표준 침투 깊이의 와전류는 표면 와전류보다 57° 지연되는 것을 의미한다. 표준 침투 깊이의 2배 깊이($2\delta$)인 와전류는 표면 와전류보다 114° 지연되고 이것이 그림 6-9에 나타나 있다.

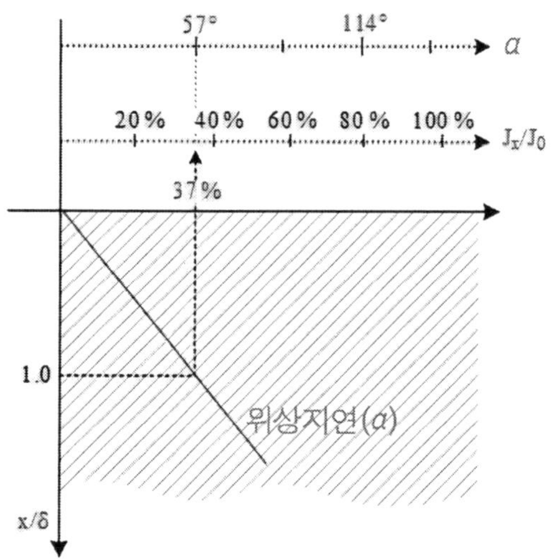


그림 6-9　두꺼운 검사 대상체의 깊이에 따른 와전류 위상 변화

## 6.2.2 주파수와 위상 지연 관계

➡ 검사 주파수가 증가하면 와전류의 위상 지연은 더 커진다. 즉, 검사 주파수가 증가하면 해당 결함의 위상 지연은 더 커지고($\uparrow$), 이에 따라 각 결함 사이의 위상각 퍼짐이 더 증가($\uparrow$)한다. 반대로 검사 주파수가 감소하면 해당 결함의 위상 지연은 더 감소($\downarrow$)하고, 이에 따라 각 결함 사이의 위상각 퍼짐은 더 감소($\downarrow$)한다.


검출된 와전류 신호가 관심 대상의 결함 신호 또는 투자율 변화, 찌그러짐(denting), 핑(ping), 페라이트(ferrite), 치수 변화 등과 같은 불필요한 변수에 의한 것인지 아닌지를 판단하기 위해서 검사 주파수 변화에 따른 결함의 위상각 변화를 분석하면 결함 신호의 사실 여부를 확인할 수 있다. 이것은 아래와 같은 관계로부터 확인할 수 있다.

앞에서 와전류의 위상 지연은 $\alpha = x/\delta$이고, 여기에서 표준 침투 깊이는 $\delta = 1/\sqrt{\pi f \mu \sigma}$ 이므로 위상 지연($\alpha$)은 식 (6-2)로 주어진다.

$$\alpha = x/\delta = x/(1/\sqrt{\pi f \mu \sigma}) \propto x\sqrt{f \mu \sigma} \qquad (6-2)$$

식 (6-2)에서 와전류의 위상 지연은 검사 주파수에 따라 비례하여 증가하는 것을 알 수 있다. 즉, 검사 주파수가 증가하면 해당 결함의 위상 지연은 더 커지고, 이에 따라 각 결함 사이의 위상각 퍼짐이 더 증가한다. 반대로 검사 주파수가 감소하면 해당 결함의 위상 지연은 더 감소하고, 이에 따라 각 결함 사이의 위상각 퍼짐은 더 감소한다. 위의 와전류신호 분석 기본 원리를 기초로 결함의 진위 여부(관련 또는 무관련)와 결함 크기(깊이)를 아래와 같은 방법으로 분석한다.

위의 기본 원리에 따라 신호의 위상각이 그림 6-10에서와 같이 주파수가 증가하면 위상각이 점차 증가하는지를 확인한다. 그림 6-10(a)는 외경(OD) 측 벽두께 60 % 깊이인 평저공(FBH) 결함의 주파수변화에 따른 위상각 변화를 나타낸 것이다. 왼쪽 신호는 100 kHz 신호, 가운데 신호는 200 kHz 신호, 오른쪽 신호는 400 kHz에서 신호로서 주파수가 높을수록 신호는 시계 방향으로 회전하는 것을 알 수 있다. 그림 6-10 (b), (c) 및 (d)는 벽두께 관통공과 외경(OD) 측 벽두께 80 %, 60 % 깊이인 평저공(FBH) 3개 결함의 주파수 변화에 따른 위상각 변화를 나타낸 것이다. 주파수가 높을수록 각 결함 신호 사이 위상각 퍼짐이 커지고 각 신호가 시계 방향으로 회전하는 것을 알 수 있다.

각 주파수에서 100 % 벽 관통공 신호를 40°로 조정하여 고정하였을 때, 주파수 증가에 따라 위상각이 증가하지 않고 감소하거나, 주파수별 위상각 변화가 일관되지 않을 때는(커지거나 작아짐) 비관련 지시일 가능성이 크므로 다른 추가 기준을 적용하여 불연속 사실 여부를 분석한다. 위와 같은 판별기준을 만족하는 결함 신호의 위상각 또는 진폭을 측정하여 불연속의 크기

(깊이, 방향), 두께 변화, 재질 변화, 표면 또는 내부 결함 위치 정보를 파악할 수 있다.

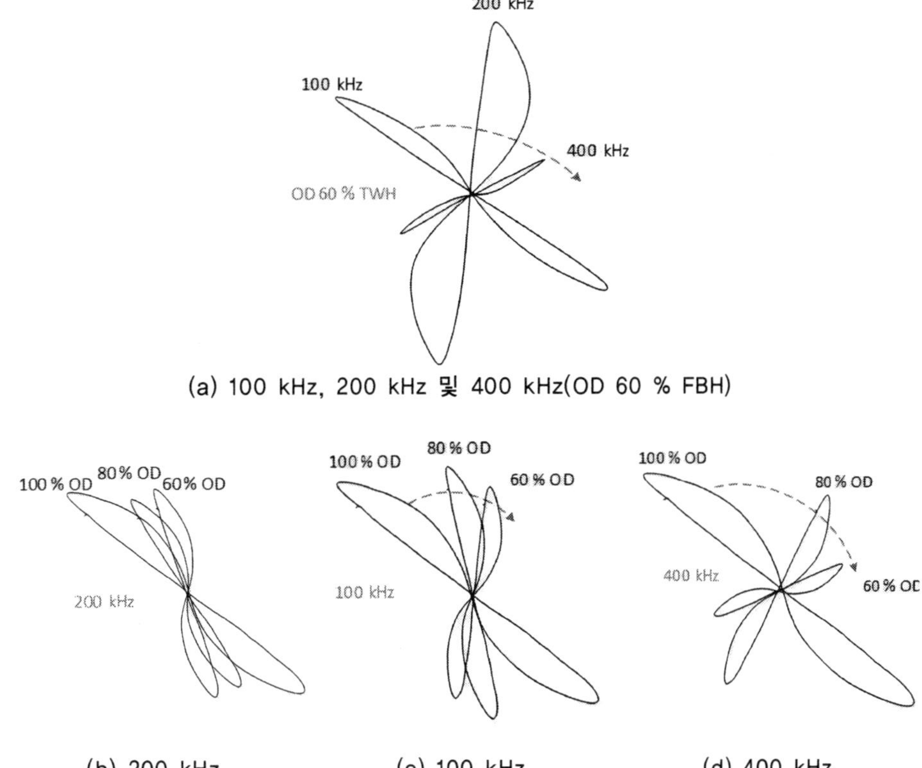



그림 6-10　주파수 변화에 따른 불연속 신호의 위상각 변화

## 6.2.3 리사주 신호 형성 방향

➡ 결함의 리사주 신호 시작 방향은 특정 방향으로 징해져 있다. 즉, 튜브로부터 보빈 탐촉자를 인출할 때 기준으로 리사주 신호는 임피던스 평면의 평형점으로부터 네 번째 사분면 우측 아래쪽을 향해 신호가 시작된다.

결함의 리사주 신호 시작 방향은 특정 방향으로 정해져 있다. 즉 튜브 내부로부터 탐촉자를 인출할 때 기준으로 그림 6-11 (a)와 (b)의 100 % 벽관통 신호와 외경(OD) 측 벽두께 20 % 깊이 평저공(FBH)의 리사주 차동신호(8자 모양)는 네 번째 사분면에서 평형점으로부터 우측 아래방향으로 신호가 시작(① 방향)되고, 그림 6-11(c)의 내경(ID) 측 벽두께 20 % 깊이 결함의 차동신호는 세 번째 사분면에서 평형점으로부터 좌측 아래쪽으로 신호가 시작되는 것을 알 수 있다. 하지만 그림 6-11(d)의 찌그러짐(dent) 신호는 두 번째 사분면에서 평형점으로부터 좌측 평행 방향(~0° 위상각)으로 시작하는 것을 알 수 있다. 이와 같은 신호 시작 방향을 기준으로 결함 신호와 무관련 신호를 구분하여 분석할 수 있다.

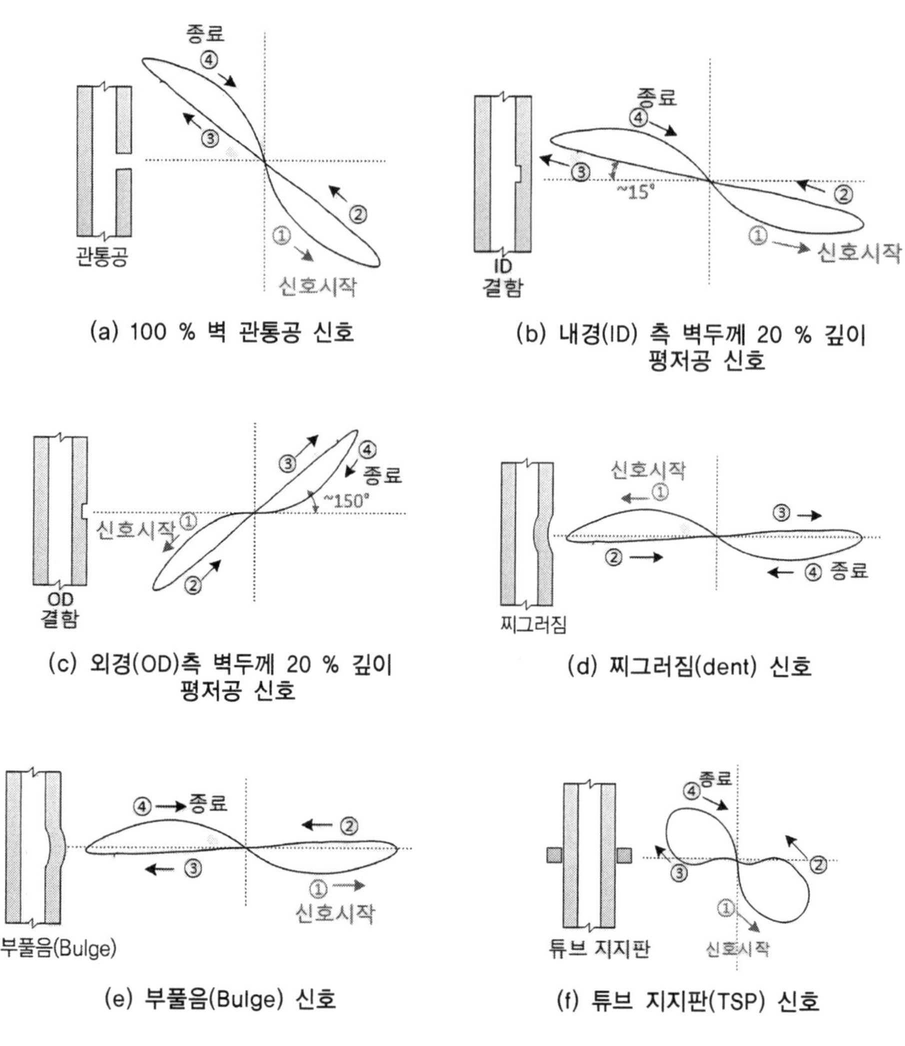


그림 6-11　결함 신호 및 무관련 신호 예시
(차동 탐촉자 튜브 인출 기준)

열교환기 튜브 와전류검사에 가장 많이 사용되고 있는 보빈 코일의 차동 신호 형성 과정을 그림 6-12에 나타내었다. 튜브로부터 탐촉자를 인출할 때 기준으로 1번 코일이 점차 결함으로 접근하게 되면 브리지회로의 평형이 깨져 회로 비평형량이 점차 증가하여 최대로 된다.

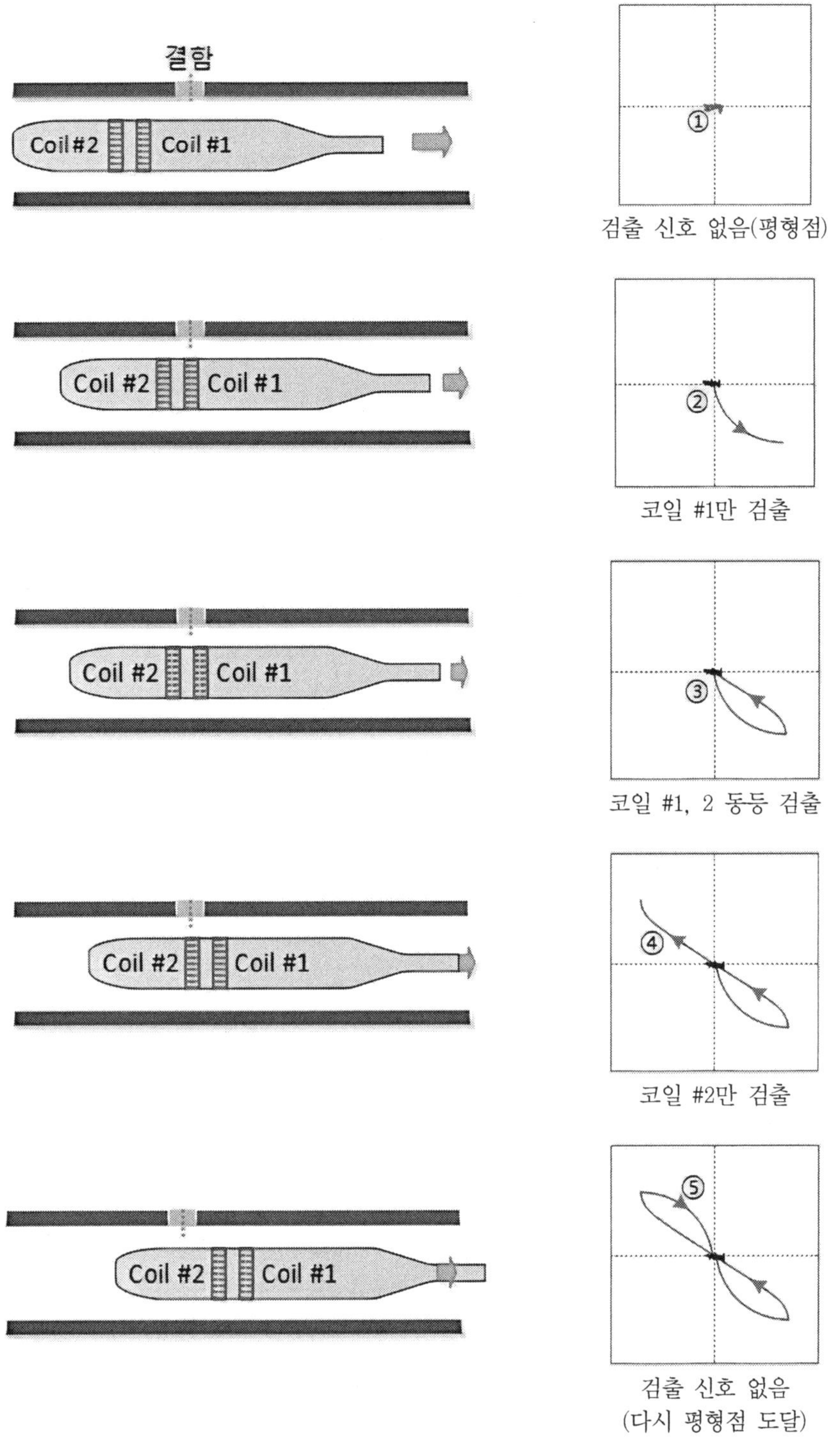


그림 6-12  차동 보빈 코일의 리사주 신호 형성 과정(인출 기준)

즉 임피던스 궤적이 네 번째 사분면 우측 아래쪽으로 이동하여 최대점에 도달한다. 1번 코일이 결함을 점차 벗어나 결함이 1번 코일과 2번 코일 중앙에 위치하게 되면 다시 회로 평형에 도달하여 임피던스 점이 평형점에 이르게 된다. 다음으로 1번 코일이 결함을 완전히 벗어나고 2번 코일이 점차 결함의 중심으로 이동하면 마찬가지로 평형이 깨져 회로 불평형량이 점차 증가하여 최대로 된다. 즉 임피던스 궤적이 두 번째 사분면 좌측 위쪽으로 이동하여 최대점에 도달하여 1개 로브의 리사주 신호를 생성하게 된다.

　　6.1과 6.2에서 설명한 것과 같이 와전류신호 분석은 기본적으로 검사에서 수집된 와전류 신호의 진폭과 위상각을 분석하여 결함의 사실 여부를 결정하고 그 크기를 정량적으로 추정한다. 와전류 신호의 위상각은 결함 깊이와 상관관계를 갖고, 진폭은 두께 감육에 의한 체적과 상관관계를 갖는다. 또한 결함의 위치가 외경(OD) 측에 있는지 내경(ID) 측에 있는지에 따라 와전류 신호의 특성이 달라진다. 이러한 신호 특성과 상관관계를 기반으로 신호를 분석하여 결함의 위치와 크기를 추정한다.

　　서로 다른 형태의 결함기구는 검출된 와전류 신호를 관찰하여 분류할 수 있다. 와전류 신호를 특정 결함기구와 연관시키기 위해서는 사전에 검사 대상 튜브에 대한 손상 이력과 지식이 필요하다. 와전류 신호를 분석하기 위해서 무관련 잡음 신호로부터 관련 결함 신호를 구분해 내는 것이 필수적이다. 이것은 와전류신호의 위상 식별기법을 이용하여 가능하고, 서로 다른 검사 주파수에 대해 달리 반응하는 검사 변수를 기초로 분석이 이루어지기 때문에 가급적 다중 주파수를 사용하는 것이 좋다.

　　현장에서 수행되는 열교환기 와전류 신호 분석은 현재 보통 와전류 신호의 위상각에 기초한 위상각 분석법과 신호 진폭에 기초한 진폭 분석법 두 가지를 주로 적용하고 있다. 두 가지 신호 분석법의 특징은 다음과 같다.


## 6.3.1 신호 분석법

### (1) 위상각(phase angle) 분석법

　　이 신호 분석법은 결함의 체적보다는 주로 깊이를 추정하기 위한 기법으로서 현재 주요 열교환기 튜브 와전류검사에 널리 적용되고 있다. 이 분석법은 검사 대상 열교환기 튜브의 검사이력 또는 튜브 상태를 잘 알고 있지 않을 때 적합하다. ASTM에는 ASTM E 571, E 426, E 243 등과 같은 여러 재료에 대한 교정 표준시험편이 기술되어 있지만, 그림 6-13에 나타낸 KEPIC(또는 ASME) 교정 표준시험편이 열교환기 와전류검사에 더 많이 사용되고 있다. ASTM 시험편과는 달리 노치를 포함하지 않는다.

　　KEPIC(또는 ASME) 교정 표준시험편은 튜브 외경(OD) 측 결함으로 밑면이 편평한 평저공

(FBH)과 튜브 내외부(ID 및 OD) 그루브(groove)와 같은 인공 결함을 포함하고 있다. 보빈 탐촉자의 차동 모드에서 벽두께 100 % 관통공(TWH, through-wall-hole)의 리사주 신호 형성은 그림 6-13과 같이 리사주 화면 네 번째 사분면 구역 중 우측 아래 구역에서 아래 우측을 향해 신호가 시작된다. 일반적으로 검사 주파수에 따라서 100 % 벽 관통공과 4 %~20 % 평저공 사이에 발생하는 위상각 차이가 90° 이상 형성되어야 한다.

보빈 탐촉자의 차동 신호 설정은 기본적으로 피크-피크 전압($V_{pp}$) 또는 최대 위상 변화율($MxR$) 도구를 사용하여 신호 끝단의 측정점을 정한 다음 100 % 벽 관통공 신호를 회전시켜 40°로 조정한다. 다중 주파수 및 다중채널 분석법을 사용할 때 일반적으로 검사를 시작하기 전 교정 단계에서 그림 6-13에서와 같이 모든 검사 주파수(보통 4개 주파수)의 차동 채널에 대해 100 % 벽 관통공 신호를 40°로 조정하여 설정한다.

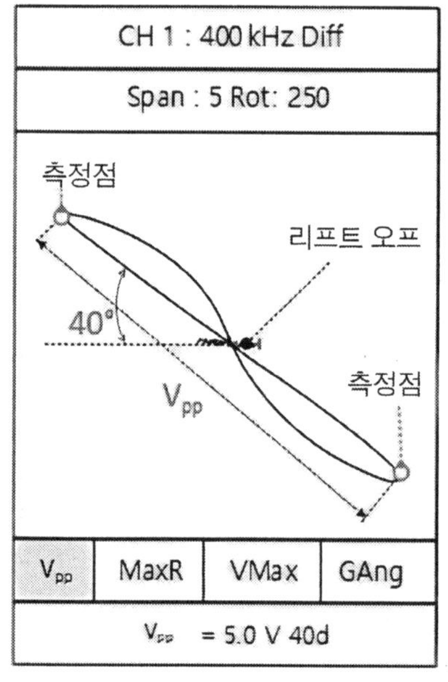

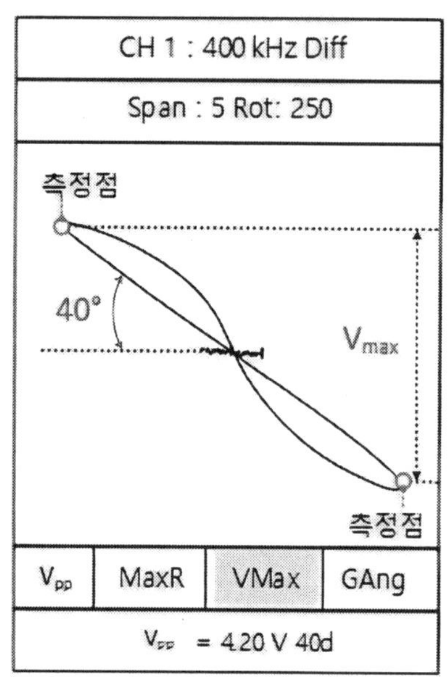


그림 6-13   100 % 벽 관통공 신호 위상각 조정(차동 채널)

와전류 신호의 진폭(전압) 값은 검사원이 표준시험편에 포함된 특정 대비 결함에 대해 임의로 설정할 수 있다. 그림 6-13과 같이 일반적으로 100 % 벽 관통공 신호를 각 차동 채널에 대해 5 Volts($V_{pp}$)로 설정하며, 때에 따라 20 % 외면측(OD) 평저공 신호를 특정 전압값으로 설정할 수 있다. 사용되는 최적 검사 주파수($f_o$)에서 신호의 위상각 퍼짐은 그림 6-14에서와 같이 일반적으로 100 % 벽 관통공 신호와 4 %~20 % 외경 측 평저공 신호 사이에 90° 이상이 필요하다.

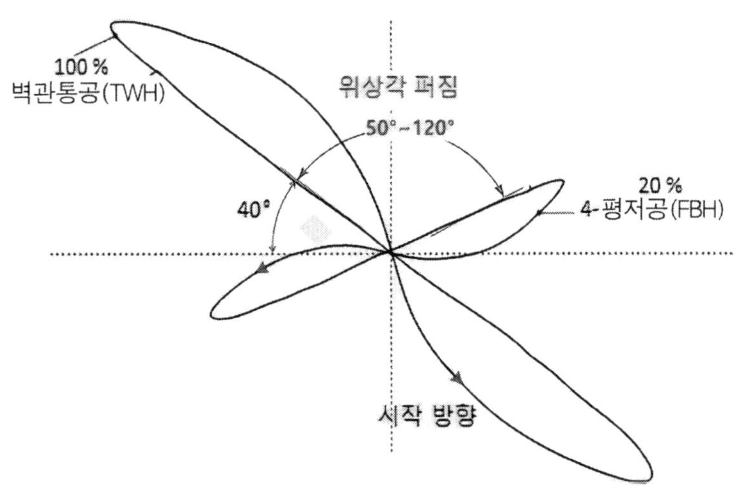


그림 6-14    100 % 벽 관통공(TWH)과 4 %~20 % 평저공(FBH)
사이의 최적 주파수($f_o$) 위상각 분리

위상각 신호 분석에서 첫 번째로 중요한 확인 사항은 신호가 리사주 화면의 네 번째 사분면에서 평형점으로부터 우측 아래쪽을 향해 시작되는 것을 확인해야 한다. 두 번째로 특정 주파수에서 측정된 위상각이 예상되는 위상각 퍼짐 범위 이내에 드는지를 확인해야 한다. 만약 그렇지 않으면 관찰된 신호는 외부 잡음 신호 또는 투자율 변화에 의한 신호일 가능성이 높다. 표준시험편의 튜브 외경(OD) 측 결함의 경우 각 신호 사이의 위상각 퍼짐은 검사 주파수가 증가함에 따라 증가하고, 반대로 검사 주파수가 감소하면 각 신호 사이의 위상각 퍼짐은 감소한다.

KEPIC(ASME) 표준시험편의 100 % 벽 관통공 신호 진폭을 그림 6-13에서와 같이 각 차동 채널에 대해 5 V로 설정할 경우, 튜브 외경(OD) 측 결함의 진폭(전압)은 저주파수에서 증가한다. 하지만 튜브 내경(ID) 측 결함의 진폭은 고주파수에서 감소한다.

결함 크기 측정의 정확도는 주파수가 높을수록 더 개선되지만, 튜브 내면으로부터 발생하는 잡음 신호가 증가한다. 또한 외부 잡음 신호의 위상각은 더 높은 주파수에서 결함 신호와 유사한 위상각을 가질 수 있다. 신호 위상각에 영향을 미치는 또 다른 요인은 튜브 원주 방향으로 존재하는 결함 형상과 개수이다. 즉, 체적이 큰 비대칭 결함은 보통 결함의 실제 깊이보다 더 깊게 나타나고, 반대로 튜브 원주 방향으로 존재하는 다중결함의 측정 깊이는 최대가 아닌 평균화 되어 덜 보수적으로 측정된다. 이 같은 위상각 회전 및 진폭 측정에서 얻어진 정보를 분석하여 결함의 진위 여부를 확인할 수 있다.

위상각 대 결함 깊이 추정을 위한 교정곡선은 그림 6-15와 같이 표준시험편의 외경(OD) 측 평저공의 깊이별 위상각을 보통 3개~5개 정도를 입력하여 작성한다. 신호 분석 프로그램에 입력 대상 평저공의 위상각을 입력하면 입력 위상각 값을 연결하는 최적화 곡선(best-fit)을 자동으로 생성하고 위상각 1° 증분에 따른 벽감육 백분율(%) 표를 자동으로 생성한다. 교정곡선 작성이 완료되면 교정에 사용된 동일한 탐촉자를 검사에 사용하고, 얻어진 신호의 위상각을 교정곡선의 위상각 및 두께 감육(%)과 비교하여 해당 결함의 깊이를 추정한다.

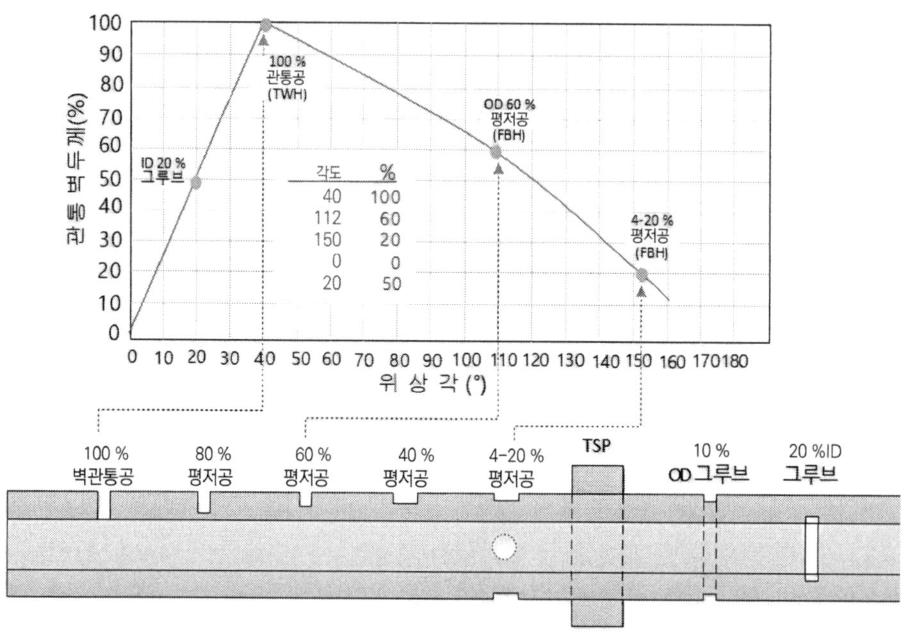


그림 6-15　위상각 대 깊이 교정곡선 예시(위상각 분석법)

### (2) 진폭(amplitude) 분석법

와전류 신호 진폭 분석법은 균열성 결함보다 상대적으로 체적이 큰 체적성 결함을 검사하는데 적합하다. 앞장에서 설명한 것과 같이 와전류신호 진폭은 주로 결함의 체적과 관련되기 때문이다. 튜브와 튜브 지지판(TSP) 사이 접촉 부위에 발생할 수 있는 프레팅 마모, 튜브 외면의 증기 충돌과 튜브 지지판 부위에 발생할 수 있는 증기 충돌 손상 등과 같은 체적성 결함을 검사하는데 주로 적용한다.

진폭 분석법은 균열성 결함의 크기 측정 정확도가 떨어지기 때문에 일반적으로 균열성 결함에는 적용하지 않는다. 위의 체적성 결함 발생부위는 일반적으로 축 및 원주 방향으로 테이퍼진 형태이며 결함의 한 쪽 끝단이 가장 깊게 감육된다. 이 결함은 독특한 손상 형상으로 인해서 위상각분석법을 적용하면 검사 결과가 더욱 보수적으로 얻어진다. 즉, 결함 깊이가 실제보다 더욱 깊게 측정되어 불필요하게 많은 튜브가 관 막음되어 열교환기의 전체적인 열전달 능력이 감소하게 된다.

진폭 분석법은 보통 차동 신호보다는 절대 신호의 진폭과 위상을 측정하여 분석이 이루어지고 기본적으로 신호의 최대 수직 진폭값($V_{\max}$)을 이용한다(그림 **6-16** 참조). 차동 신호 성분 중 수직 성분인 "Y축" 성분만 이용하여 결함 깊이를 추정하며, 위상각은 무관련 잡음 신호로부터 결함 신호를 구분하기 위해 사용한다.

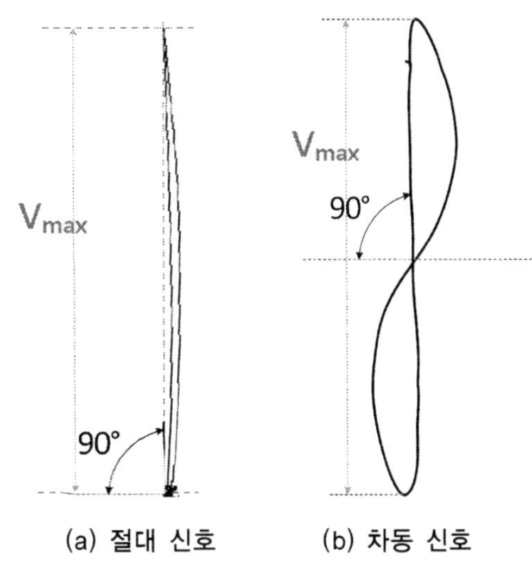



그림 6-16　**진폭 분석법의 위상각 설정과 최대 수직 전압($V_{MAX}$) 측정**

　진폭 분석법은 균열, 공식 등과 같은 평면형 결함과 체적이 작은 결함의 경우 비교적 과소 측정되므로 주의가 필요하다. 또한 기본적으로 튜브에서 발생하는 결함의 형태 및 발생 원인을 잘 알 수 없으면 위상각 분석법을 사용하는 것이 더욱 바람직하다.

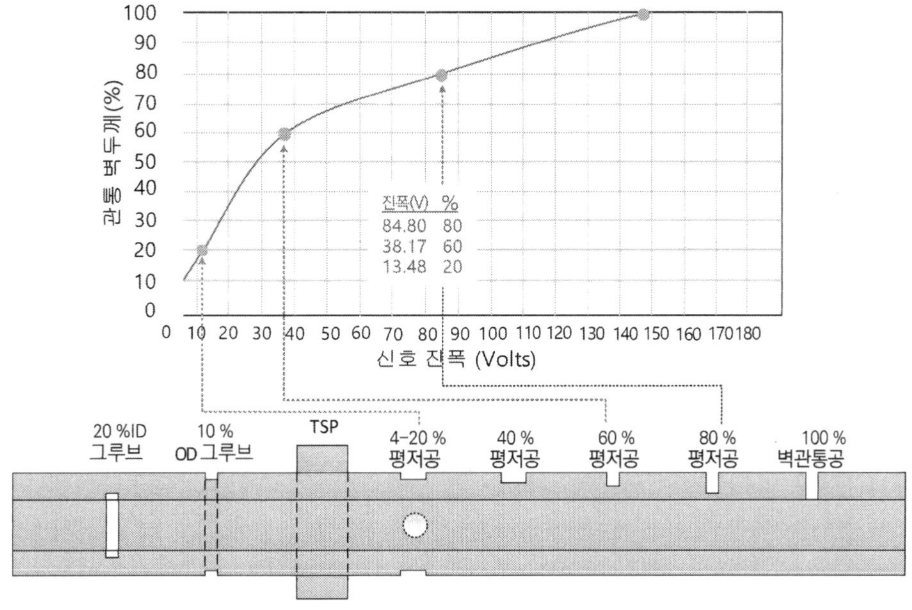



그림 6-17　**진폭 대 결함 깊이 교정곡선 예시(진폭 분석법)**

진폭 대 결함 깊이 추정을 위한 교정곡선은 6-17에 나타낸 것과 같이 위상각 분석법에서와 유사하게 표준시험편의 외경(OD) 측 평저공의 위상각을 보통 3개~5개 정도를 입력하여 작성한다. 신호 분석 프로그램에 각 평저공 전압값을 입력하면 각 전압값을 연결하는 최적화 곡선이 생성되고 전압값 약 0.1 Volt 증분에 따른 벽두께 감육 백분율(%) 표가 자동으로 생성된다. 이 교정곡선이 작성되면 교정에 사용된 동일한 탐촉자를 사용하여 검사하고, 검사 결과 얻어진 신호의 전압값을 이 교정곡선과 비교하여 해당 결함의 깊이를 추정한다.

### (3) 다중 주파수/다중 변수 분석법

오직 한 개 주파수를 사용한 와전류검사는 일반적으로 신뢰도를 갖는 검사 결과를 얻을 수가 없다. 한 개 주파수를 사용할 때 검출 대상의 관심 신호가 튜브 내부 잡음과 튜브 외부 지지구조물 등과 같은 잡음원에 의해서 가려지거나 왜곡될 수 있다. 결함 신호의 진폭 또는 위상각은 잡음 정도에 따라 심하게 왜곡될 수 있으므로 신뢰도를 갖는 결함 크기 측정이 어렵게 된다.

결함 신호와 무관련 신호를 구별하기 위해서는 단일 주파수에서 얻어진 정보보다 더 많은 추가적인 정보가 필요하다. 이 경우 다중 주파수 및 다중 변수 혼합(mixing)기법을 사용하면 바람직하지 않은 변수를 소거하여 최소화하는 데 도움이 된다. 다중 주파수 기법은 와전류검사에서 취득한 데이터에 포함될 수 있는 여러 무관련 신호를 소거하여 결함 신호만 추출하려는 방법이다. 와전류검사에서 검출될 수 있는 신호 특성은 주파수에 따라 달라지므로 2개 이상의 주파수 신호를 혼합하여 바람직하지 않은 신호 성분을 최소화할 수 있다.

이 분석법의 성공 여부는 일련의 독립적인 신호를 나타내기 위해 사용되는 주파수를 적절하게 선택하는 것에 따라 결정된다. 선택된 주파수가 서로 너무 가깝게 근접해 있으면 주파수가 혼합되어 관련 결함 신호를 포함한 중요한 신호가 소거될 수 있다. 바람직하지 않은 신호의 소거는 여러 주파수 신호를 벡터적으로 혼합하여 이루어지기 때문에 신호 출력에 영향을 주는 잡음원을 확인하는 것이 필요하다.

잡음 신호가 확인되면 바람직하지 않은 신호 성분을 최소화하기 위해서 몇 개의 적절한 주파수를 적용할 수 있다. 일반적으로 한 개 또는 2개 변수를 최소화하기 위해서 2개 이상의 주파수 혼합이 필요하다. 이것은 두게 주파수에서 잡음 신호가 거의 같도록 축소하거나 회전시켜 잡음성분을 벡터적으로 감하여 이루어진다. 일반적으로 외부잡음 신호 억제를 위해 사용되는 2차 주파수는 1차 주파수의 대략 1/2~1/4 범위 주파수를 사용한다. 그리고 내부 잡음을 억제하기 위한 2차 주파수는 보통 1차 주파수의 2배 이상 주파수를 사용한다. 그림 6-18에 튜브 지지판의 영향을 최소화하기 위한 2개 주파수 및 3개 주파수 신호 혼합 예시가 각각 나타나 있다. 주파수 혼합에 의한 무관련 신호 소거방법은 결함 신호가 무관련 신호와 특성이 다르고 신호가 벡터적으로 추가될 수 있는 경우에만 효과적이다.

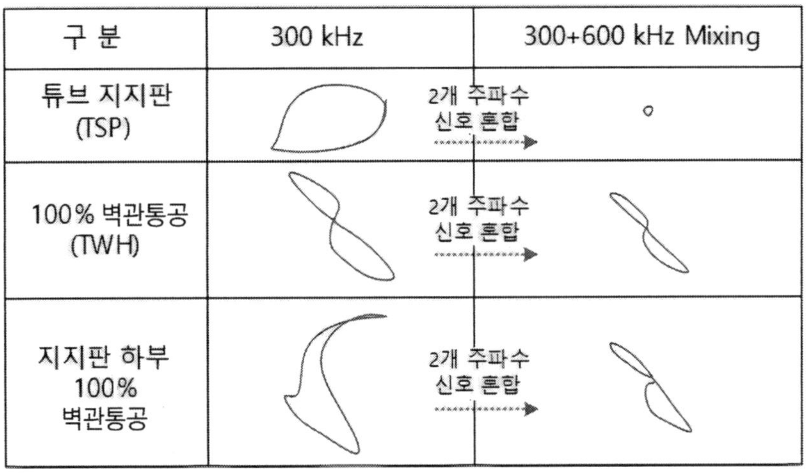

| 구 분 | 300 kHz | 300+600 kHz Mixing |
|---|---|---|
| 튜브 지지판 (TSP) | | 2개 주파수 신호 혼합 |
| 100% 벽관통공 (TWH) | | 2개 주파수 신호 혼합 |
| 지지판 하부 100% 벽관통공 | | 2개 주파수 신호 혼합 |

(a) 2개 주파수 혼합 신호(300+600 kHz)

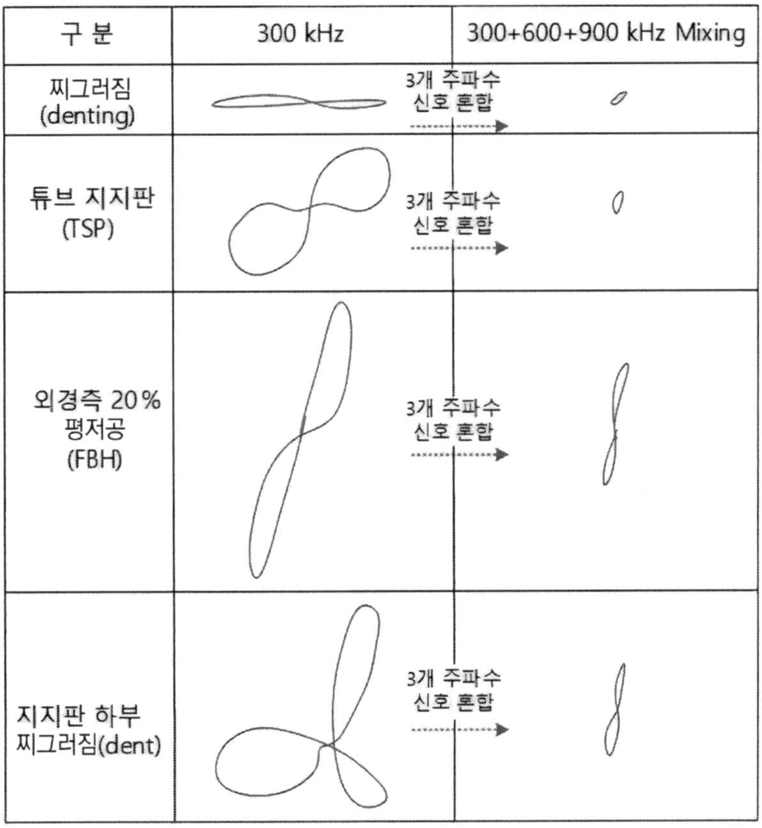

| 구 분 | 300 kHz | 300+600+900 kHz Mixing |
|---|---|---|
| 찌그러짐 (denting) | | 3개 주파수 신호 혼합 |
| 튜브 지지판 (TSP) | | 3개 주파수 신호 혼합 |
| 외경측 20% 평저공 (FBH) | | 3개 주파수 신호 혼합 |
| 지지판 하부 찌그러짐(dent) | | 3개 주파수 신호 혼합 |

(b) 3개 주파수 혼합 신호(300+600+900 kHz)

그림 6-18 튜브 지지판(TSP)의 영향을 최소화하기 위한 2개 및 3개 주파수 혼합 신호(mixing) 예시(스테인리스강 304 튜브, 탄소강 지지판)[1]

## ○ 다중 주파수 검사

성공적인 와전류검사는 예상되는 결함 검출에 사용되는 와전류 탐촉자와 수집된 신호 분석 결과에 따라 결정되며 두 가지 측면은 모두 동일하게 중요하다.

열교환기 튜브 검사에서 그림 6-19에 나타낸 것과 같이 실제 결함을 포함한 지지판, 마그네타이트 퇴적물, 찌그러짐, 관판, 튜브 확관부 등에 의해 무관련 와전류 신호가 발생할 수 있다. 따라서 이 같은 무관련 신호와 결함을 구별해야 하며, 더 중요한 것은 결함이 다른 신호 발생원과 함께 혼재되어 발생할 때 결함 신호만을 추출하는 것이다[1].

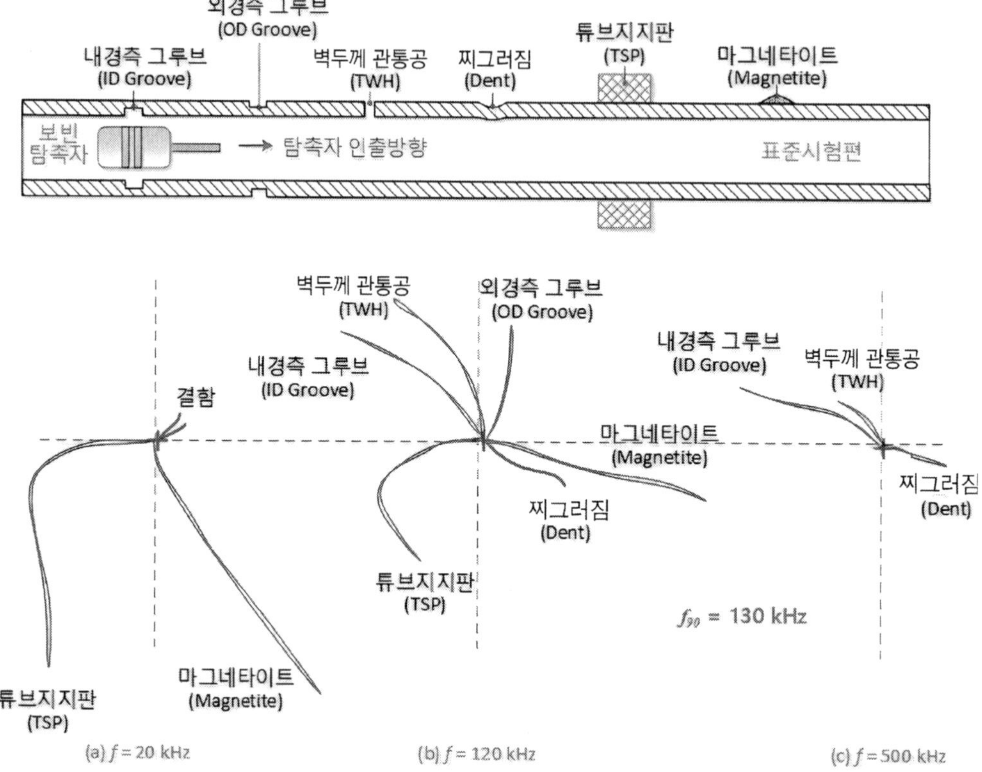


그림 6-19　절대 보빈 탐촉자의 각 검사 변수에 대한 응답신호(예시)[1]

다중 주파수 기법은 와전류검사에서 수집된 데이터에 포함될 수 있는 여러 무관련 신호를 소거하여 결함 신호만 추출하는 방법이다. 다중 주파수 와전류검사에서 서로 다른 주파수의 여러 정현파 신호가 단일의 와전류 탐촉자에 동시에 공급된다. 각 주파수에서 출력 신호의 이득과 위상을 개별적으로 제어할 수 있다.

다중 주파수의 각 주파수에서 수집된 신호는 벡터 합산으로 혼합(mixing)되어 무관련 신호는 소거되고 결함 신호만 추출할 수 있다. 주파수 혼합에 의한 무관련 신호 소거 방법은 결함 신호가 무관련 신호와 특성이 다르고 신호가 벡터적으로 추가될 수 있는 경우에만 효과적이다. 하지만 튜브의 지지판이 강자성일 경우 세 가지 다른 주파수 신호를 혼합하면 결함 신호의 진폭이 감소하고 장치의 잡음이 증가하기 때문에 지지판 하부의 평면적 마모 검출이 어렵게 될 수 있다.

와전류 침투 깊이와 위상 지연은 주파수의 함수이며, 검사 주파수가 증가하면 침투 깊이가 감소하고 위상 지연이 증가한다. 와전류 신호는 전류 밀도와 위상 지연의 함수이므로 검사 주파수를 변경하여 다양한 신호 발생원에 대한 응답을 변경할 수 있다. 결함, 퇴적물, 찌그러짐(dent) 및 지지판을 갖는 열교환기 튜브를 모사하면 다음과 같은 결과를 얻을 수 있다[1].

① 고주파수에서는 외경(OD) 측의 마그네타이트와 지지판을 제외한 내면 결함과 찌그러짐만 검출이 가능하다(그림 6-19(c)).
② 중간 주파수에서는 모든 특성을 검출할 수 있으며 내면 및 외면 결함 신호와 다른 신호 사이에 위상 차이가 존재한다(그림 6-19(b)).
③ 저주파수에서는 지지판과 마그네타이트 퇴적물이 우세한 신호를 생성하고, 내경(ID) 측 결함과 외경(OD) 측 결함 사이에는 위상 분리가 거의 없다(그림 6-19(a)).

이러한 현상에 따라 원치 않는 불필요한 신호를 제거하기 위해 적용해야 하는 주파수 혼합 형태를 결정할 수 있다. 즉 고주파수 500 kHz와 중간 주파수 120 kHz 신호는 주로 찌그러짐(dent) 신호 성분을 포함하는 반면에 저주파수인 20 kHz에서는 큰 지지판 신호 성분이 주로 포함된 것을 알 수 있다.


## ○ 지지판 부위 튜브의 다중 주파수 검사

단일 주파수 와전류검사에서는 튜브 지지판(TSP) 신호가 튜브 손상 신호를 가릴 수 있다. 이에 따라 결함을 검출하고 정도를 추정하는 것이 어렵게 되고 시간이 많이 소요될 수 있다. 다중 주파수검사 기법을 적용하여 지지판 부위에 발생한 결함을 검출하고 크기를 측정하는 방법은 다음과 같다.

주파수 혼합기법에 따라 두 개의 주파수를 혼합할 때마다 하나 이상의 신호가 제거되는 튜브 신호 소거 절차가 그림 6-20에 나타나 있다. 두 개의 저주파수 신호($f_1$, $f_2$)를 적절히 혼합하면 지지판과 마그네타이트 퇴적물 신호를 제거할 수 있다. 하지만 이 주파수 혼합에 의해 와전류 신호($C_1$)는 여전히 마모 신호로 왜곡이 발생한 상태이다. 이 혼합 신호($C_1$)를 더 높은 검사 주파수 신호($f_3$)와 혼합하면 마모 신호도 제거할 수 있다. 최종 신호($C_2$)는 지지판, 마그네타이트 및 마모 신호가 제거된 결함 신호만을 지시하게 된다. 불필요한 신호를 제거하는 이 과정은 세 개의 미지수를 포함하고 있는 세 개 방정식의 해를 구하여 결함의 매개변수($X_1$)을 구하는 것과 동일한 원리이다.

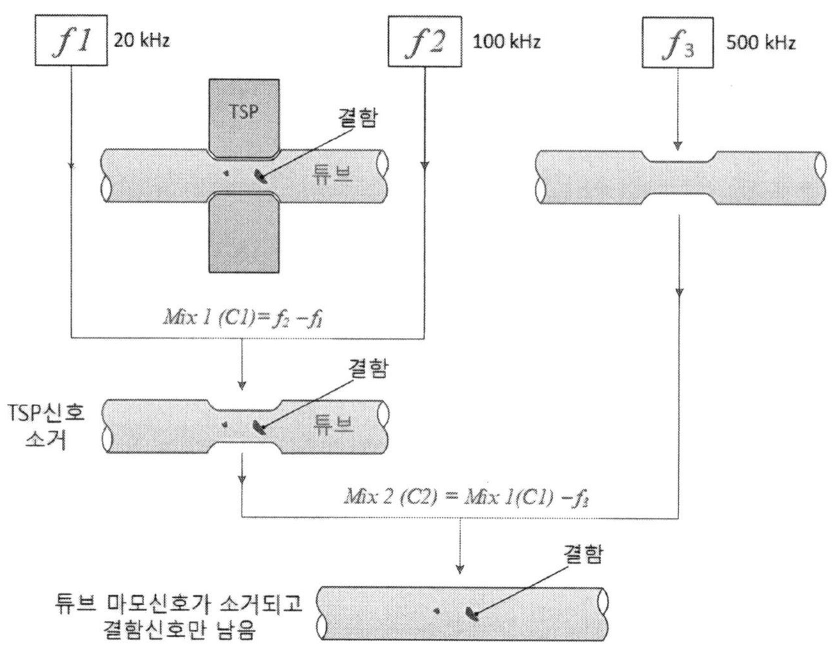



그림 6-20  **다중 주파수 혼합에 의한 신호 소거 절차**

다중 주파수 기법을 적용하여 주기적 내경 변화 때문에 생성되는 필거링 잡음, 찌그러 짐(dent) 및 탐촉자 떨림과 같은 잡음을 제거하면 결함으로 인한 신호 진폭이 심하게 감소 한다. 그러나 외부 결함으로 인한 신호 진폭은 크게 변하지 않는다. 다중 주파수는 튜브의 내면 결함 감지보다 외면 결함 검출에 더 효과적이다.

### 6.4.1 보빈 탐촉자

열교환기 튜브의 제작검사와 가동중검사는 와전류검사의 적용 분야 중 가장 중요하다. 특히 와전류검사는 소구경 튜브의 가동중검사에 가장 널리 적용되는 비파괴검사법이다. 하지만 일반적으로 튜브 끝단 양쪽만 접근할 수 있으므로 타 비파괴검사법의 적용이 어렵거나 불가능할 수 있다.

이 장에서는 공장에서 제작되어 현장에 설치되어 운전 중인 열교환기의 보빈 탐촉자를 사용한 튜브 내삽형 와전류검사에 관해 설명하고자 한다. 보빈 탐촉자 신호가 임피던스 평면에 생성되는 과정 및 원리에 중점을 두었으며, 간단한 결함 지시, 튜브 지지판 및 튜브 관판 결합 등 가동중검사에서 흔히 접하는 신호를 대상으로 하였다.

#### (1) 보빈 탐촉자의 결함 신호 발생

보빈 코일 탐촉자가 결함을 지날 때 와전류 흐름이 방해되어 탐촉자 코일의 임피던스가 변하게 된다. 보빈 또는 관통 코일에 의해 튜브에 유도된 와전류의 흐름 방향과 결함 사이의 관계가 그림 6-21에 제시되어 있다. 앞장에서 설명한 상호유도 회로의 변압기 2차 측 권선에 해당하는 단위 길이 튜브의 원주 방향 길이 $\ell$, 단면적 $A$, 비저항 $\rho$인 전도체의 저항 $R$은 다음 식으로 주어진다[1].

$$R = \frac{\ell \rho}{A} \ [\Omega] \tag{6-3a}$$

여기에서 튜브의 원주 방향 길이는 $\ell = 2\pi\bar{r}$이므로 위 식은 다음 식으로 변환되고, 결함이 없는 건전부 튜브 주위의 저항은 다음 식으로 주어진다.

$$R_o = \frac{2\pi\,\bar{r}\rho}{t} \ [\Omega] \tag{6-3b}$$

여기에서, $t$ = 튜브 두께, $\bar{r}$ = 튜브 평균 반경이다. 만약 길이가 길고 깊이가 $h$인 결함이 존재하게 되면 이 결함은 튜브 원주 방향으로 거리 $\triangle\theta(\text{rad})$를 흐르는 전류를 제한하게 되므로 와전류의 전체 저항은 다음과 같이 증가하게 된다.

$$R \;=\; \frac{2\pi\bar{r}\rho}{t} + \frac{\Delta\theta h\bar{r}\rho}{t(t-h)}$$

(6-3c)

또는 $R = R_o$(무결함 저항) + $\Delta R$(결함에 의한 저항 증가분)이다.

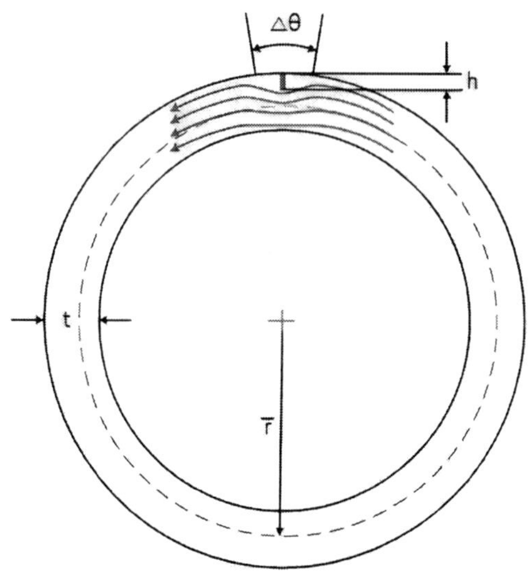


그림 6-21  튜브 내 결함 주위의 와전류 분포(관통 코일)[1]

길이가 짧은 결함은 저항이 증가하지만, 전류가 결함의 아래와 주위로 흐를 수가 있으므로 저항 증가분($\Delta R$)이 더 작아진다. 결함이 저항에 미치는 영향은 실제 결함의 폭보다 영향부위 튜브 원주 방향 폭($\Delta\theta$)에 의해 결정된다. 요약하면 결함의 길이, 깊이, 폭 등에 따라 와전류 흐름의 저항이 증가하여 와전류에 의한 2차 자기장이 작아지고, 이에 따라 코일의 순 1차 자기장이 커지게 되어 코일의 전압이 커진다. 전류가 일정하게 정전류로 유지될 때 코일 전압이 커지면 임피던스가 증가하여 결과적으로 결함 신호 진폭이 커진다.

결함에 의한 임피던스 운전점 이동은 앞장에서 설명한 인덕터(코일)와 병렬로 연결된 저항의 등가 코일 회로와 이 회로의 반원형의 임피던스 선도의 위쪽으로 이동한다. 즉, 검사 재료 내 저항 증가 때문에 탐촉자의 인덕턴스와 저항이 변하게 된다.

그림 6-22(a)는 원형 튜브에 대한 절대 관통 코일의 자기장 분포를 보여준다. 절대 신호 형상은 차동 신호보다 단순하여서 절대 신호를 예시로 사용하였다. 절대 코일은 로브가 한 개이나 차동 코일은 2개 코일에 의해 "8"자 모양의 2개 로브의 대칭 신호인 리사주 신호가 생성된다. 실선은 자기장의 세기가 일정한 윤곽을 나타내고, 파선은 일정한 위상을 나타낸다. 코일 자기장과 유도된 와전류는 대략 위상이 같으므로 파선 또한 와전류 위상을 나타낸다.

코일이 튜브 내부 또는 주위에 있을 때도 동일한 선도가 얻어진다. 거리에 따라 진폭이 지수함수적으로 감쇠하고 코일로 부터 깊이와 축 방향 거리에 따라 와전류 위상 지연이 증가하게 된다. 표피효과는 원주 및 축 방향으로 발생한다.

그림 6-22(b)는 표면 결함, 깊이가 깊은 결함 및 표면직하 결함의 신호를 나타내었다. 그림에서 코일이 축 방향 위치 "1"에서 "5"로 이동하면 그림 6-22(b)에서와 같이 신호의 진폭 및 위상 변화가 발생한다. 결함 깊이가 증가하면 위상각이 증가하기 때문에 신호가 시계 방향으로 회전하게 된다. 그림 6-22(b)에서 충전율 신호와 결함 신호 사이의 각도는 대략 $2\beta(\beta = x/\delta)$이다. 결함 신호 위상각은 대략 코일로부터 결함까지의 위상 지연을 합산하여 추정할 수 있다.

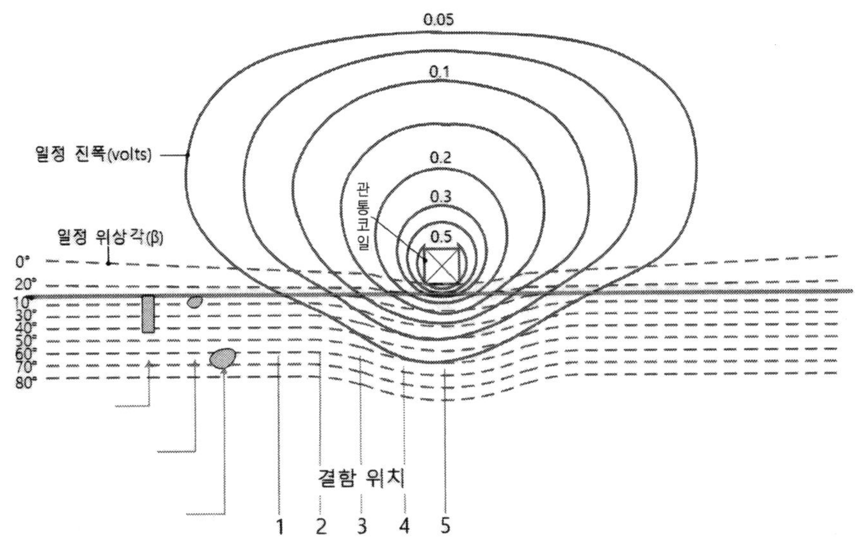



(a) 절대 관통 코일에 의한 자기장 분포

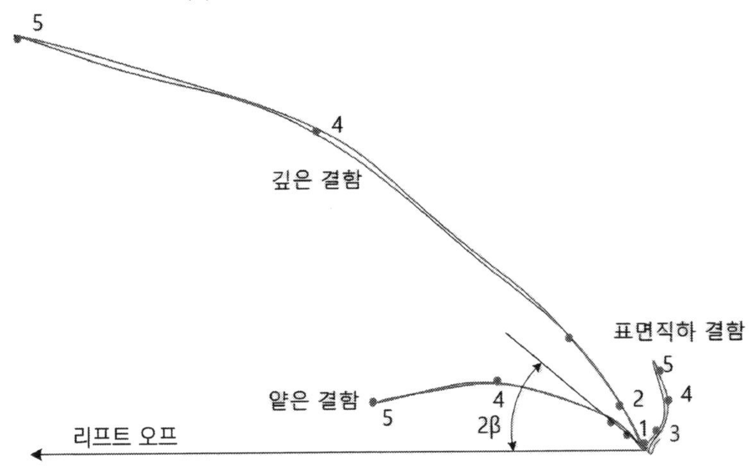



(b) 절대 관통 코일에 의한 결함의 깊이에 따른 신호형상

그림 6-22  절대 관통형 탐촉자에 의한 자기장 분포와 신호[1]

## (2) 검사 주파수가 신호에 미치는 영향

검사 주파수가 결함 신호 형성에 미치는 영향을 그림 6-23에 나타내었다. 그림 6-23(b)은
그림 6-23(a)의 일부로서 튜브 내경과 외경 비($D_i/D_o$)가 0.8인 튜브에 대한 보빈 탐촉자 임피던
스 선도이다. 그림 6-23(b)에서 실선 오른쪽의 3개 주파수 운전점으로부터 이어진 점선은 튜브
외경($D_o$) 감소에 따른 임피던스 변화의 궤적이다. 튜브의 외경(OD) 측 결함은 튜브 내경($D_i$)이
일정하게 유지된 상태에서 외경($D_o$)의 감소에 해당하므로 점선은 코일이 외경(OD) 측 결함을
지나갈 때의 임피던스 변화 궤적이다. 그림 6-22(a)의 표면직하 결함과 그림 6-23(b) 임피던스
선도의 주파수 $2f_{90}$에서 외경(OD) 측 결함 신호는 방향과 형상이 매우 유사한 것을 알 수
있다. 검사 주파수가 증가할수록 각 결함 신호 사이의 위상각이 증가하여 위상각 퍼짐이 커져
신호 오른쪽으로 회전하는 것을 알 수 있다. 탐촉자를 튜브로부터 인출할 때 기준으로 신호
분석 프로그램 화면에서 신호를 반시계 방향으로 회전시켜 리프트 오프 신호가 수평이 되도록
조정한다.

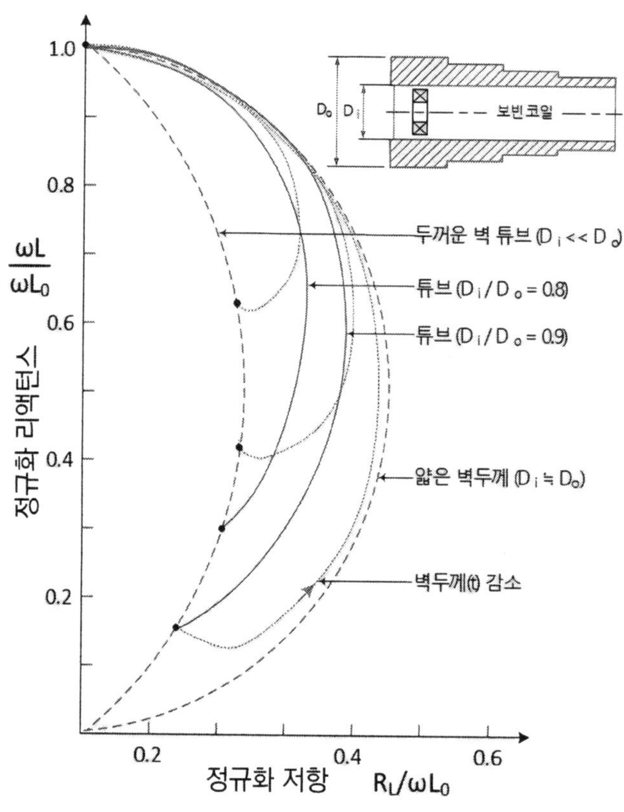


(a) 보빈 코일의 벽두께 감소의 영향을 나타내는 임피던스 선도

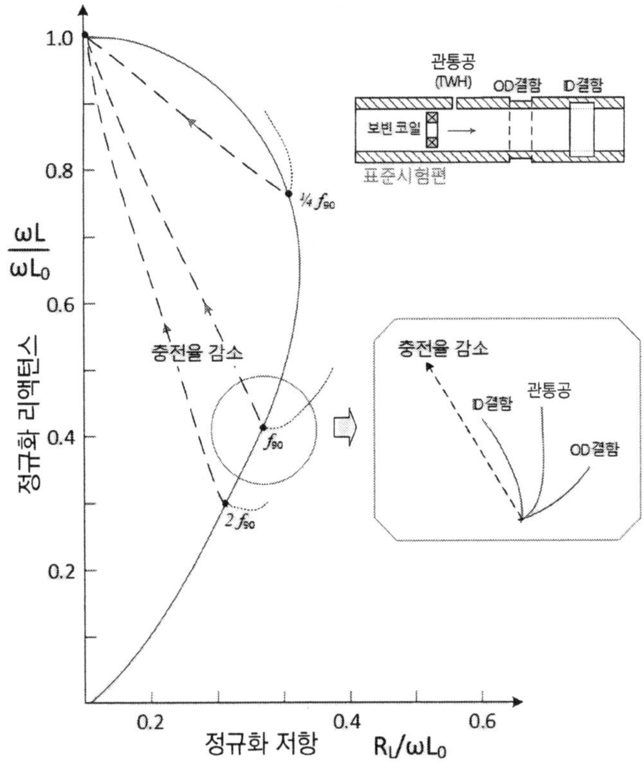


(b) 임피던스 선도의 결함 신호

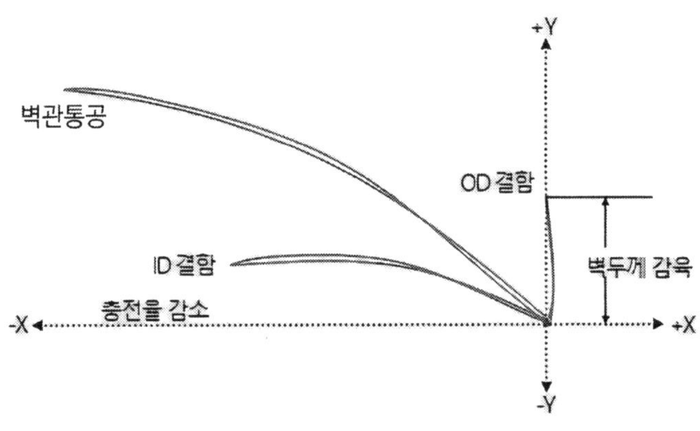


(c) 주파수 $f_{90}$에서 결함 신호 형상

그림 6-23  **검사 주파수에 따른 결함 신호의 형성[1]**

이처럼 리프트 오프 신호를 수평으로 조정하면 주파수 $f_{90}$에서 외경(OD) 측 결함은 그림 6-23(c)와 같이 리프트 오프 변화가 없는 상태에서 +Y 방향의 튜브 벽두께 감육을 나타내게 된다. 내경(ID) 측 결함은 결함으로 인해 코일과 튜브 사이의 전자기 결합도가 감소하기 때문에 벽두께(+Y 성분) 손실과 큰 충전율(-X 성분) 성분으로 구성된다. 벽두께 관통 결함 신호는 튜브 내경(ID) 측과 외경(OD) 측 결함 성분 모두를 포함하기 때문에 반드시 두 신호 사이에 있다. 결론적으로 모든 결함 신호는 반드시 리프트 오프 감소 신호와 외경(OD) 측 결함 신호 사이에 위치하도록 한다. 이것이 와전류 신호를 평가하는 매우 중요한 기본 원칙이다[1].

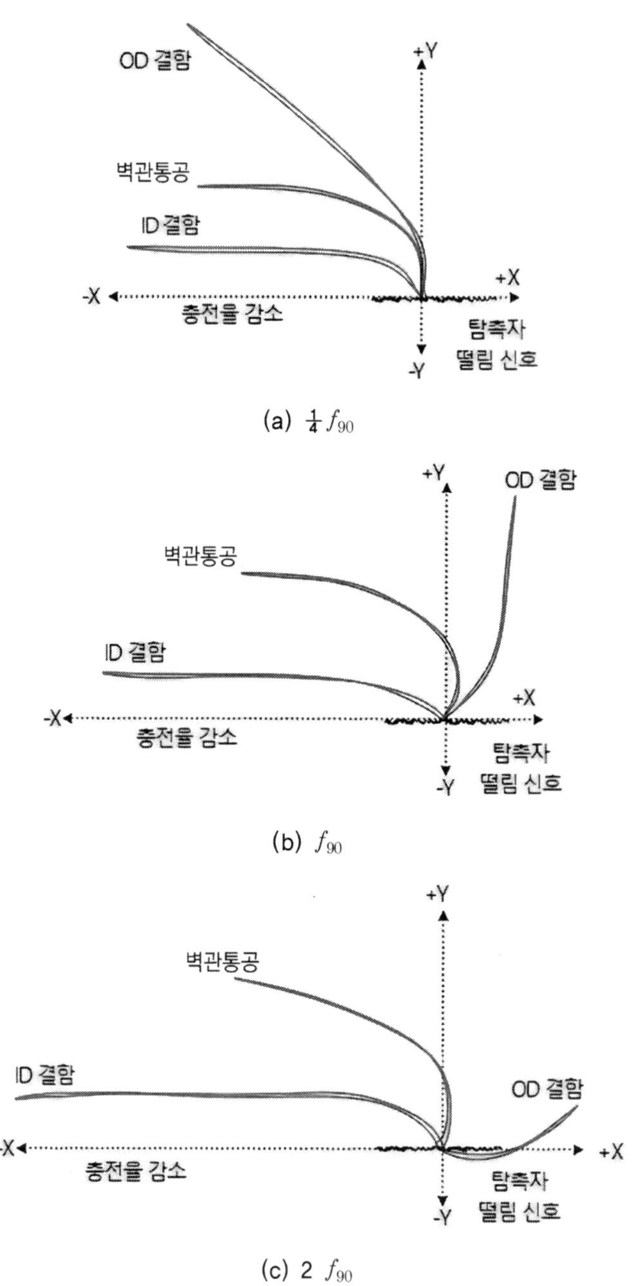



(a) $\frac{1}{4} f_{90}$

(b) $f_{90}$

(c) $2\ f_{90}$

그림 6-24　검사 주파수에 따른 결함 신호의 위상각 변화[1]

주파수 변화에 따른 절대 코일의 결함 신호의 변화가 그림 6-24에 나타나 있다. 주파수가 감소하면 결함 신호는 앞장에서 설명한 것과 같이 위상 지연이 감소하기 때문에 반시계 방향의 리프트 오프 신호 쪽으로 회전하게 된다. 아주 낮은 주파수($f_{90}/4$ 이하)에서는 결함 신호 사이의 위상각 분리가 아주 작아지기 때문에 구분이 매우 어렵게 된다(그림 6-24(a) 참조). 주파수가 증가하면 위상 지연이 증가하기 때문에 내경(ID) 측 결함과 외경(OD) 측 결함 신호 사이의 위상 분리가 증가하고 이에 따라 신호는 시계 방향으로 회전하여 각 신호 사이의 위상각 분리가 커진다. 이것은 와전류 신호를 평가하는 기본 원칙에 따라 나타나는 현상이다.

주파수 $f_{90}$에서 내경(ID) 측 결함과 외경(OD) 측 결함 신호는 그림 6-24(b)에서와 같이 거의 90°로 분리되고 튜브 지지판(TSP)과 외부 퇴적물에 대한 감도가 낮아진다. 그림 6-24(c)의 높은 주파수 $2f_{90}$ 이상에서 탐촉자 떨림과 찌그러짐(dent)에 대한 감도가 증가하고 결함 신호 사이의 위상 분리가 증가한다. 이에 따라 외면 결함과 탐촉자 떨림 또는 리프트 오프 신호가 거의 평행한 방향으로 놓여 두 신호의 구분이 어렵다[1].

### (3) 표준시험편 결함과 실제 결함 신호의 차이

제조 및 가동중검사는 검사 전 장치의 교정과 수집된 신호 분석을 위해 인공 결함이 포함된 교정 표준시험편이 필수적이다. 표준시험편은 재료 및 치수가 검사 대상 튜브와 같아야 한다. 표준시험편의 최소 교정 요건으로 내면, 외면 및 벽 관통 결함을 포함한다.

열교환기 튜브의 가동중검사의 경우 튜브 지지판(TSP), 마그네타이트(magnetite) 퇴적물 및 찌그러짐(dent)와 같이 예상이 가능한 신호 발생원은 신호 평가에 매우 유용하며 신호 분석에 필수적인 경우가 많다. 주파수($f_{90}$) 250 kHz에서 표준시험편에 가공된 인공 결함에 대한 보빈 탐촉자의 대표적인 절대 및 차동 신호를 그림 6-25에 나타내었다. 내면 및 외면 결함 사이의 90° 위상 분리는 절대와 차동 탐촉자에서 동일하게 발생한다.

내경측, 외경측 및 벽 관통 결함 신호 사이의 관계는 앞의 설명과 같다. 마그네타이트는 강자성 비전도성 물질이지만 높은 투자율로 인한 신호를 발생시킨다. 마그네타이트 신호는 그림 6-25(a)에서와 같이 마그네타이트 두께로 인해 발생한 위상 지연으로 인해 시계 방향으로 90° 회전한다.

튜브에 찌그러짐(dent)이 발생하면 찌그러짐에 의해 튜브가 코일에 더욱 밀착되므로 충전율이 증가하여 전자기 결합도가 향상된다. 반대로 충전율이 증가하는 찌그러짐(dent)의 경우 충전율이 감소할 때 발생하는 신호와 반대 방향으로 신호가 형성된다. 탐촉자 떨림은 코일의 원주 방향 변위로 튜브와 전자기 결합도가 감소하므로 충전율 신호 방향과 매우 유사하게 신호가 생성된다. 튜브 지지판 신호 발생의 원인은 여러 가지 요인이 복합적으로 발생한다. 탄소강 지지판의 경우 높은 투자율과 중간 정도의 비저항 영향이 서로 상쇄되어 신호 진폭이 작으며, 그림 6-25(b)에서와 같이 튜브 두께에 의한 위상 지연에 의해 신호가 시계 방향으로 회전한다[1].

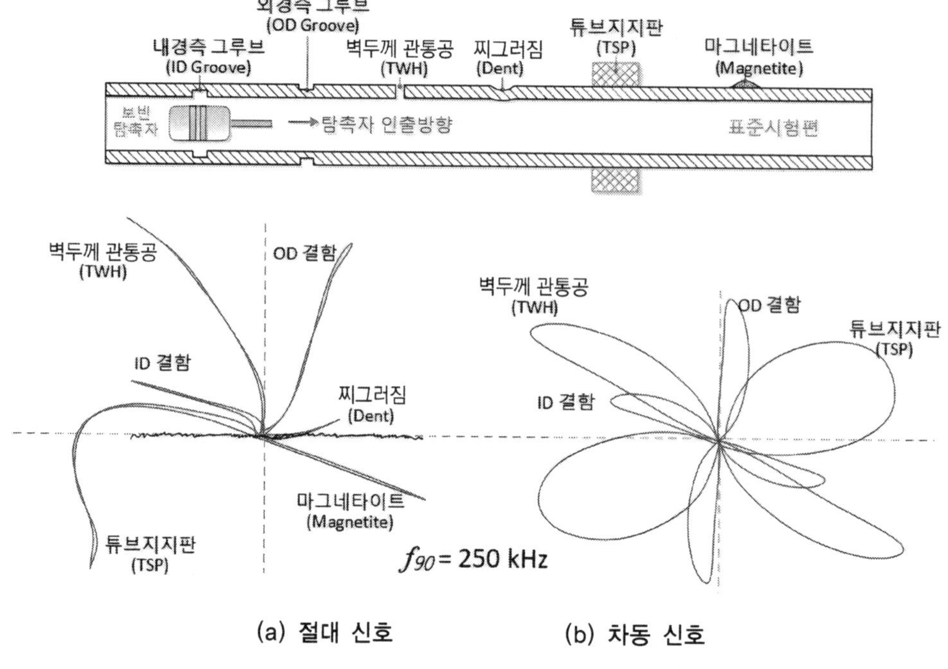



그림 6-25  표준시험편 인공결함의 대표적 와전류신호 형상[1]

결함 깊이에 따른 보빈 탐촉자 신호의 위상각 변화 그래프가 그림 6-26(a)에 나타나 있다. 그래프의 X축은 위상각이며 100 % 벽 관통공 신호를 위상각 40°로 조정할 때 40° 미만은 내경(ID) 측 시작 결함 신호이고 40° 이상은 외경(OD) 측 시작 결함이다. 보빈 탐촉자를 사용할 때 튜브 내면은 탐촉자 코일과 가까운 위치이고 외면은 코일에서 먼거리에 위치하기 때문에 외면 결함은 40°를 기준으로 결함 깊이가 커지면 위상 지연에 의해 신호가 시계 방향으로 회전하여 위상각이 증가하지만, 내면 결함은 코일과 위치가 외면결함과 반대이므로 결함 깊이가 커지면 신호가 반시계 방향으로 회전하여 위상각이 감소한다.

실제 검사에서 얻어지는 X-Y 리사주 차동 신호는 그림 6-26(c)와 같이 두 개의 로브로 이루어진 숫자 "8"자 형태이고, 절대 신호는 그림 6-26(d)와 같이 하나의 로브만 표시된다. 그림 6-26(c)에서 차동 신호의 위상각은 "8"자형 로브 신호의 양 끝을 이은 직선과 리프트 오프 수평선 사이의 접선각이다. 절대 신호의 위상각은 그림 6-26(d)에서 신호의 끝단 연장선과 리프트 오프 수평선이 이루는 접선각(tangent)이다. 이들 신호는 교정 표준시험편에 가공된 인공 결함 신호로서 신호가 단순하지만 실제 튜브 검사에서 얻어지는 신호는 매우 독특하고 복잡한 형태이므로 신호를 효과적으로 분석하기 위해서는 와전류검사 이론과 신호 분석 실무 경험이 필요하다.

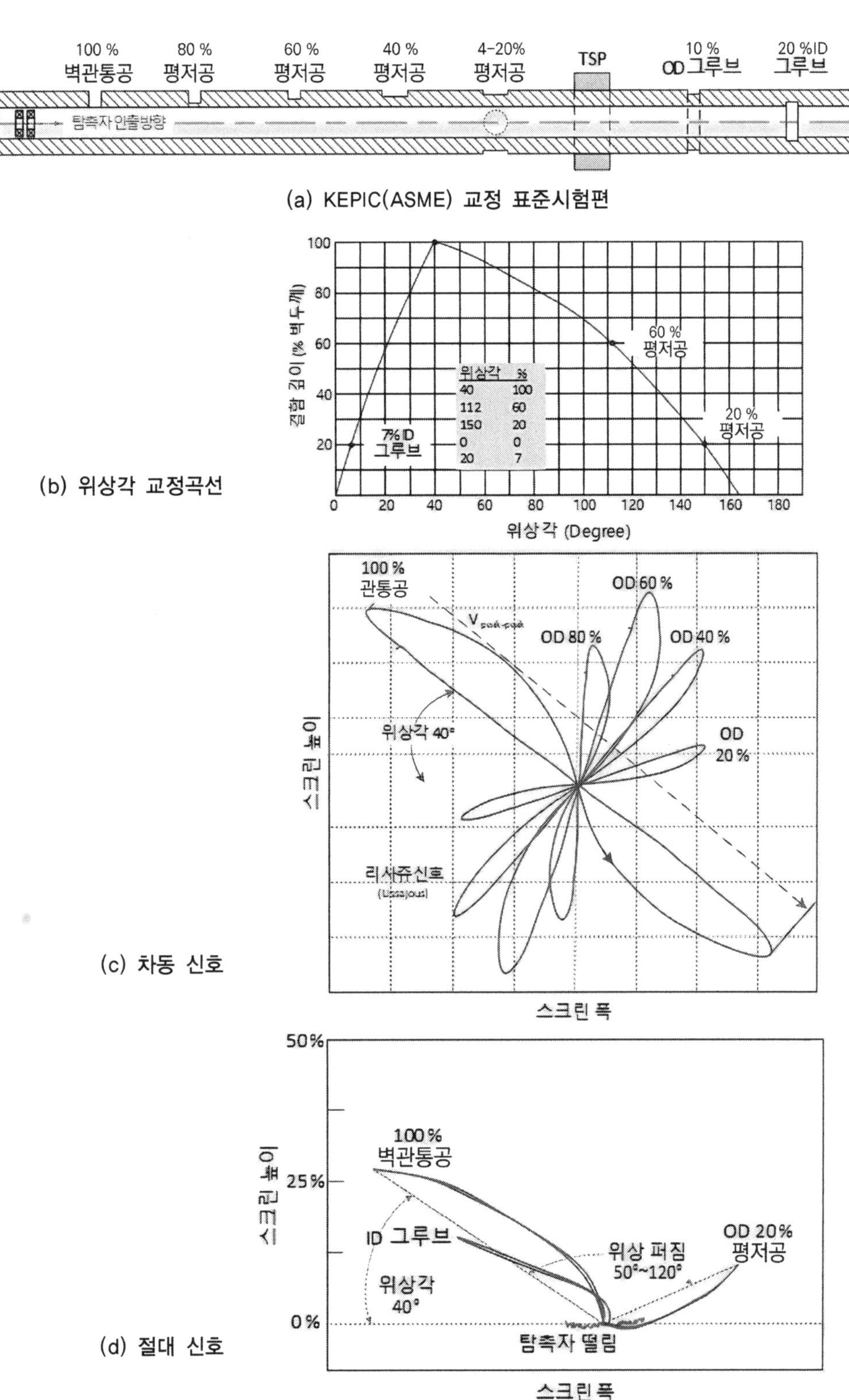


그림 6-26  보빈 탐촉자 교정곡선 및 절대/차동 신호 위상각[1]

검사 결과 신호 발생원의 위치가 확인되었을 때는 결함의 사실 여부와 깊이 추정의 정확도 개선을 위해서 다른 주파수 신호를 참고하는 것이 매우 중요하다. 검출된 신호가 결함 신호로 확인되면 신호 진폭 또는 위상각을 측정하여 크기를 추정할 수 있다. 이때 주파수는 보통 $1.5{\sim}2.0 \times f_{90}$ 범위가 충분하지만, 튜브 외경(OD) 측의 자성 퇴적물 또는 개재물을 확인하기 위해서는 $0.1 \times f_{90}$ 이하의 저주파수를 사용할 수 있다. 주파수가 증가하면 내경(ID) 측 결함 신호와 외경(OD) 측 결함 신호 사이의 위상각 분리가 커지고 탐촉자 떨림과 찌그러짐(dent)에 대한 감도가 증가하지만, 튜브 바깥쪽에 위치한 튜브 지지판과 외부 침전물에 대해서는 감도가 작아진다[7].

### (4) 튜브 지지판(TSP)과 결함 신호의 벡터 합산

열교환기 튜브의 가동중검사에서 튜브 지지판 부위에서 결함이 자주 검출된다. 지지판에 의해 지지가 되는 튜브 부위에 결함이 발생하면 결함 신호와 지지판 신호가 혼합되어 결함 신호가 왜곡되기 때문에 신호 분석이 어렵다. 따라서 튜브 지지판 부위 튜브에 발생한 결함 신호를 분석하기 위해서는 지지판 신호와 결함 신호를 분리하여 결함 신호만 추출하는 것이 필요하다.

벡터 표현된 와전류 신호는 벡터 합산이 가능하므로 지지판 부위에 발생한 결함 신호를 대수적으로 분리하는 것이 가능하다. 즉 결함 신호와 지지판 신호가 중첩된 신호에서 지지판 신호를 벡터적으로 감하여 결함 신호만을 분리 추출할 수 있다. 이것은 다중 주파수 검사에서 얻어진 특정 주파수 신호를 합산하여 결함 신호만을 추출한다. 그림 6-27에 튜브 지지판(TSP)과 튜브 외면(OD) 그루브의 절대 신호가 벡터 합산되어 중첩된 신호가 얻어지는 방법이 나타나 있다. 그림에서 튜브 지지판의 끝점과 지지판 및 그루브 신호 사이의 차이는 외경(OD) 측 그루브 신호와 진폭과 같은 것을 알 수 있다.

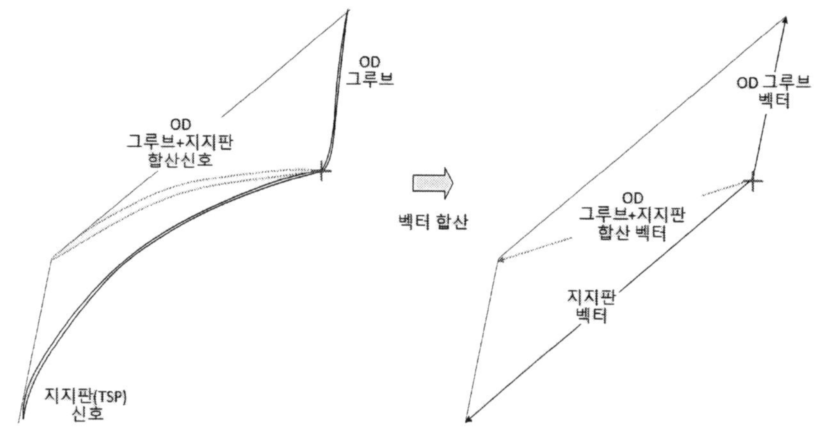


그림 6-27　외경(OD) 측 그루브와 지지판(TSP) 신호의 벡터 합산[1]

스테인리스강 표준시험편의 결합 신호와 실제 튜브 지지판 부위에 발생한 결함 신호의 예시가 그림 6-28에 나타나 있다. 튜브 지지판 부위 튜브에 발생한 결함 형태는 찌그러짐(dent)이다. 그림 6-28(b)는 표준시험편의 찌그러짐에 대한 와전류 신호가 포함되어 있고, 6-28(c)는 튜브 지지판 부위의 찌그러짐에 의한 와전류 신호로서 찌그러짐과 지지판 신호가 혼합되어 왜곡된 것을 알 수 있다. 이 혼합 신호는 단순하게 보이지만 실제는 아주 복잡하다. 위쪽을 향한 성분은 지지판과 튜브 사이 틈새에 발생한 부식에 의한 것이다. 지지판에 의해 -X, -Y 방향의 신호 성분이 발생하고 +X 방향으로는 신호의 휨이 관찰되고 이것은 튜브 찌그러짐에 의한 것이다.

찌그러짐은 마그네타이트와 같은 관판 부식 생성물에 의한 압축 응력으로 인해 튜브가 원주 방향 안쪽으로 수축하는 현상이다. 보빈 검사에서 마그네타이트의 존재에 의해 특히 저주파수에서 신호가 왜곡될 수 있다. 튜브 찌그러짐은 와전류 신호 분석을 복잡하게 할 뿐만 아니라 튜브가 더 이상 팽창 및 수축할 수 없으므로 응력부식균열 또는 열피로와 같은 추가적인 튜브 손상을 초래할 수 있다[1].

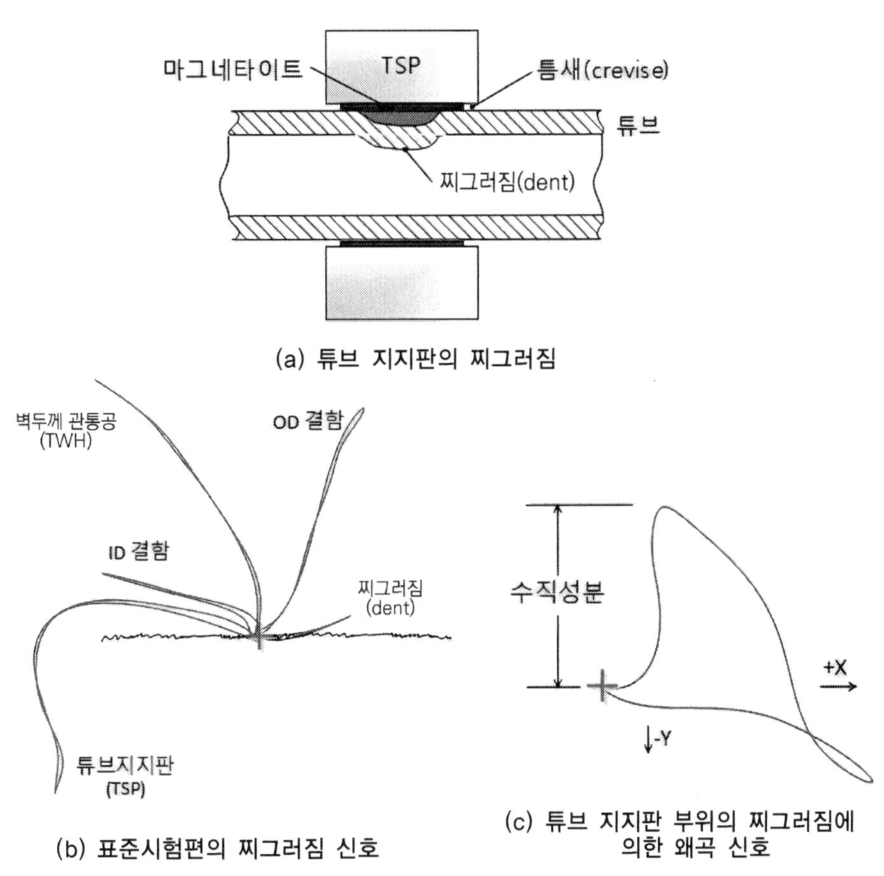


그림 6-28   지지판 부위 찌그러짐(dent)에 의한 신호 형태(예시)[1]

## (5) 관판 검사

열교환기 관판(tubesheet) 재료는 보통 탄소강이 사용되기 때문에 관판의 와전류 응답은 탄소강 지지판 신호와 유사하다. 또한 튜브가 관판 내로 확관(롤링)된 경우 충전율이 큰 확관 신호가 얻어진다. 확관에 의해 부식 발생이 쉬운 틈새의 최소화가 가능하고 튜브가 관판에 밀착된다. 관판이 탄소강일 때 확관에 의해 $f_{90}$ 이하 주파수에서 큰 신호가 얻어진다. 그림 6-29는 대표적인 관판의 형상과 와전류 신호이다[1].

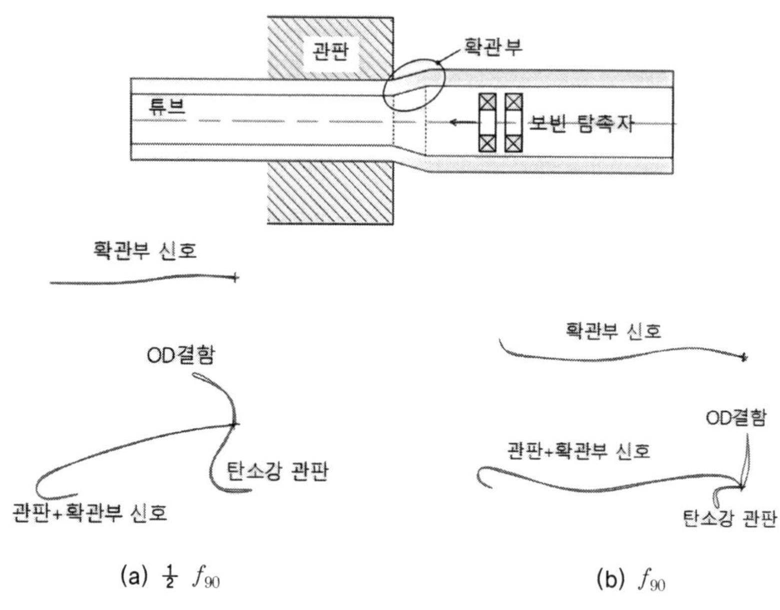


(a) $\frac{1}{2}\, f_{90}$      (b) $f_{90}$

그림 6-29  관판의 확관(롤링)부 형상 및 와전류신호[1]

확관부 튜브와 관판 사이의 틈새는 부식을 일으킬 수 있는 퇴적물이 쌓이기 쉽고 또한 확관 과정에서 발생한 큰 잔류 응력과 운전 중 발생하는 응력집중으로 인해 균열성 결함이 쉽게 발생되는 부위이다. 확관부에서 발생할 수 있는 결함의 와전류 지시는 보빈 탐촉자를 사용할 때 보통 신호가 확관부 형상에 의해 많이 왜곡되기 때문에 해석이 어렵다. 또한 확관부에 발생할 수 있는 균열의 방향은 보통 롤링 방향의 원주 방향으로 보빈 탐촉자를 사용하여 검출이 어렵기 때문에 모터회전 팬케익 코일[12] 탐촉자를 사용하여 검사한다.


## (6) 자성 개재물 및 퇴적물 신호

와전류검사에서 보통 변칙 신호는 검사 결과 수집된 와전류 신호 중 결함 신호로 잘못 분석될 수 있는 무관련 신호이다. 와전류는 많은 변수에 의해 영향을 받을 수 있어서 다양한 변칙

---

12) 모터회전 팬케익 코일 탐촉자(motorized rotating pancake coil probe; MRPC)

신호가 발생할 수 있다. 와전류 신호 분석의 성공 여부는 이 같은 변칙 신호를 효과적으로 구분하는 것에 따라 결정된다. 변칙 신호 중에서 특히 중요한 신호는 자성체 개재물과 퇴적물에 의한 결함과 무관한 신호이므로 이 장에서는 자성체 개재물과 퇴적물 신호의 특징과 이것을 활용하여 효과적으로 신호를 구분하는 방법을 설명한다.

## ○ 자성체 개재물

상대 투자율이 "1"보다 큰 재료는 투자율이 와전류 응답신호에 큰 영향을 미친다. 와전류의 표준 침투 깊이와 탐촉자 인덕턴스 두 가지 모두 투자율의 영향을 받으며 상대 투자율은 보통 50~수 백 정도이다. 자성 물질에 의한 신호를 구분하는 방법은 그림 6-30과 같이 먼저 주파수를 낮게 하여 운전점을 임피던스 선도의 상단 쪽으로 이동시키면 실제 결함과 구분할 수 있다.

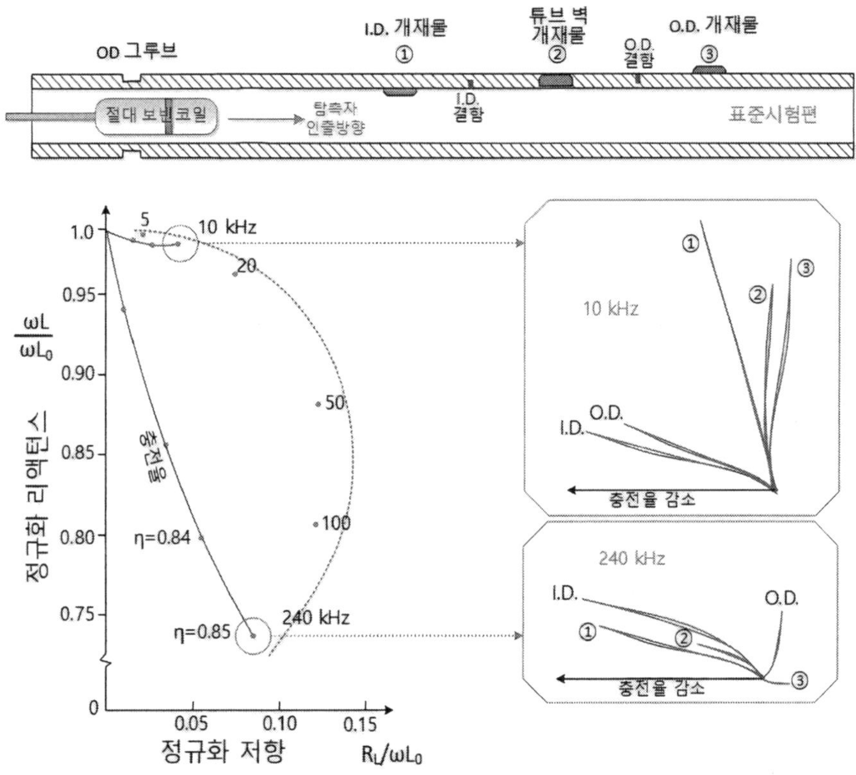


그림 6-30　　절대 보빈 코일의 2개 주파수에서 결함 및 강자성 물질 신호의 위상각 변화[1]

하지만 비저항이 작은 대구경 튜브를 검사할 때, 운전점을 임피던스 선도의 상단에 생성하기가 어려울 수 있다. 그림 6-30은 절대 보빈 코일의 10 kHz와 240 kHz 두 가지 주파수에서 튜브 내면(①), 튜브벽(②), 외면(③)에 각각 위치한 강자성 물질에 대한 신호의 위상각 변화를 나타내었다. 그림 6-30과 같이 두 가지 주파수에서 강자성 물질의 위치에 따라 생성되는 신호의 위상각 변화를 관찰하여 결함 신호와 강자성 물질 신호를 구별할 수 있다[1].

그림 6-30의 높은 주파수인 240 kHz에서 강자성 물질 신호 ①과 ②는 내면결함 지시에 근접하여 위상각이 내면결함 지시보다 작기 때문에 내면결함으로 잘못 분석될 수 있다. 하지만 저주파수인 10 kHz에서 내경(ID) 측과 외경(OD) 측 결함지시는 충전율 신호와 강자성 물질 신호(①, ②, ③) 사이에 위치하기 때문에 혼동 없이 구분할 수 있다. 즉 그림의 선도에서와 같이 충분히 낮은 주파수에 도달하면 실제 결함지시는 충전율과 거의 평행상태가 되지만 강자성 물질 신호와는 거의 수직이 되어 구분이 용이하게 된다.

강자성 개재물 신호는 비자성 튜브의 와전류검사에서 가끔 생성된다. 이러한 문제는 튜브의 제조 공정에서 재료가 강인 공구와 취급 장비로부터 유입될 수 있는 기계가공 칩 또는 조각에 의해 발생할 수 있다. 또한 비자성 스테인리스강 및 니켈-기 합금의 표면은 냉간 가공 또는 산화 또는 부식에 의한 합금 고갈로 인해 자성을 띠게 될 수도 있다. 와전류검사에서 강자성 개재물에 의한 지시의 원인을 확인하는 것이 중요하다. 강자성 개재물은 매우 작을지라도 투자율에 의한 높은 감도로 인해 상당히 큰 와전류 신호가 생성될 수 있다[1].

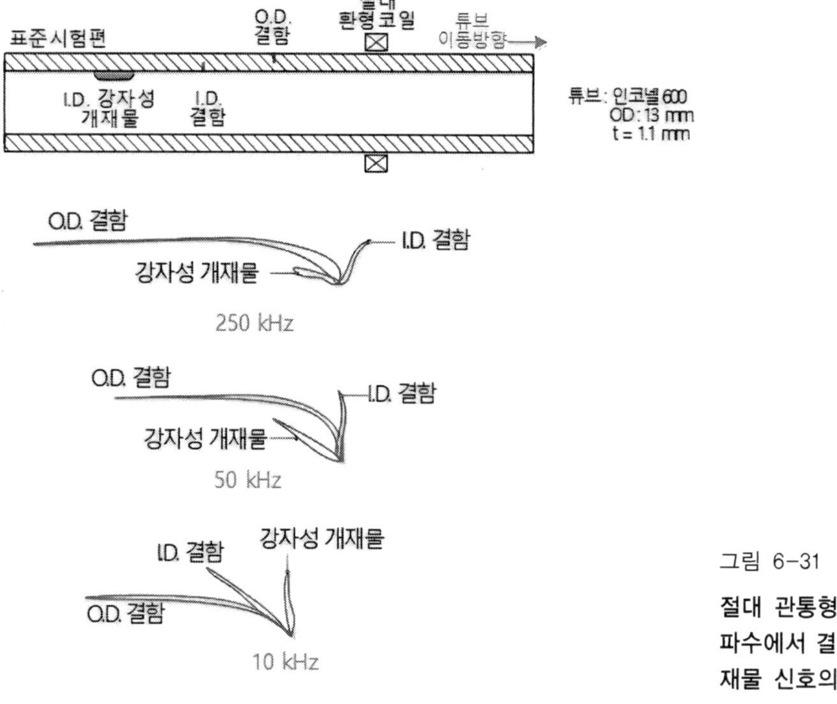


그림 6-31

**절대 관통형 코일의 3개 주파수에서 결함 및 강자성 개재물 신호의 위상각 변화[1]**

그림 6-31은 관통형 탐촉자의 3개 주파수에서 인코넬(Inconel) 600 튜브에 포함된 결함과 강자성 개재물 신호의 위상각 변화를 나타내었다. 그림 6-31 관통형 탐촉자 신호는 앞에서 설명한 보빈 코일의 내경(ID) 및 외경(OD) 측 결함 신호 위상각이 역전된 것을 알 수 있다. 즉, 강자성 개재물은 검사 주파수가 감소하면 충전율 방향으로부터의 각도 분리가 증가하는 신호를 생성하지만, 실제 결함의 반응은 정반대로 주파수가 증가하면 충전율 방향으로부터의 각도 분리가 점차 감소되는 것을 알 수 있다.

절대 보빈 코일의 3개 검사 주파수에서 인코넬 600 튜브 내부에 위치한 마그네타이트 퇴적물에 대한 와전류 응답 신호 변화가 그림 6-32에 나타나 있다. 보빈 탐촉자에서 마그네타이트의 존재는 앞의 관통형 탐촉자에서와 같이 검사 주파수를 줄여 확인할 수 있다. 그림에서와 같이 주파수를 줄이면 마그네타이트 신호는 시계 방향으로 회전하는 반면에 결함 신호는 반시계 방향으로 회전한다. 250 kHz와 50 kHz에서 마그네타이트 신호는 위상각이 결함 신호와 근접해 있으므로 실제 결함으로 쉽게 착각할 수 있다. 검사 주파수를 줄여 튜브 외부에 마그네타이트가 있는지 확인하기 위해서도 사용할 수 있다. 이 방식은 원전 증기발생기의 가동중검사에서 튜브 관판의 마그네타이트를 포함하는 슬러지 퇴적물의 높이를 측정하는 데 사용되고 있다[1].

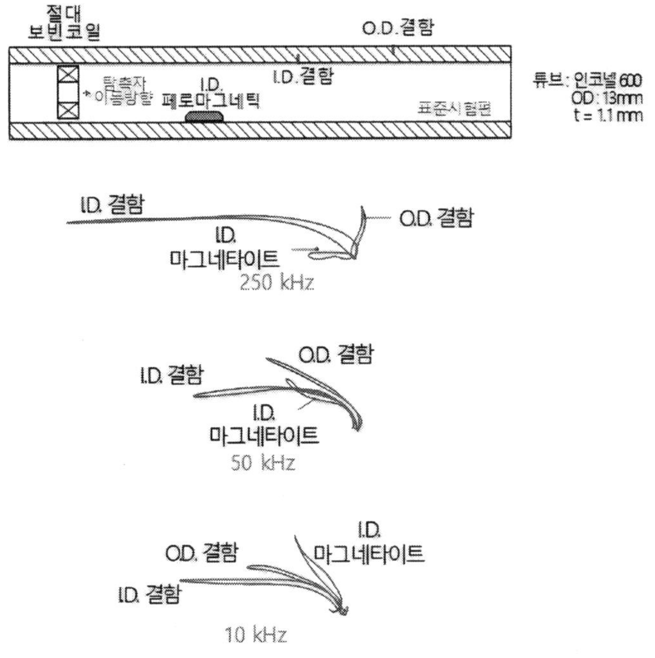


그림 6-32　　절대 보빈 코일의 3개 주파수에서 결함과 마그네타이트 신호의 위상각 변화[1]

## ○ 전도성 퇴적물

가동 중인 열교환기 튜브의 와전류검사에서 검출될 수 있는 전도성 퇴적물의 주된 성분은 구리이다. 예를 들어 열교환기 황동 튜브에서 냉각재에 흡수된 구리는 철과 같은 불활성 금속을 희생시켜 다른 부위에 침전될 수 있다. 열교환기 구리 합금 튜브의 와전류 신호 예시로서 절대 및 차동 보빈 탐촉자의 응답 신호를 그림 6-33에 나타내었다. 구리 퇴적물은 튜브 지지판(TSP) 근처에서 흔히 발생하며 최대 두께는 약 0.05 mm 정도이다. 구리의 높은 전기전도도로 인해 이 같이 얇은 구리 퇴적물도 그림 6-33에 나타낸 바와 같이 매우 큰 와전류 신호를 만들 수 있다[1].

차동 보빈 탐촉자 신호는 그림 6-33과 같이 명확하지 않기 때문에 구분이 어렵다. 퇴적물 신호와 교정시험편의 인공결함 신호를 비교하면 퇴적물 신호는 위상각이 40° 이상인 외경(OD) 측 결함의 위상각 범위에 존재하기 때문에 퇴적물이 외면 측에 존재하는 것을 쉽게 알 수 있다. 또한 차동 탐촉자를 사용할 때 신호 형성방향을 관찰하여 퇴적물 신호와 실제 결함 신호를 구별해야 한다. 절대 탐촉자에서 퇴적물 신호는 그림에서와 같이 +Y 성분이 없는 와전류 신호가 생성되어 변칙 신호 분석에 필요한 중요한 특성을 명확하게 나타낸다.

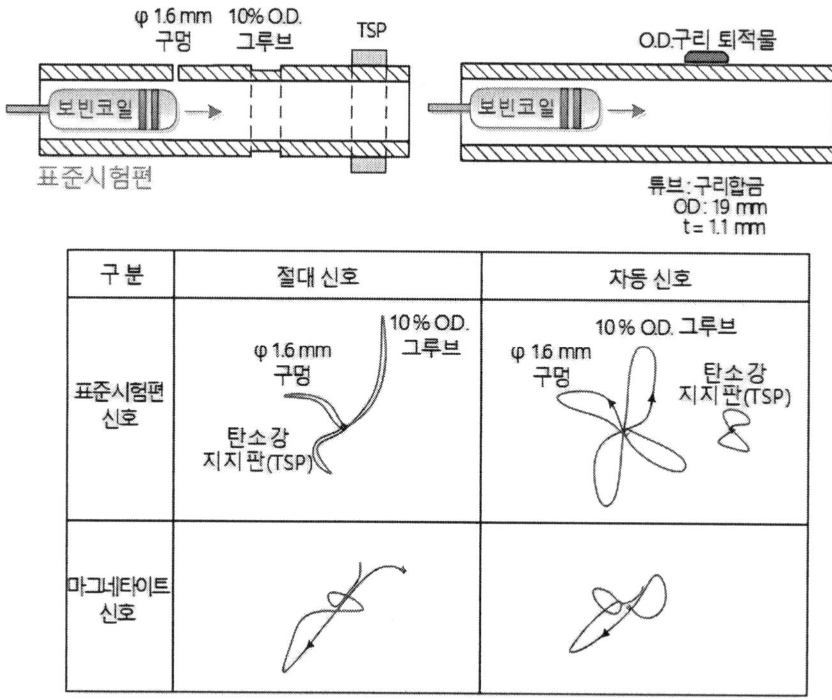


| 구 분 | 절대 신호 | 차동 신호 |
|---|---|---|
| 표준시험편 신호 | | |
| 마그네타이트 신호 | | |

그림 6-33  구리 합금 튜브의 구리 퇴적물 와전류신호 형상[1]

구리 퇴적물의 여러 검사 주파수에서 모사 신호를 그림 6-34에 나타내었다. 검사 주파수뿐만 아니라 퇴적물 두께의 증가에 따라 위상각이 명확하게 변하는 것을 알 수 있다. 주파수가 $f_{90}$ 이상인 높은 주파수에서는 절대 탐촉자를 사용하더라도 퇴적물을 내경(ID)측 결함으로 잘못 분석할 수 있다. KEPIC(또는 ASME) 기술기준에 따른 원자력발전소 증기발생기 가동중검사에서 검사 주파수는 보통 $f_{90} \sim 2f_{90}$ 사이를 적용하고 있다. 그림 6-34에서 주파수 $f_{90}$ 보다 $2f_{90}$ 에서 결함 신호와 퇴적물 신호의 구분이 명확하게 되는 것을 알 수 있다. 구리 퇴적물이 존재하는 튜브에 대한 최적 검사 주파수는 구리 퇴적물 신호가 수평 방향의 충전율 신호 아래에 생성되는 주파수이다[1].

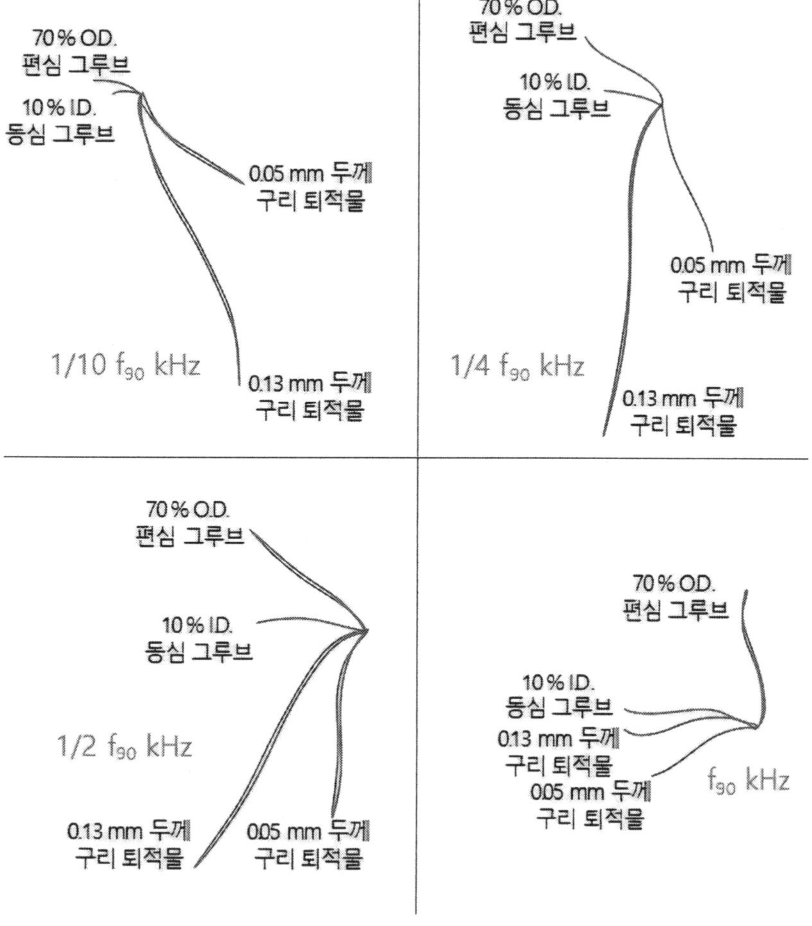


그림 6-34　　절대 보빈 탐촉자의 주파수에 따른 구리 퇴적물의 모사 신호[1]

## 6.4.2 보빈 탐촉자 신호 분석

### (1) 열교환기 튜브 보빈 탐촉자 검사

와전류검사 보빈 탐촉자 신호 분석은 발전소 터빈 계통의 저압 및 고압 급수가열기 전열관으로 많이 사용되고 있는 스테인리스강 튜브를 예로 들어 일반적인 분석 절차 및 원리를 설명한다. 신호 분석 대상 스테인리스강 튜브의 검사 조건은 다음과 같다.

○ 튜브 사양

재질　　　: 스테인리스강 304　　　　　비저항　　　　　: 72 $\mu\Omega \cdot cm$
외경　　: 19.05 mm
내경　　: 17.3 mm
두께　　: 0.89 mm

○ 발생 결함 형태
진동 마모(지지판), 벽두께 감육, 침식, 외면 균열

○ 보빈 탐촉자 사양
탐촉자 지름　　　　: 15.75 mm　　　　케이블 길이　　　: 30 m

스캔 속도　　　　: 25 cm/sec　　　　샘플률　　　　: 400 samples/sec.

○ 검사 주파수(차동 및 절대 모드)

| F1 | F2 | F3 | F4 |
|---|---|---|---|
| 600 kHz | 300 kHz | 150 kHz | 50 kHz |

○ 교정 대비시험편(KEPIC 또는 ASME 시험편)
100 %, 80 %, 60 %, 40 % 및 20 % 외면(OD) 측 평저공(FBH), 벽두께 10 % 깊이 외면(OD) 측 그루브 및 벽두께 20 % 깊이 내면(ID) 측 그루브

### ○ 검사 주파수 선정

열교환기 튜브의 와전류검사를 성공적으로 수행하기 위해서는 검사 대상 열교환기 튜브에 발생할 수 있는 결함 형태를 정확하게 파악해야 한다. 결함 형태는 이전에 수행한 비파괴검사 이력을 분석하거나 관막음된 튜브를 인출하여 파괴시험을 통해 결함 형태를 확인하는 것이 효과적이다. 이같이 확인된 튜브 발생 결함 형태에 따라 적용하는 보빈 탐촉자 사양을 결정한다. 즉 해당 튜브에 주로 발생하는 결함이 체적성 또는 균열성 결함에 따라 보빈 탐촉자의 사양을 결정한다.

적용 보빈 탐촉자를 결정한 후 해당 튜브에 적용해야 하는 검사 주파수를 선정한다.

검사 주파수는 일반적으로 앞에서 설명한 바와 같이 식 (6-4)를 사용하여 신호 평가 용도별로 4개 주파수를 계산하여 적용한다.

$$f = K \frac{\rho}{t^2} \tag{6-4}$$

여기에서 $f$ = 검사 주파수(kHz), $\rho$ = 비저항($\mu\Omega\cdot$cm), $t$ = 튜브 벽두께(mm)이며, $K$ = 상수로서 주파수별로 아래와 같이 각각 적용한다. 실제 검사에서는 보통 신호 취득 프로그램에 검사 대상 튜브 사양(재질, 벽두께)을 입력하면 자동으로 검사 주파수가 계산되어 설정된다.

- 최적 주파수($f_1$) : 검출된 신호의 위상각에 따라 결함 크기를 측정하기 위한 주파수
  ($K$ = 6.45)

- 검출 주파수($f_2$) : 튜브 내면 및 외면 측 결함에 대한 우수한 감도를 나타내고, 결함 검출 용도 외에도 특정 손상기구의 크기(깊이)를 측정하기 위해 사용되며, 유관신호의 진위 여부 확인을 위한 주파수로도 사용된다.
  ($K$ = 3.0)

- 중간 주파수($f_3$) : 주파수 혼합 주파수로 사용된다.
  ($f_1/4$)

- 저주파수($f_4$) : 튜브 외부 지지물(예, 지지판)을 검출하기 위한 가장 낮은 주파수
  ($f_1/8$)

최적 주파수($f_1$)는 튜브 자유단에 발생할 수 있는 작은 체적성 결함을 검출하고 크기를 측정하기 위해 사용되는 주파수이다. 검출주파수($f_2$)와 중간주파수($f_3$)는 튜브 자유단에 발생할 수 있는 작은 체적성 결함을 확인하기 위한 주파수로 사용된다. 저주파수($f_4$)는 튜브 외부 지지물 또는 튜브 2차 측에 존재할 수 있는 이물질을 확인하기 위한 주파수이다. 위의 식에 따라 계산된 주파수는 보통 편의상 100, 50 및 10 단위로 반올림하여 아래와 같이 검사 주파수를 결정한다.

| 구분 | F1 | F2 | F3 | F4 |
|---|---|---|---|---|
| 계산값 | 586 kHz | 273 kHz | 147 kHz | 73 kHz |
| 설정값 | 600 kHz | 300 kHz | 150 kHz | 80 kHz |

## ○ 신호 분석 채널 설정

각 주파수 및 채널의 용도는 다음과 같다. 주파수 혼합 채널($P_1 \sim P_4$)은 튜브 지지판 부위에 발생할 수 있는 균열성 및 체적성 결함의 검출 및 크기 평가를 위해 4개 주파수를 용도별로 혼합(mixing) 처리한 채널이다. 주파수 혼합 채널은 튜브 지지판 부위에 결함이 발생할 경우, 튜브 지지판 신호와 결함 신호가 결합되어 신호가 생성되기 때문에 이 신호 중 불필요한 튜브 지지판 신호를 소거하여 결함 신호만을 추출하기 위한 과정이다. 주파수 혼합 채널($P_1 \sim P_4$)의 각 기능을 아래 표에 제시하였다.

| CH | kHz | | | 용 도 |
|---|---|---|---|---|
| 1 | 600 kHz Diff. | | | 튜브 자유단의 축 방향 균열의 1차 크기 평가 채널이며, 원주 방향 균열을 제외한 작은 체적성 외면(OD) 측 결함을 확인하기 위한 채널 |
| 2 | 300 kHz Diff. | | | 튜브 자유단의 원주 방향 균열을 제외한 작은 체적성 외면 측 결함 1차 크기 평가 채널 |
| 3 | 200 kHz Diff. | | | 튜브 자유단의 축 방향 균열 검출 및 확인 채널 |
| 4 | 100 kHz Diff. | | | 튜브 자유단의 원주 방향 균열을 제외한 결함 검출 및 확인 채널 |
| 5 | 200 kHz Abs. | | | 튜브 자유단의 잔류물질 손상, 튜브-튜브 마모, 외경 침식/감육 1차 검출 및 크기 평가 채널 |
| 6 | 100 kHz Abs. | | | 튜브 자유단의 잔류물질 손상, 튜브-튜브 마모, 외경 침식/감육 확인 채널 |
| 7 | 주파수 혼합 (frequency mixing)채널 | P1 Diff. | 600/300 kHz | 튜브 지지판 부위의 원주 방향 균열성 1차 검출 및 크기 평가 채널 |
| 8 | | P2 Diff. | 300/200 kHz | 튜브 지지판 부위의 소형 체적성 결함 1차 검출 및 크기 평가 채널 |
| 9 | | P3 Abs | 300/200 kHz | 튜브 지지판 부위의 마모 1차 검출 및 크기평가 채널 |
| 10 | | P4 Diff. | 200/100 kHz | 튜브 지지판 부위의 마모 확인 채널 |

## ○ 신호 분석 교정 설정

다음으로 실제 검사에서 취득된 신호를 평가하기 위하여 대비시험편에 있는 크기를 알고 있는 인공결함에 대한 신호의 위상각과 진폭(전압)을 이용하여 교정곡선을 작성해야 한다. 위상각 분석법을 적용할 때 일반적으로 KEPIC(또는 ASME) 대비시험편의 100 % 벽두께 관통공의 차동 신호의 위상각을 40°로 조정하고 진폭($V_{pp}$ 전압)은 5 Volts로 설정한다. 진폭(전압) 분석법을 적용하는 체적성 마모결함의 절대 신호는 차동신호와는 다르게 위상각을 90°로 조정하고 진폭($V_{\max}$ 전압)은 10 V로 설정한다.

대비시험편의 100 % 벽두께 관통공(FBH) 신호를 위에서와 같이 조정할 경우, 튜브 외면(OD) 측 벽두께 깊이 80 %, 60 %, 40 %, 20 % 평저공(FBH) 및 내면(ID) 측 그루브 신호는 그림 6-35와 같이 100 % 벽두께 관통공(FBH) 신호를 따라 신호의 위상각이 각각 조정된다.

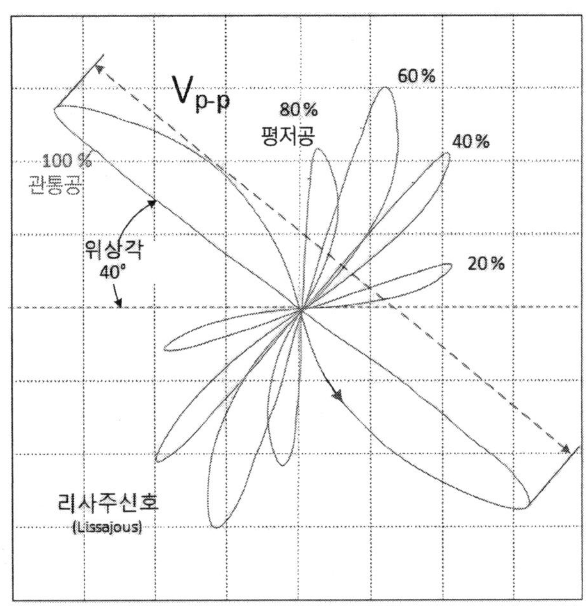


(a) 차동신호

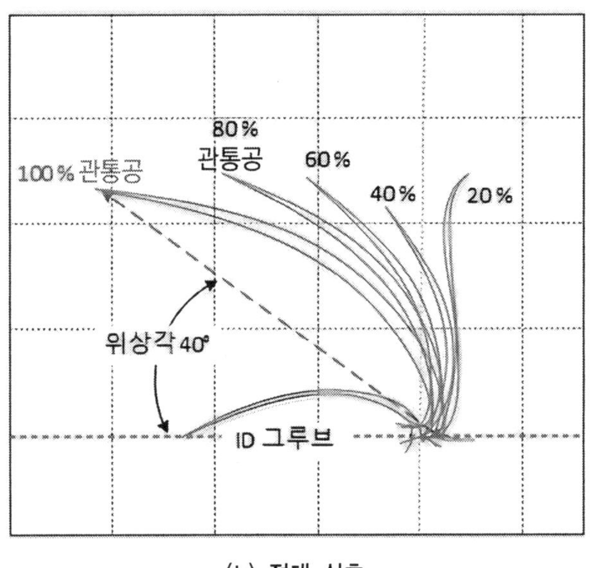


(b) 절대 신호

그림 6-35   보빈 탐촉자 리사주 신호 설정(절대 및 차동 신호)

위상각 분석법을 적용하여 튜브 지지판 신호 소거하여 균열성 결함(균열) 검사를 위한
주파수 혼합 채널($P_2$)은 대비시험편의 100 % 벽두께 관통공의 차동 신호의 위상각을
40°로 조정하고 진폭($V_{pp}$ 전압)은 5 V로 설정한다.

진폭 분석법을 적용하여 튜브 지지판 신호 소거하여 체적성 결함(마모) 검사를 위한 주파수 혼합 채널($P_1$, $P_3$, $P_4$)은 대비시험편의 100 % 벽두께 관통공의 차동 신호의 위상각을 90°로 조정하고 진폭($V_{max}$ 전압)은 10 V로 설정한다.

각 채널의 교정을 완료한 후 교정곡선을 작성하기 위해 대비시험편 불연속의 위상각과 진폭을 입력한다. 위상각 분석법에서는 보통 4개~5개 결함 신호의 위상각을 입력하여 아래와 같이 교정곡선을 작성한다. 입력값의 개수를 늘리면 최적화(best-fit) 곡선의 정확도가 향상될 수 있지만 실제 현장 검사 조건에 따라 검사원이 판단하여 입력 개수를 결정한다.

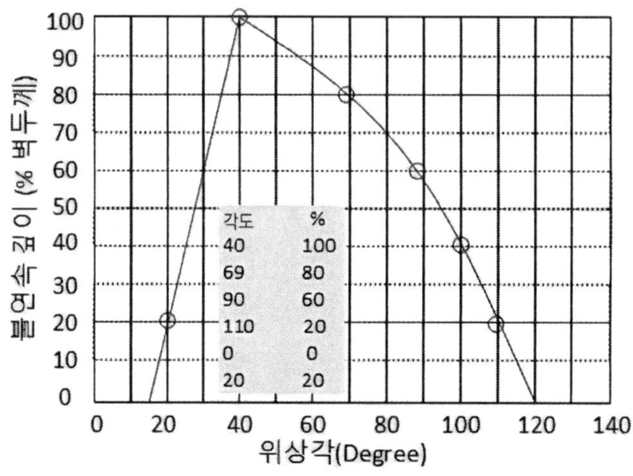

(a) 위상각 교정곡선(위상각 대 벽두께 %)

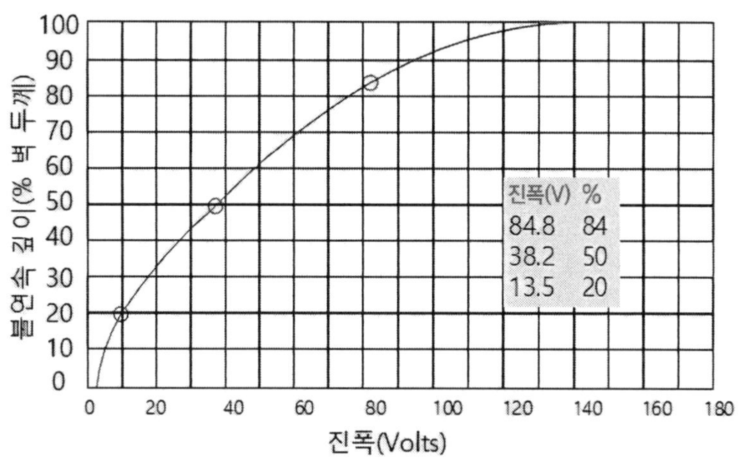

(b) 진폭 교정곡선(진폭 대 벽두께 %)

그림 6-36　보빈 탐촉자 교정곡선

○ **수집 신호 분석**

위에서와 같이 검사를 위한 장치 설정과 교정곡선 작성이 완료되면 해당 교정 설정(채널 별)에서 수집된 신호를 아래와 같은 절차에 따라 분석한다.

① 수집된 신호 분석은 열화 가능성이 있는 모든 튜브 신호에 대해 검출주파수 채널(CH 3)에서 리사주 및 스트립 차트 디스플레이를 주의 깊게 관찰한다. 열화 가능성을 나타내는 모든 지시 신호는 최소 전압 문턱값의 제한 없이 보고한다.

② 신호의 진폭이 작은 지시의 가시성을 높여 놓치지 않으려면 스트립 차트를 가능한 최대 크기로 확대(zooming)하여 주의 깊게 관찰한다.

③ 검출주파수 채널(CH 3)에서 각 튜브 신호를 스크롤하면서 동시에 CH 6(절대 채널)도 주의 깊게 관찰한다. 이렇게 하면 이물질 손상을 포함한 자유단 부위에 발생할 수 있는 체적성 마모결함과 찌그러짐(dent)과 관련된 지시를 검출하는 데 도움이 된다. 찌그러짐(dent)은 보고할 필요는 없지만 운전 시간 경과에 따라 균열이 발생할 수 있으므로 열화 가능성을 추적 검토해야 한다. 예를 들어 주파수가 감소함에 따라 위쪽으로 회전하는 찌그러짐 신호, 튜브 내면(ID) 측 또는 외면(OD) 측 결함 평면에 벡터 또는 신호 성분이 있는 왜곡된 신호 등이 이에 해당한다. 확실하지 않으면 정량화 불가 지시로 보고한다. 이물질은 보고할 필요가 없으며, 이물질 손상이 있는 경우에만 보고해야 한다.

④ 검출주파수 채널(CH 3)에서 일정한 위상각과 진폭을 갖는 지시 신호가 관찰되었을 때 리사주 신호의 형성 궤적을 확인한다. 즉, 차동 신호는 평형점(원점)에서 시작하여 임피던스 사분면의 우측 아래쪽으로 향해 최대점에 도달한 다음, 다시 방향을 바꿔 좌측 위쪽으로 향해 원점에 도달한 후 원점에서 사분면 좌측 위쪽을 향해 최대점에 도달한 다음 다시 원점에 도달하여 궤적을 완성하는지 확인하여 결함의 사실 여부를 확인한다.

⑤ 위 ④항에서 결함 신호로 확인될 경우, CH 1, CH 2, CH 4채널의 각 신호가 주파수 변화에 따라 위상각이 일관성 있게 회전하는지를 확인한다. 즉 주파수가 증가함에 따라 각 신호의 위상각이 시계 방향으로 회전하여 증가하는지를 확인한다.

⑥ 주파수 혼합채널($P_1$)에서 각 튜브 지지판(TSP) 신호를 주의 깊게 관찰하여 균열성 결함 신호 또는 체적성 마모 결함 신호가 존재하는지 분석한다.

⑦ U-밴드 영역은 반 진동봉(AVB) 마모 및 기타 가능한 열화가 존재하는지 주파수 혼합 채널(CH P1) 및 원시 채널(raw channel)로 분석한다(이 분석은 증기 발생기 튜브 검사에만 적용한다.).

⑧ 위 신호 분석 절차에 따라 결함 신호로 확인된 지시는 벽두께 감육 백분율(%)을 기록지에 기록하여 신호 분석을 종료한다.

### 6.4.3 표면 코일 탐촉자의 신호 분석

표면 코일 탐촉자를 사용한 기기 표면 검사는 와전류검사 적용의 가장 오래되고 중요한
검사이다. 표면 코일 탐촉자는 주로 평판 형태 기기에 대한 공장 제작 및 가동 중 보수 검사에
적용되고 있다. 작은 철강 부품에 대한 결함 및 경도검사를 위한 제작검사는 거의 대부분 와전
류검사법을 사용한다. 또한 항공기 부품의 균열 및 열처리 효과를 검사하기 위한 안전 및 예방
보수 와전류검사는 항공기가 처음으로 상용화되어 운전된 이래로 현재까지 계속 적용되고
있다.

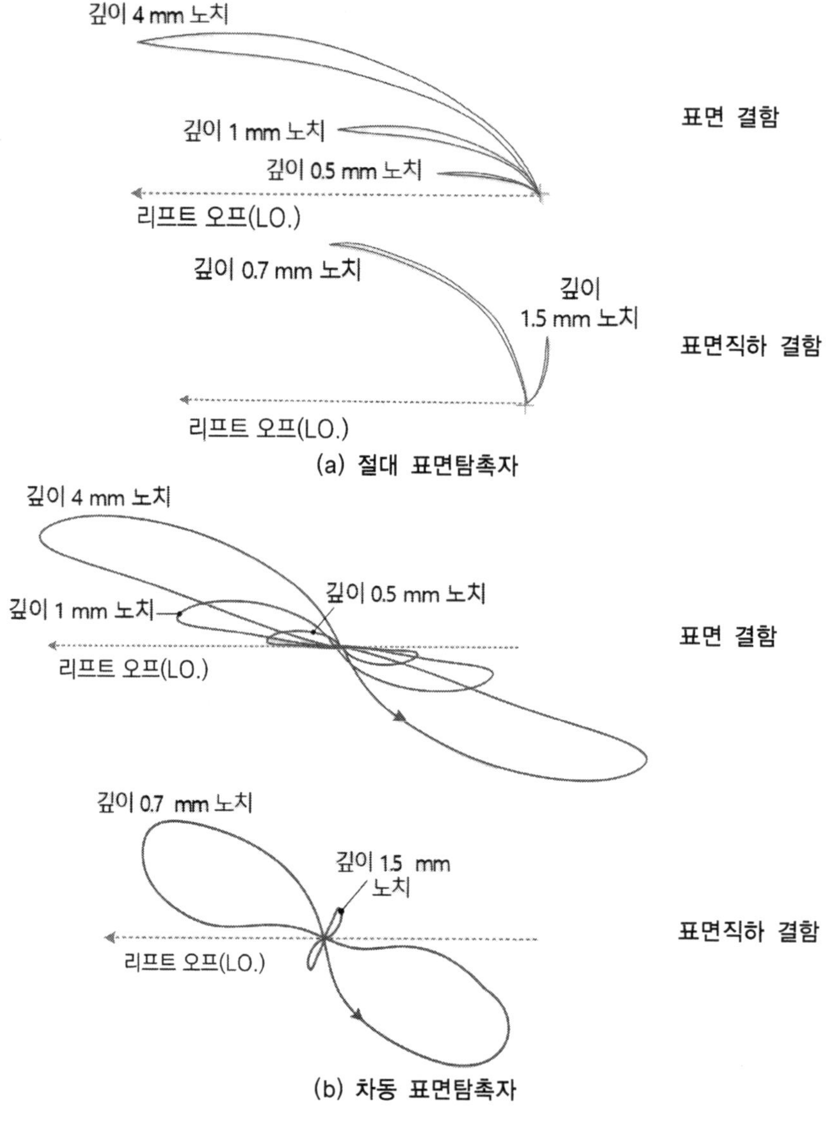


그림 6-37  표면 코일 탐촉자의 와전류신호[1]

와전류검사는 초음파탐상검사에 사용되는 접촉매질이 필요 없고 검사가 빠르며 두께가 얇은 기기의 경우 100 % 체적검사가 가능하므로 중요한 비파괴검사법으로 적용되고 있다. 이 장은 표면 코일 탐촉자의 적합한 검사 주파수를 선정하고 리프트 오프 잡음을 최소화하여 신호 대 잡음 비(SNR)를 최대화하는 방법, 표면 코일 신호 분석, 결함 신호와 거짓지시를 구별하는 방법에 대해 설명하였다. 절대 및 차동 표면탐촉자를 사용하여 표준시험편에서 얻어지는 와전류 신호를 그림 6-37에 예로 나타내었다.

## (1) 표면 코일 와전류신호의 특성

### ○ 결함 신호 진폭

코일이 결함을 지나갈 때 결함에 의해 와전류 흐름이 방해되어 코일의 임피던스가 변화된다. 표면 코일 탐촉자가 평판의 결함을 지나갈 때 평판에 유도되는 와전류 형태를 그림 6-38(a)에 나타내었다. 그림 6-37(a)와 같이 와전류는 폐회로를 형성하고 결함이 존재하면 정상적인 와전류의 흐름을 방해하여 와전류는 결함을 우회하여 흐르거나 차단될 수 있다. 이로 인해 와전류 경로가 왜곡되어 경로 길이가 증가함으로써 와전류에 대한 저항이 증가한다.

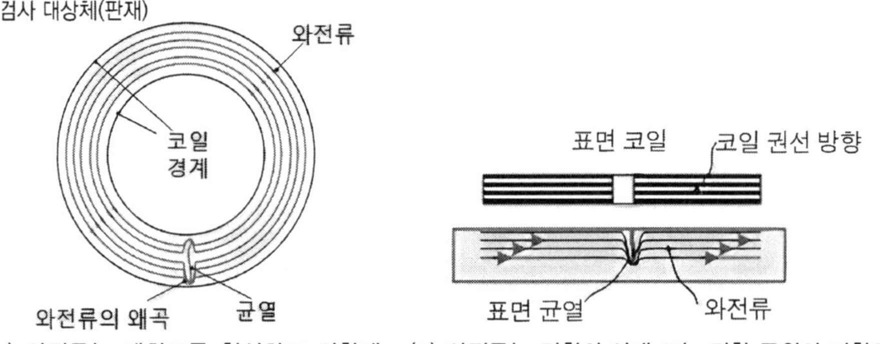


(a) 와전류는 폐회로를 형성하고 결함에 의해 정상 경로가 방해를 받는다.　(b) 와전류는 결함의 아래 또는 결함 주위의 저항이 가장 작은 경로로 흐른다.

그림 6-38　결함에 의한 평판내 와전류 흐름의 변화

와전류는 항상 저항이 최소인 경로로 흐른다. 즉, 만약 결함이 깊고, 짧으면 와전류는 결함의 양 끝단 주위로 흐른다. 반대로 결함이 표면 코일 직경과 비교하여 매우 길고 깊이가 얕으면 와전류는 결함 아래로 흐를 것이다. 요약하면, 결함의 길이와 깊이(폭도 어느 정도 해당됨)는 와전류 흐름 저항을 증가시키고 이에 따라 코일 임피던스도 증가한다. 또한 결함의 폭에 따라 어느 정도 와전류 흐름 저항이 증가한다.

앞에서 설명한 것과 같이 코일에 해당하는 인덕터(inductor)와 병렬로 연결된 저항의 등가 코일 회로와 이와 관련된 반원의 임피던스 선도에서 운전점은 결함에 의해 선도 위쪽으로 향하게 된다. 즉, 검사 대상체 내 와전류의 저항 증가로 코일 인덕턴스와 저항이 변하게 된다.

결함은 코일에 근접한 표면전류를 방해하게 된다. 그림 6-39에 나타낸 표면과 표면직하 결함 사이의 차이점을 고려해 보자. 표면 코일이 길이가 무한하고 깊게 위치한 균열 위에 놓여 있을 때 표면전류가 폐회로를 구성한다면 결함 하부로 흐르게 된다. 하지만 그림 6-39(b)의 표면직하 기공 결함 경우에는 해당 되지 않는다.

와전류는 전도체 표면에 밀집하게 되고 이에 따라 표면 결함의 검출 감도는 표면 하부 내부에 위치한 결함보다 더욱 크다. 이것은 앞장에서 설명한 표준 침투 깊이 계산식에 의해 설명할 수 있다. 즉, 와전류 밀도는 표면으로부터 깊이가 증가함에 따라 아래와 같은 비율로 감소한다.

- 표준 침투 깊이($\delta$)와 같은 두께 층에는 표면 와전류 밀도의 36.7 %가 흐른다.
- 표준 침투 깊이 2배($2\delta$)와 같은 두께 층에는 표면 와전류 밀도의 13.5 %가 흐른다.
- 표준 침투 깊이의 3배($3\delta$)와 같은 두께 층에는 표면 와전류 밀도의 5 %가 흐른다.

표준 침투 깊이의 3배($3\delta$)보다 깊은 곳에는 표면 와전류 밀도의 5 %만 흐르기 때문에 이곳에 존재하는 표면직하 결함을 검출하기는 어렵다. 하지만 결함 깊이가 $3\delta$ 이하인 표면 결함의 경우 와전류의 대부분은 결함 아래로 흐르게 된다. 이 같은 표면 결함은 검출할 수 있고 와전류 침투가 결함 깊이의 아주 작은 부분일지라도 추정할 수 있다.

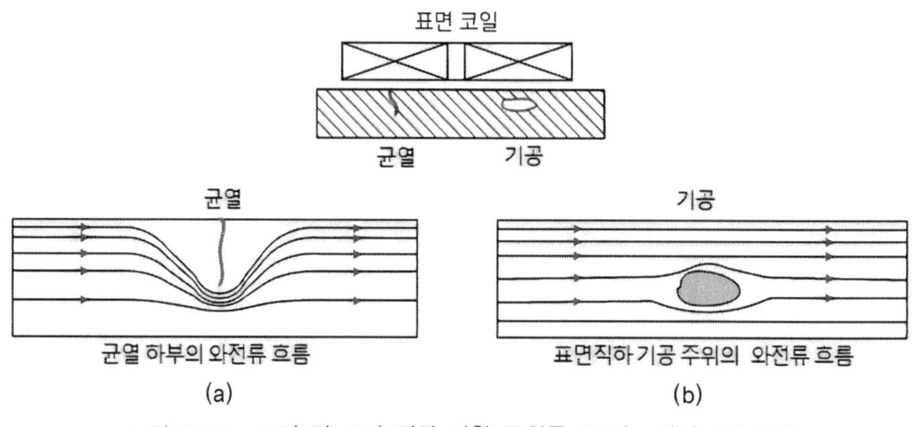


그림 6-39 **표면 및 표면 직하 결함 주위를 흐르는 와전류의 흐름**

## ○ 결함 신호 위상

임피던스 선도에서 결함 신호를 정확하게 예상하는 것은 현실적으로 어렵고 단지 신호 진폭과 방향만 예상할 수 있다. 표면 코일 탐촉자 신호의 효과적인 분석을 위해서는 표면 코일의 위상 지연을 이해하는 것이 필요하다. 표면 코일 탐촉자의 표면 코일 주위의 자기장 크기 및 위상 분포를 그림 6-40(a)에 나타내었다. 실선은 자기장의 세기가 일정한 윤곽선이고 점선은 일정한 위상을 나타낸다. 자기장과 이에 의해 유도된 와전류의 위상은 같고 점선은 또한 와전류의 위상($\beta$)을 나타낸다. 진폭은 코일로부터 거리에 따라 지수함수적으로 감소하고 와전류는 코일로 부터 깊이와 수직 방향거리가 증가함에 따라 위상이 증가하여 흐르게 된다. 표피효과는 반경 방향 및 축 방향 두 방향 모두에서 발생한다.

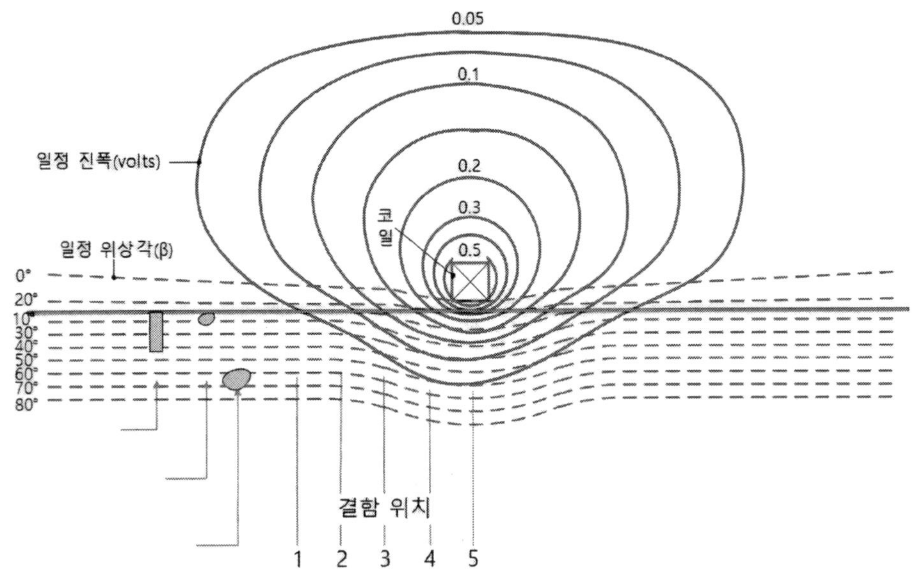


(a) 결함 깊이에 따른 와전류 분포

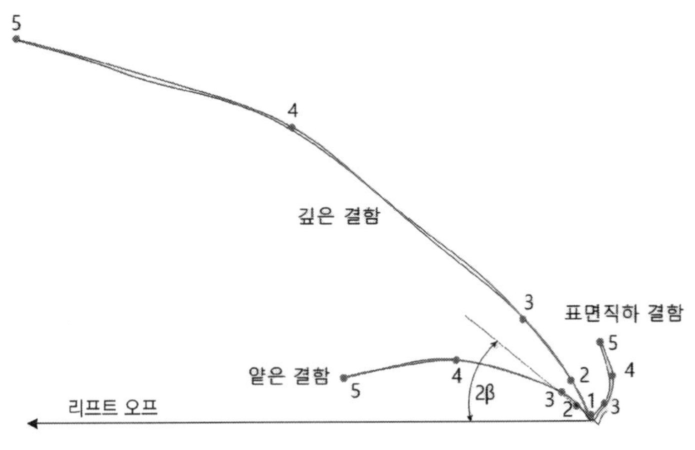


(b) 결함 깊이에 따른 와전류 신호

그림 6-40　　절대 표면 코일의 결함 깊이에 따른 신호형상[1]

그림 6-40(a)는 깊이가 얕은 표면 결함, 깊은 표면 결함, 표면직하 결함에 대한 와전류 분포를 나타내었다. 신호 분석을 위해서는 위상 방향의 기준이 되는 시작점을 선정하는 것이 필요하므로 리프트 오프의 증가를 나타내는 -X축(0°)을 기준으로 시계 방향의 각도를 위상각으로 측정하여 결함의 깊이를 평가한다.

결함 신호 또는 결함의 영향은 결함이 존재하기 전에 결함 부위에 흐르는 와전류의 존재로 생각할 수 있다. 그림 6-40(a)에서 결함이 위치 "0"으로부터 위치 "5"로 점차 코일에 접근함에 따라 와전류신호는 그림 6-40(b)의 위치 "0"으로부터 위치 "5"로 이동하게 된다. 그림에서 얕은 표면 결함은 리프트 오프 방향의 큰 성분을 가지고 있다. 결함이 위치 "0"로부터 위치 "5"까지 코일에 접근할 때 신호는 위상각이 증가하기 때문에 시계 방향으로 회전한다.

## ○ 유한 두께 재료 내 결함 및 재료 변화의 영향

검사를 시작하기 전에 검사에 적합한 검사 주파수와 위상 조정을 결정해야 한다. 탐촉자를 재료로부터 들어 올려 탐촉자와 재료 사이의 간격이 커질 때 리프트 오프 신호는 오른쪽에서 왼쪽으로 커지게 되며, 이 리프트 오프 신호를 -X축의 수평 방향으로 조정한다.

표면 코일에서 결함 신호와 다른 무관련 인자를 구별하는 것은 검사 주파수를 변경하여 확인할 수 있다. 여러 주파수에서 비저항($\rho$), 투자율($\mu$), 두께 변화($t$)에 대한 코일 신호 변화를 컴퓨터로 모사한 선도를 그림 6-41에 나타내었다[1].

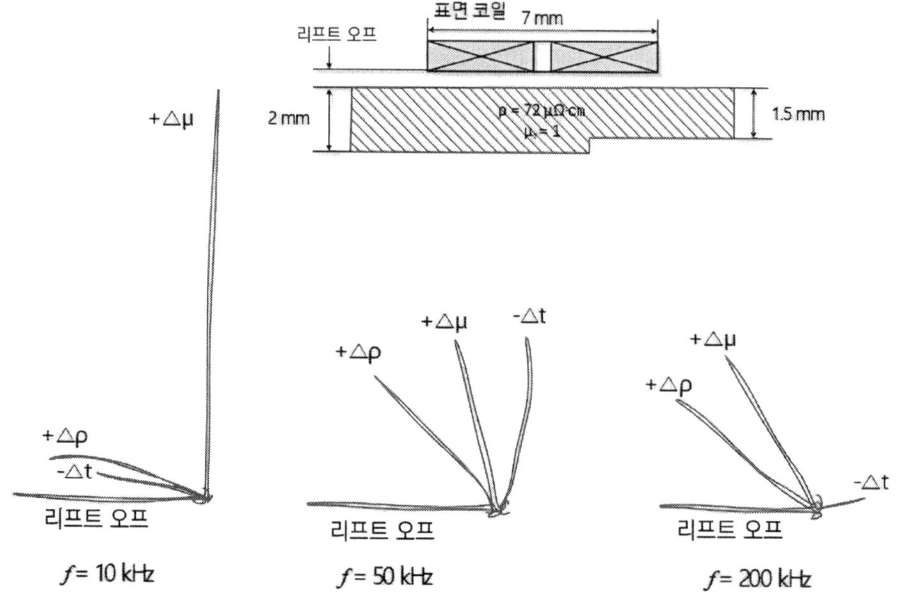



그림 6-41  **표면 코일의 주파수에 따른 와전류 신호변화**[1]

　　그림 6-41에서 비저항 증가($\triangle \rho$)에 따른 신호의 위상각은 검사 주파수가 증가함에 따라 조금 증가하지만, 평판 두께 증가($\triangle t$) 신호의 위상각은 주파수가 증가함에 따라 많이 증가하는 것을 알 수 있다. 평판의 투자율 증가($\triangle \mu$) 신호의 위상각은 저주파수에서 리프트 오프 신호에 대해 약 90°이고 주파수가 증가함에 따라 아주 작게 감소한다[1].

　　그림 6-42(a)에서 직경이 7 mm인 탐촉자인 경우 50 kHz에서 투자율 증가($\triangle \mu$) 신호는 비저항 증가($\triangle \rho$) 신호의 오른쪽에 있다. 반면에 직경 25 mm 탐촉자의 경우 50 kHz에서 투자율 증가($\triangle \mu$) 신호는 비저항 증가($\triangle \rho$) 신호의 왼쪽에 있다. 탐촉자 직경이 증가하여 운전점이 임피던스 곡선의 아래쪽으로 이동하게 되면 비저항 신호는 투자율 신호에 대해 시계 방향으로 회전한다. 또한 투자율 신호는 유도성 리액턴스 Y축에 완전한 평행 방향이 아니다. 이것은 투자율 변화에 따른 표준 침투 깊이와 위상 지연 변화로 인해 신호가 시계 방향으로 회전한다. 얇은 평판 검사에서 검사 주파수는 리프트 오프 신호와 평판 두께 증가($\triangle t$) 신호가 임피던스 선도에서 90°로 분리되도록 선정한다. 이 검사 주파수는 평판 두께와 표준 침투 깊이 비가 아래와 같이 약 0.8배 정도가 되는 주파수이다.

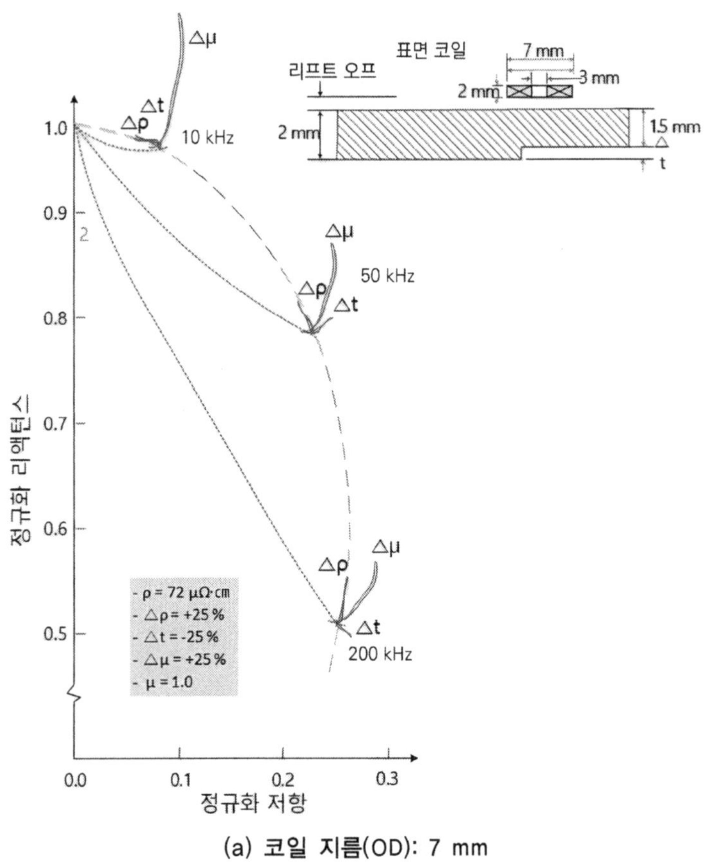



(a) 코일 지름(OD): 7 mm

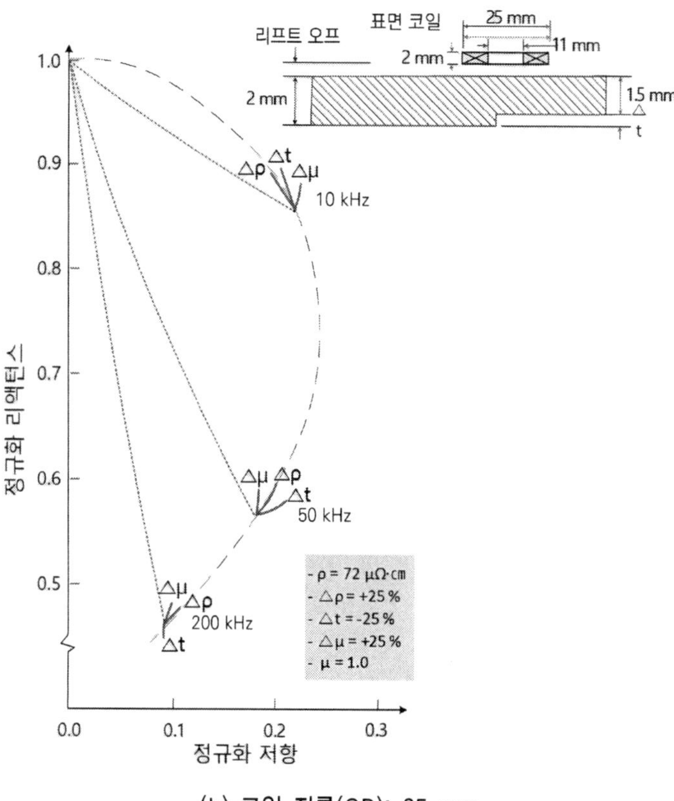



(b) 코일 지름(OD): 25 mm

그림 6-42  표면 코일 지름에 따른 임피던스 궤적 변화[1]

$$t/\delta = 0.8 \qquad\qquad (6\text{-}5)$$

이 값을 표준 침투 깊이 계산식($\delta = 50\sqrt{\rho/f}$ (mm))에 대입하면 다음 식이 얻어진다.

$$f = 1.6\,\rho/t^2 \text{ kHz} \qquad\qquad (6\text{-}6)$$

여기에서, $\rho$ = 비저항($\mu\Omega\cdot$cm), $t$ = 평판 두께(mm)이다.

리프트 오프 신호와 평판 두께 증가($\triangle t$) 신호 사이의 90° 위상각은 탐촉자 직경이 증가되면 약간 증가한다. 표면 또는 표면직하 결함을 포함한 모든 결함 신호는 90° 위상각 이내에 들게 된다. 평판 반대 방향에 위치한 얕은 결함, 균열 또는 피트(pits)는 위상각이 수직(90°)에 거의 근접한 신호를 생성한다. 탐촉자에 아주 가까운 표면에 위치한 얕은 결함은 각도가 리프트 오프 신호 각도에 거의 근접한 신호를 생성한다.

표면 코일에서 결함과 무관련 신호는 검사 주파수 변화에 따른 신호 위상각 변화 거동을 관찰하여 구별할 수 있다. 그림 6-43에서와 같이 검사 주파수가 커지면 위상 지연이 증가하여 신호가 시계 방향으로 회전한다. 표면 코일 신호 분석에서 중요한 점은 모든 결함 신호는 검사 주파수에 관계없이 리프트 오프 신호와 두께 감소 신호의 위상각 범위 이내에 든다[1].

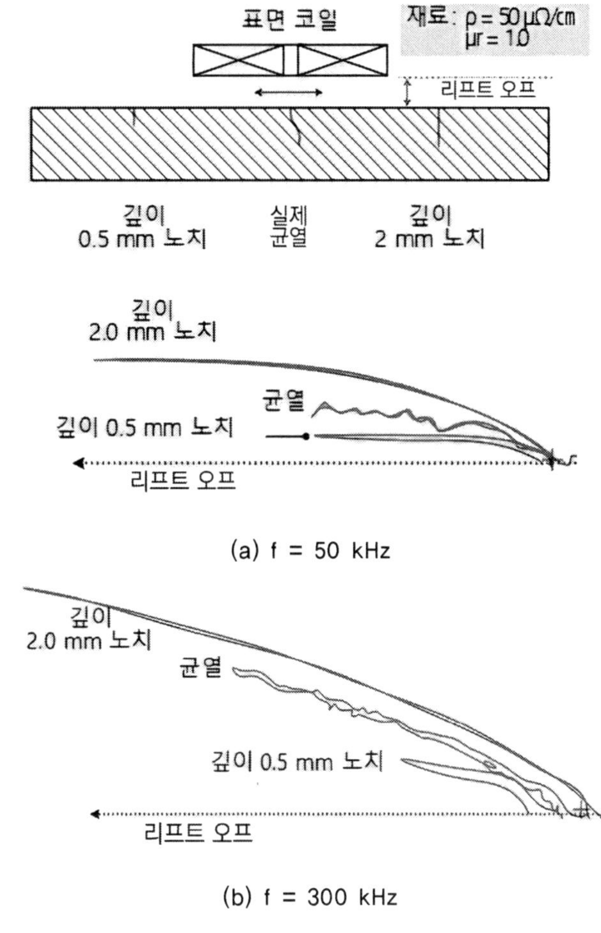


그림 6-43　표면 코일의 실제 균열과 인공 노치 신호[1]

## ○ 기타 인자에 의한 코일 임피던스의 변화

와전류 코일은 여러 가지 외부 인자에 대해 민감하다. 실제 검사에서 흔히 문제가 되는 것은 투자율이다. 보통 검사 주파수에서 투자율 증가에 의한 신호를 심각한 결함으로 분석하는 경우가 자주 발생할 수 있다. 표면 코일에서 결함과 자성 물질인 페로마그네틱 지시를 구별하는 방법은 다음과 같다. 자성 합금의 와전류검사를 위해서 일반적으로 자기 포화가 필요하다. 반대로 오스테나이트 스테인리스강 및 니켈합금과 같은 비자성 합금의 와전류검사는 자기포화가 요구되지 않는다. 하지만 이 합금과 철, 니켈, 또는 코발트를 포함한 합금은 투자율 변화를 나타낸다. 이것은 자기적 특성이 합금성분, 조직 크기, 열처리, 냉간가공, 오염 및 편석 등과 같은 금속학적 인자에 의해 영향을 받기 때문이다. 실제 검사에서 직면할 수 있는 비자성 합금의 자성 지시에 대한 예시는 다음과 같다.

- 인코넬(inconel) 600의 압출 가공 시 표면의 크롬 고갈에 의한 강자성 생성
- 스테인리스강 304의 전기방전가공(EDM)시 생성된 강자성
- 오스테나이트 스테인리스강 주물의 편석 또는 오염에 의해 발생한 투자율 변화
- 지르코늄(zirconium) 합금 가공시 합금으로 유입된 강자성 개재물
- 냉각계통 내에 발생한 강의 부식에 의해 열교환기 튜브에 집적된 마그네타이트 ($Fe_3O_4$)

처음의 2가지 요인은 결함의 깊이 측정을 부정확하게 하고, 다음의 3가지 요인은 균열과 피팅 같은 결함의 신호 분석에서 실수를 유발시킨다.

위와 같은 변칙적인 자성 지시의 몇 가지는 큰 자기력(수 kG)을 가진 영구자석으로 자화 포화시켜 제거할 수 있다. 만약 포화가 불완전하거나 어려울 때는 더 낮은 주파수를 사용하여 검출된 지시가 결함에 의한 것인지 또는 자기 영향에 의한 것인지를 구분할 수 있다. 표면 탐촉자가 결함과 강자성 지시 위를 지날 때의 신호 변화를 그림 6-44에 나타내었다.

실제 검사에 일반적으로 적용되는 100 kHz~500 kHz의 검사 주파수에서는 결함 신호와 자성 개재물 신호 사이의 위상각 분리가 조금 발생한다. 만약 주파수를 낮추면 임피던스 곡선에서 운전점은 위쪽으로 이동하게 되고, 결함 신호는 그림 6-44와 같이 왼쪽 반시계 방향으로 회전하므로 이를 기준으로 결함 신호와 자성 개재물 신호를 구별할 수 있다.

표면 코일 신호의 분석에서 중요한 점은 낮은 주파수로 갈수록 자성 지시 신호는 리프트 오프 신호를 기준으로 시계 방향으로 회전하여 90°에 접근하는 반면 결함 신호는 반시계 방향으로 회전한다. 그림 6-44의 임피던스 선도에서 자성 개재물 신호 방향은 주파수에 대한 영향이 미미하여 식별할 수 없을 정도이다. 이것은 투자율이 증가하면 주로 코일의 인덕턴스가 증가하기 때문이다.

자성 지시가 표면에 위치하지 않을 때 즉 자성 개재물이 표면에 위치하지 않고 표면직하 또는 얇은 판형 검사 대상체 반대쪽에 있을 때의 신호 위상각은 코일 인접표면 강자성 신호를 기준으로 회전하게 된다. 이것은 평판 두께 방향으로 발생한 위상 지연에 의한 것이다.

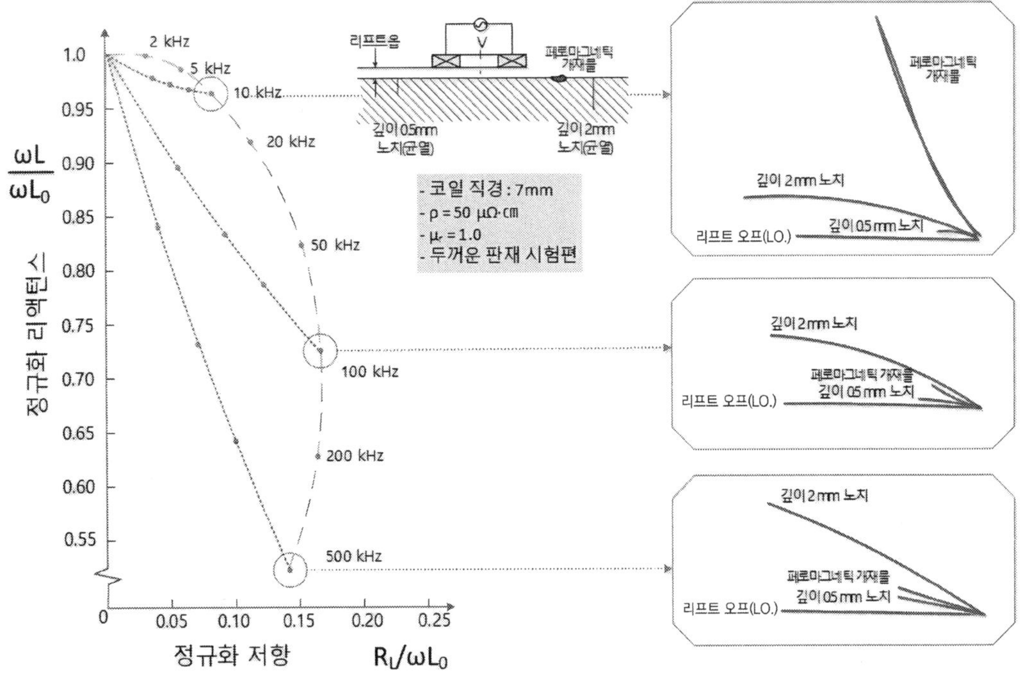


그림 6-44 **표면 코일의 3가지 주파수에서 임피던스 신호 변화**[1]

앞에서 설명한 것과 같이 주파수가 낮을수록 결함과 자성 개재물 신호의 구분이 더 용이하다. 주파수가 낮을수록 검출된 지시의 위상각이 리프트 오프를 기준으로 90°까지 증가하면 자성 개재물 신호이고 0°로 감소하면 결함 신호를 의미한다. 위에서 설명한 내용을 요약하면 다음과 같다.

- 여러 비자성 합금은 자성적 특성을 나타낼 수 있고, 어느 합금이라도 가공 또는 사용 중에 자성 개재물 또는 오염물질을 포함할 수 있다.
- 적용 검사 주파수에서 자성 지시 신호는 흔히 결함 신호와 유사하게 나타난다.
- 자성 지시 신호는 검사 주파수가 낮을수록 결함 신호와 더 잘 구별된다.

# 7. 용어 정의와 공식

7. 용어 정의와 공식

- ASTM(American Society for Testing and Materials): 미국재료시험협회의 약자. ASTM은 모든 금속 재료에 대한 특정 제조 표준 및 시험 표준을 제정·관리한다.

- **C-스캔 디스플레이**(C-scan display): MRPC 기법을 사용하여 튜브 결함 신호를 나타내기 위해 사용되는 와전류 신호 디스플레이 방식. C-스캔은 와전류 코일의 위치 정보(튜브 축 방향 위치와 회전 방향 위치)와 동시에 와전류 신호 정보(진폭 또는 위상)를 나타내므로 3차원(3D) 영상으로 표시된다.

- IACS(International Annealed Copper Standard): '국제연동표준'으로서 풀림처리된 특정 등급의 고순도 구리의 전기전도도를 100 %IACS 값을 기준으로 부여된 전기전도도 단위. 와전류검사에서 전도성 재료의 전기전도도에 대한 국제적인 표준이다. 구리 외 재료의 전기전도도를 %IACS 백분율로 표시할 때, 은을 제외한 모든 금속은 풀림처리된 고순도 구리보다 더 작은 전기전도도 값을 갖는다.

- KEPIC(**또는 ASME) 교정 표준시험편**: 열교환기 튜브 와전류검사에 사용되는 보빈 탐촉자 의 교정을 위한 표준시험편. KEPIC에 명시된 표준시험편은 벽 관통공(TWH), 평저공(FBH) 및 내경(ID) 측과 외경(OD) 측 그루브(Groove)와 같은 인공결함을 포함하고 있다.

- **U-튜브**: 보통 길이의 절반이 U자 형태로 180° 구부러진 튜브. "U-band 튜브"라고도 하며, 열교환기 및 증기발생기에 사용된다.

- $V_{max}$: 와전류 분석 소프트웨어에서 와전류 신호의 최대 진폭(전압)을 표시하는 약어로 "수직 최대 진폭값"을 의미함. 이것은 와전류 신호를 90°로 수직하게 회전시킨 다음 위상각 은 측정하지 않고 신호의 최대 수직 성분만 측정한 값이다.

- $V_{pp}$: 와전류 분석 소프트웨어에서 시간에 따라 변화하는 와전류 신호의 최대 피크와 최소 피크 사이의 진폭 크기를 표시하는 약어로 "피크 대 피크 전압(진폭)"을 의미함. 이것은 2개 로브로 된 "8"자형 차동 리사주 신호 양단의 가장 멀리 떨어진 피크점을 잇는 직선 길이(전압)를 선택하여 측정한 값이다.

- **가변 위상 회전기**: 아날로그 와전류 신호를 미리 정해진 방향으로 전자적으로 회전시켜 신호 관찰을 용이하게 하는 와전류 장치 회로. 신호는 검사원이 계측기를 제어하여 회전된다. 위상 회전은 일반적으로 검사를 수행하기 전에 교정 과정에서 설정된 대로 이루어진다.

- **강자성체(ferromagnetic material)**: 외부 자기장이 없이도 자화 상태를 유지하는 재료. 강자성체는 일반적으로 자기이력 현상과 자기포화 현상을 나타내며 투자율은 외부 자기장의 세기에 따라 결정된다.

- **검사 주파수**: 와전류검사 목적에 적합한 와전류 침투 깊이를 제공하는 주파수. 열교환기 튜브 검사는 일반적으로 최소 4개의 검사 주파수를 사용하고, 표준 침투 깊이가 튜브 벽두께보다 크게 검사 주파수를 선정한다.

- **검출 주파수($f_{90}$)**: 위상각에 기초한 신호 분석에 사용되며, 교정시험편의 튜브 내경(ID) 측 360° 벽두께 깊이 10 % 그루브(홈) 신호와 튜브 외경(OD) 측 벽두께 깊이 20 % 4개 평저공(FBH) 신호 사이의 위상각을 90°의 차이로 분리하는 주파수. 이 주파수의 와전류 신호는 결함 검출능이 우수하며, 특정 손상 형태의 깊이를 측정하는 데 최적 크기 측정 주파수 대신 이 주파수를 사용해도 된다.

- **결함 분해능(resolution)**: 검사 재료 내에 서로 근접한 불연속을 분리하여 검출할 수 있는 시스템의 특성.

- **결함 평면(defect plane)**: 주어진 검사 주파수에서 결함 평면은 위상각 0°의 리프트 오프 신호(Y축)로부터 표준시험편의 가장 얇은 외경(OD) 측 결함까지 총 위상 퍼짐의 위상각 범위 중에서 결함 신호가 나타날 것으로 예상되는 위상각 범위. 예를 들어 특정 검사 주파수에서 KEPIC(또는 ASME) 교정 표준시험편의 외경(OD) 측 20 % 4개 평저공 신호가 130°로 측정된 경우, 결함 평면은 리사주 화면에서 시계 방향으로 0°에서 130° 사이를 위상각 범위로 정의한다. 이 영역을 벗어나는 신호는 일반적으로 다른 검사 주파수로 확인하여야 한다.

- **고역 통과 필터(HPF, high-pass filter)**: 설정한 주파수 이상의 주파수 성분의 신호를 통과시키는 필터. 이 필터는 일반적으로 검사원이 설정한 주파수 이상의 고주파 아날로그 신호는 통과되고 표류하는 신호와 같이 저주파 신호는 차단되거나 최소화된다.

- **고조파 분석(harmonic analysis)**: 와전류 신호의 고조파 성분에 대한 진폭이나 위상 또는 진폭과 위상 모두에 대한 분석.

- **고조파 왜곡**(harmonic distortion): 일정한 입력 신호에 대하여 출력이 비선형적으로 왜곡되어는 입력 신호 주파수 성분의 고조파 성분이 포함되는 현상.

- **관막음 튜브**(plugged tube): 열교환기에서 사용되지 않도록 튜브의 양쪽 끝을 밀봉하거나 "관막음(plugging)"하여 운전에서 제거된 튜브. 관막음은 튜브 끝을 용접하거나 상용의 특수 탈착식 플러그(plug)를 사용한다. 일반적으로 플러그는 사용되는 적용 형태에 따라 그 유형이 결정된다.

- **관통 코일**(encircling-coil): 튜브, 환봉 또는 각재와 같이 길이가 긴 검사 대상체의 외부를 감싸고 검사 대상체의 축과 같은 축을 갖는 코일. 관통 코일에 의한 와전류검사는 검사 대상체를 코일 내부로 통과시켜 검사하며, 코일의 권선 방향은 보빈 코일과 동일하게 원주 방향이어서 와전류의 흐름 방향도 원주 방향이다. 따라서 축 방향 불연속 검출에 유용하다.

- **교류**(AC, alternating current): 한 방향으로만 흐르는 직류와 달리 시간에 따라 주기적으로 크기와 방향이 변하는 전류.

- **끝 부분 효과**(end effect): 보빈 또는 관통 코일을 사용할 때, 탐촉자가 튜브 또는 선재(환봉)와 같이 긴 형상의 검사 재료의 끝 부분의 기하학적 형상에 의해 자기장과 와전류의 분포가 왜곡되어 와전류 신호에 영향을 주는 현상. 이 효과는 검사 재료의 가장자리(끝단)에 위치한 불연속의 검출을 방해한다.

- **누설자속**(magnetic flux leakage): 강자성체인 검사 대상체의 표면으로부터 빠져나오는 자기력선.

- **다중 변수 분석**(multi-parameter analysis): 혼합 기능을 사용하여 튜브 지지판(TSP), 찌그러짐(dent), 방렬 핀(fin) 잡음 등과 같은 불필요한 외부 변수와 혼합되어 있는 와전류 신호로부터 결함 지시를 특성화하는 와전류 신호의 분석. 이 기법은 다중 주파수 분석법과 함께 사용된다.

- **다중 주파수 분석**(multi-frequency analysis): 여러 검사 주파수로 구동하여 수집된 신호를 상호 비교 분석하여 결함 진위 여부 및 결함의 크기를 추정하는 신호의 분석.

- **대비 표준시험편**(reference standard): 와전류검사 장비(또는 시스템)를 교정하거나 설정 상태를 비교하는 기준으로 사용되는 시험편. 검사 대상체인 튜브에서 발생할 수 있는 불연속 형태를 모사한 인공결함을 포함하고 있다. 열교환기 튜브 검사에서 장비(또는 시스템)의 초기 교정을 설정하고 검사 감도 설정을 주기적으로 점검하는 데 사용된다.

- **대역 통과 필터**(band-pass filter): 0보다 큰 낮은 쪽 차단 주파수와 높은 쪽 차단 주파수 사이의 주파수 성분의 신호만 통과시키는 필터. 대역 통과 필터의 주파수 범위는 회로에 의해 특정 주파수 범위로 설정되거나 또는 검사원이 수동으로 조정할 수 있다.

- **동일 위상**(in phase): 동일한 주파수를 갖는 두 개 이상의 파동이 시간에 따라 같은 상태로 변화하는 것. 이 경우 두 파동의 최댓값과 최솟값은 동일한 순간에 만들어진다.

- **동체 측**(shell side): 열교환기가 운전 중일 때, 튜브 다발 외면이 2차 매체에 노출되어 열교환이 이루어지는 영역. 이것을 열교환기의 2차 측이라고도 한다.

- **라디안**(radian): 원에서 반지름과 같은 크기의 원호에 의해 만들어지는 중심각을 1라디안(rad)으로 정의한 차원이 없는 평면각의 단위. SI 단위는 rad로 표시한다($1 \text{ rad} = 180°/\pi = 57.3°$, $1°=\pi/180°= 0.0175 \text{ rad}$).

- **렌츠의 법칙**: 패러데이 법칙에 따라 전기 회로에서 유도된 기전력의 극성을 정하는 법칙. 외부 자기장에 의해 유도된 전류의 기전력은 전기 회로(폐회로)를 통과하는 자기장의 변화를 방해하는 방향으로 자기장을 만드는 방향으로 발생한다. 즉, 폐회로에 유도되는 전류는 폐회로에 통과하는 외부 자기장이 감소하면 이를 증가시키는 유도 자기장을 만들고, 외부 자기장이 증가하면 이를 감소시키려는 유도 자기장을 만들도록 흐른다.

- **로커스**(Locus): X축에 순저항(실수) 성분, Y축에 리액턴스(허수) 성분을 표기하는 임피던스(복소수) 평면에서 코일이 공기 중에 있을 때 임피던스 표시 지점에서 시작하여 코일의 검사 주파수, 재료의 전기전도도 및 투자율 또는 재료 두께 변화에 따른 임피던스 표시 지점이 이동하는 경로 또는 곡선.

- **리사주 패턴**(Lissajous pattern): 와전류검사 결과 얻어지는 와전류 신호를 화면에 나타내는 신호 디스플레이 방식. 임피던스의 저항(실수) 성분을 X축, 리액턴스(허수) 성분을 Y축에 표시하여 와전류 신호 응답의 진폭(전압)과 위상각을 모두 측정할 수 있다.

- **리프트 오프**(lift-off): 탐촉자와 검사 재료 표면 사이의 거리 변화로 산출되는 기하학적 효과. 리프트 오프는 탐촉자 코일과 재료 사이의 전자기 결합도에 영향을 미치기 때문에 검사 감도에 영향을 미친다. 리프트 오프는 작은 변화일지라도 상대적으로 임피던스는 크게 변화되므로 와전류검사에서 중요한 변수로 작용한다.

- **리프트 오프 효과**(lift-off effect): 시험편과 탐촉자 사이의 거리(간격)가 변화할 때 자기결합(magnetic coupling)의 변화로 인한 검사장비의 출력이 변화되는 효과.

- **마이크로 헨리(microhenries)**: 작은 크기인 인덕턴스의 측정 단위. 마이크로는 $10^{-6}$의 크기를 나타내는 것으로 그리스 문자 $\mu$(뮤)로 표기한다. $1\ \mu\mathrm{H} = 0.000001\ \mathrm{H}$

- **모(Mho)**: 컨덕턴스(conductance)의 측정 단위. 지멘스(siemens)라고 하기도 하며, 기호는 S 또는 옴($\Omega$)의 기호를 거꾸로 뒤집은 모양인 ℧를 사용한다.

- **모서리 효과(edge effect)**: 와전류검사에서 검사 재료 형상의 급격한 변화로 인해 와전류나 자기장의 분포가 왜곡되는 현상. 이 효과는 끝 부분 효과(end effect)라고도 하며, 검사 재료의 가장자리(모서리) 근처에 위치한 불연속의 검출을 방해한다.

- **모터회전 팬케이크 코일(MRPC, motorized rotating pancake coil)**: 열교환기 튜브 내경(ID) 측에 발생할 수 있는 미세한 원주 방향 균열을 검출하는 데 주로 사용되는 팬케이크 형태의 표면 코일을 모터로 회전시키는 특수 와전류검사 탐촉자. 탐촉자 헤드가 헤드 후방에 장착된 모터에 의해 회전하면서 튜브 축 방향으로 이송하면, 코일은 튜브 내면을 나선형 스캔을 하게 된다. 탐촉자 헤드에 플러스(+) 포인트 코일 1개, 저주파수 팬케이크 코일 1개, 고주파수 팬케이크 코일 1개가 원주 방향 120° 간격으로 총 3개의 코일이 배치되어 있다. 코일 후방에 스프링을 장착하여 스캔 도중에 코일을 튜브 내면에 밀착시켜 리프트 오프를 최소화하였기 때문에 미세한 균열에 대한 감도는 우수하지만 헤드 마모가 비교적 많이 일어난다. 튜브 내면을 나선형 방식으로 스캔하여 검사 속도가 대략 3 mm/s~9 mm/s의 저속인 관계로 주로 검출된 결함의 추가 확인 검사와 결함 검출 부위의 기하학적 형상을 추정하기 위해 사용된다.

- **문턱값 설정(threshold setting)**: 규정된 크기보다 큰 와전류 신호 변화에 대한 반응을 나타내도록 한 계기 설정. 감도와 문턱값 설정은 보통 시험 계기(장비)의 제어 패널에 임의의 숫자로 나타난다. 이러한 숫자는 형태가 다른 계기(장비)마다 다르게 설정된다. 따라서, 한 형태의 계기(장비)에서 설정된 숫자를 다른 형태의 계기(장비)의 설정으로 변환하는 것은 적절하지 않으며, 동일한 제작자에 의한 같은 유형의 장비일지라도 동일한 불연속을 검출하기 위한 감도와 문턱값은 다를 수 있다. 따라서 감도와 문턱값 설정에서 숫자 설정값을 부적절하게 강조하지 않아야 한다.

- **반자성체(diamagnetic material)**: 외부 자기장에 대해 반대되는 자기장을 형성하는 재료. 반자성체의 상대 투자율은 1보다 작거나 같으며, 자화율을 음의 값을 갖는다. 비스무트, 구리, 금, 은과 같이 전기전도도가 큰 재료들이 반자성 특성을 지닌다.

- **발진기(oscillator)**: 특정 주파수의 교류를 생성하여 탐촉자 코일을 구동하는 전자 회로.

- **벡터(vector)**: 크기와 방향을 모두 갖는 물리량. 일반적으로 화살표로 표시하며, 화살표의 길이가 벡터의 크기이고, 화살표의 방향이 벡터의 방향이다.

- **보빈 코일(bobbin coil)**: 중공 형태의 튜브 또는 파이프 내부로 삽입하여 검사하는 코일 축이 튜브의 축과 일치하는 코일. 탐촉자 헤드와 코일 권선의 형상이 실패와 비슷한 모양이어서 보빈(bobbin) 코일이라고 하며, 내삽형 코일이라고도 한다. 주로 열교환기 튜브 검사에 많이 적용되고 검사 속도가 비교적 빠르다. 관통 코일과 같이 튜브 전체 원주를 한 번에 검사하여 원주 방향에 대한 평균 임피던스 변화를 얻기 때문에 불연속에 대한 원주 방향의 정확한 위치를 파악할 수 없고, 오직 튜브의 축 방향에 대한 위치만을 알 수 있다.

- **보우디 선도(Bode plot)**: 전기 공학과 제어 이론에서 활용되는 시스템의 주파수 응답 그래프. 이 선도는 비파괴검사를 포함한 여러 공학 분야에서 사용되며 최소 및 최대 주파수 범위에서 주파수 변화에 따른 위상과 진폭의 변화를 나타내는 두 개의 개별 그래프이다. 기본 보우디 선도는 가로축은 주파수의 Hz 단위를 로그 스케일로 표현하고, 응답의 크기에 대한 세로축은 dB 단위로 표현하며, 응답의 위상에 대한 세로축은 도(deg.) 단위로 표현하는 두 개의 그래프이다.

- **복소수 임피던스 평면(complex impedance plane)**: 와전류검사에 사용되는 2차원 X-Y 평면. 임피던스 변수를 나타내는 벡터와 복소수가 표시된다. 임피던스의 저항(실수)성분을 X축으로 R로 표시하고, 리액턴스(허수) 성분을 Y축으로 jXL로 표시한다. 여기에서 j는 복소수의 허수 성분을 나타내는 것이다.

- **복조(demodulation)**: 수신된 아날로그 와전류 신호로부터 반송파 또는 검사 주파수를 분리하여 원래의 정보를 지닌 신호를 복원하는 과정.

- **볼트(V, volt)**: 전위차를 측정하는 단위. 단위 기호는 V를 사용하며, 1 V는 저항이 1 Ω인 도체에 1 A의 전류를 흐르게 하는 도체의 양 끝단 사이의 전위차이다.

- **분해능(resolution)**: 서로 근접한 두 개의 지시를 분리하는 검사 장비(시스템)의 성능. 일반적으로 와전류 결함 평가를 할 때, 분해능과 감도를 함께 고려해야 한다. 탐촉자 설계, 검사 주파수 및 장비 설계는 모두 와전류검사 장비(시스템) 분해능에 영향을 미치는 인자이다.

- **불연속(discontinuity)**: 와전류의 흐름을 방해하거나 차단하는 재료의 불균일성.

- **불합격 수준**(rejection level): 검사 재료가 불합격되는 와전류 신호 범위 설정 값.

- **비자성체**(nonferromagnetic material): 철을 포함하지 않으며 외부 자기장의 영향으로 자화되지 않는 물질. 상자성 물질과 반자성 물질을 포함한다.

- **비철금속**(nonferrous metal): 철로 만들어지지 않거나 철을 함유하지 않은 재료. 비철금속은 강자성 특성을 나타내지 않다.

- **사이클**(cycle): 시간에 따라 변화하는 교류의 어떤 상태에서 다시 그 상태로 되돌아올 때까지의 일련의 과정. 일반적으로 사인함수로 표현되는 교류는 크기(진폭)가 영(0)에서 양(+)의 피크로 증가한 다음 음(-)의 피크로 감소하여 다시 영(0)에 도달한다. 이러한 하나의 순환 과정을 1사이클이라고 하며, 이때 위상은 보통 0°에서 360°의 범위에서 변화된다.

- **상관관계 곡선**(correlation curve): 와전류 신호 분석에서 결함의 깊이를 추정하기 위한 기준으로 사용되는 교정 곡선. 일반적으로 교정 표준시험편에 가공된 깊이를 알고 있는 인공결함 신호의 위상각 또는 진폭을 기준으로 설정한다.

- **상자성체**(paramagnetic material): 외부 자기장이 있을 때 자기적 성질을 가지나, 외부 자기장이 사라지면 자기적 성질을 잃는 물질. 이러한 재료의 상대 투자율은 1보다 약간 큰 값을 갖는다.

- **상호 유도/상호 인덕턴스**(mutual inductance): 하나의 폐회로 또는 코일에 유도된 기전력과 다른 폐회로 또는 코일의 전류 변화율 사이의 비율. 전류 변화율에 대한 유도 기전력능 발생시키는 두 코일 상호간의 특성이다.

- **소내 용수**(service water): 발전소 내 여러 열교환기 튜브 내부에 냉각수로 흐르는 물. 대부분의 경우 소내 용수는 강물이나 지하수를 여과하여 사용한다.

- **신호 대 잡음 비**(signal-to-noise ratio): 불필요한 정보를 포함한 신호와 결함 신호의 진폭 비.

- **신호(주파수) 혼합**(mixing): 최소 두 개의 서로 다른 검사 주파수 신호를 벡터적으로 합하여 원하지 않는 변수 신호를 소거하여 결함 신호만을 추출하기 위한 신호 처리 기법. 다른 주파수의 신호를 혼합하여 불필요한 신호에 포함되어 있는 결함 신호를 추출할 수 있다.

- **아날로그 신호**: 탐촉자 코일의 자기장과 검사 재료가 상호작용하여 복조되어 생성된 와전류 신호 응답

- **암페어**(A, Ampere): 전류를 측정하는 단위. 단위 기호는 A를 사용하며, 1 A는 초당 1 C의 전하량의 흐름이다.

- **옴의 법칙**(Ohm's Law): 전기회로에 흐르는 전류(I)는 그 회로에 가해지는 전압(V)에 정비례하고 회로를 구성하는 저항(R)에 반비례하는 법칙. 이 법칙은 I=V/R 또는 V=IR로 표시되고, 1826년에 독일의 물리학자 조지 옴(George Ohm)이 증명하였다.

- **와전류**(eddy current): 변화하는 자기장에 의해 전도성 재료에 유도된 전류. 교류가 흐르는 코일을 전도성 재료에 가까이 두면 전도성 재료에 유도 전류가 발생된다. 이 유도 전류는 소용돌이 모양인 와류와 유사한 형태로 폐회로를 형성하여 흐름으로써 와전류라고 부른다.

- **와전류검사**(eddy current testing): 전도성 재료의 전기전도도, 투자율, 기하학적 형상 등의 변화에 따른 전자기적 효과의 변화를 유도 전류인 와전류를 사용하는 비파괴검사 방법. 와전류 흐름의 변화는 코일 또는 홀 센서를 사용한 장치로 감지하며, 이 방법을 이용하여 재료 선별, 결함 검출, 열처리 평가, 부식 평가 등을 수행할 수 있다.

- **와전류 배열 탐촉자**(ECA, eddy current array): 다수의 와전류 표면 코일을 배열로 배치하고 이를 전자적으로 구동하여 한 번에 일정 면적을 스캔하는 와전류 탐촉자. 각 코일에서 수집된 신호를 처리하여 MRPC 탐촉자를 사용한 검사 결과와 비슷한 C-스캔 디스플레이를 제공한다.

- **와전류 코일**(eddy current coil): 검사 대상체 내에 변화하는 자기장을 형성시켜서 검사 대상체 내에 와전류를 유도하여 이에 의한 영향을 감지하기 위한 코일 또는 코일의 조합.

- **외부 참조 자체 비교 차동**(external reference self-comparison differential) **모드**: 서로 반대 방향으로 감긴 두 개의 코일로 구성된 탐촉자 하나는 검사 탐촉자로 사용하고 다른 하나는 외부 참조 재료에 배치하는 코일 배치 형태. 검사 탐촉자는 차동 모드로 하여 검사 재료의 서로 다른 두 부위를 비교함으로써 작은 결함에 민감하다. 참조 탐촉자는 두 개의 코일 중 하나를 검사 탐촉자의 한 코일과 비교하고 절대 모드로 작동하여 점진적인 긴 결함, 치수 변화 및 기타 체적 변화를 감지한다. 열교환기 튜브 제작 품질검사에 가장 일반적으로 사용되는 코일 배치 형태이다.

- **외부 참조 절대**(external reference absolute) **모드**: 브리지 평형회로에 연결된 두 개의 절대 탐촉자 출력을 비교하는 코일의 배치 형태. 한 코일은 결함이 없는 재료의 건전부에 위치하고, 다른 코일은 검사 재료를 검사하기 위해 사용한다. 점진적으로 변화하는 긴 결함

의 검출에 적합하지만 피트(pit)나 균열과 같은 작은 체적을 가진 결함을 검출하는 데는
권장되지 않는다.

- **용량성 리액턴스**(capacitive reactance): 교류 회로에서 전류에 영향을 주는 축전기의 전기
  적 특성. 교류 회로에서 용량성 리액턴스는 전류의 흐름을 빠르게 하여 전류와 전압의
  위상차를 발생시킨다. 보통 와전류 코일의 용량성 리액턴스는 상대적으로 작기 때문에
  무시할 수 있지만, 탐촉자 케이블의 임피던스를 고려할 경우 의미 있는 값을 가질 수 있다.

- **원주 방향 균열**(circumferential crack): 균열의 길이가 튜브 원주 방향과 평행하게 형성된
  균열. 이 균열은 튜브의 내경(ID) 측 또는 외경(OD) 측 표면에서 시작할 수 있으며, 튜브
  축 방향의 어느 위치라도 발생할 수 있으나, 주로 열교환기 튜브 관판(tubesheet)의 확관
  부위에 발생할 가능성이 높다.

- **위상**(phase): 주기적으로 변화하는 파형의 한 주기에서 특정한 순간을 각도로 표현되는
  위치.

- **위상 불일치**(out of phase): 동일한 주파수를 갖는 두 개 이상의 파동이 시간에 따라 다른
  상태로 변화하는 것.

- **위상 지연**(phase lag): 전도체에 유도된 와전류의 위상이 깊이가 증가함에 따라 깊이에
  비례하여 위상이 지연되는 현상. 위상 지연은 재료 내 결함 깊이에 대한 정보를 얻을 수
  있는 와전류 신호의 중요한 매개변수이다. 와전류의 발생은 전류의 확산 과정으로 간주할
  수 있으므로 와전류 형성 시간은 깊이가 증가함에 따라 더 많이 소요되는 것을 의미한다.
  따라서 표면직하 결함은 표면 결함보다 더 늦게 검출된다.

- **위상각**(phase angle): 교류 회로에서 전류의 위상과 전압의 위상의 차이 각.

- **위상각 분석**(phase angle analysis): 사전에 설정된 기준 교정곡선을 기반으로 와전류 신호
  의 위상각을 분석하여 결함 깊이를 추정하는 와전류 신호의 분석.

- **위상자**(phasor) **선도**: 전압(V)과 전류(i) 사이의 위상 관계를 나타내는 선도

- **유도**(induction): 도체 주변의 자기장의 변화에 의해 도체에 전류가 유도되는 현상. 주변의
  자기장은 전류가 흐르는 도선 또는 영구자석에 의해 만들 수 있다.

- **유도성 리액턴스(inductive reactance)**: 교류 회로에서 전류에 영향을 주는 코일(인덕터)의 전기적 특성. 유도성 리액턴스는 교류 회로에 흐르는 전류의 변화를 방해하는 방향으로 기전력을 유도하여 전류의 흐름을 늦추어 전압과 전류의 위상차를 발생시킨다.

- **유효 침투 깊이(effective depth of penetration)**: 주어진 와전류검사 시스템을 사용하여 검사에 사용할 수 있을 정도의 와전류의 전자기적 효과가 미치는 재료의 깊이. 일반적으로 자기장 세기 또는 와전류 세기가 표면 세기의 5 %로 감소되는 재료의 깊이이며, 표준 침투 깊이의 약 3배에 해당한다. 이 값을 일반적으로 와전류검사 가 가능한 최대 침투 깊이라고 한다.

- **인공 불연속(artificial discontinuity)**: 와전류 장비의 감도를 재현 가능한 수준으로 설정하기 위해 대비 표준시험편에 드릴 구멍, 홈, 노치 등과 같은 인공적으로 가공한 불연속.

- **인덕턴스(iductance)**: 폐회로(또는 코일)인 교류회로에서 변화하는 전류에 의해 해당 회로(자체) 또는 인접 회로(상호)에 기전력을 유도하는 특성. 폐회로(코일)에 흐르는 전류의 변화를 방해하는 폐회로(코일)의 특성이다. 인덕턴스는 코일의 권선수, 직경, 길이, 코어의 투자율 등에 영향을 받으며, 크기는 헨리(H) 단위로 표시한다.

- **임피던스(impedance)**: 교류 회로에서 전압과 전류의 비. 임피던스는 저항, 유도성 리액터스 및 용량성 리액턴스를 포함하고, 교류 회로에서 전류의 흐름을 방해하는 저항과 같은 역할을 한다. 크기는 옴($\Omega$) 단위로 표시한다.

- **임피던스 분석(impedance analysis)**: 와전류 신호를 검사 재료의 전자기적 조건과 관련하여 복소수 임피던스의 진폭, 위상 변화를 분석하는 방법

- **임피던스 선도(impedance plane diagram)**: 와전류검사 매개변수의 변화에 코일 임피던스의 변화를 나타낸 그래프.

- **자기포화(magnetic saturation)**: 강자성 재료에 외부 자기장을 증가시킬지라도 재료의 자속밀도가 더 이상 증가하지 않고 일정하게 유지되는 자화 현상.

- **자체 비교 차동(self-comparison differential) 모드**: 서로 반대 방향으로 감긴 두 개의 협소한 코일이 포함된 보빈(또는 관통형)탐촉자를 사용하는 코일의 배치 형태. 탐촉자는 차동 모드로 하여 검사 재료의 서로 다른 두 부위의 특성을 비교한다. 각 코일에 검출된 조건이 동일하면 출력이 나타나지 않는다. 하지만 두 코일에 검출된 특성이 각기 다르면 출력

신호가 생성된다. 국소적인 작은 결함에 대한 검출 감도는 우수하지만 점진적인 긴 결함의 검출은 권장되지 않다.

- **자체 유도**(self-inductance): 코일에 시간에 따라 크기가 변하는 전류를 인가할 때 자체 코일에 역기전력(emf)이 생성되는 현상.

- **잡음**(noise): 측정에 오류를 일으킬 수 있는 신호. 결함 신호의 정상적인 처리 과정 또는 결함 신호의 수신을 간섭하는 비관련 신호를 형성하여 신호 분석을 방해한다.

- **저역 통과 필터**(LPF, low-pass filter): 설정한 주파수 이하의 주파수 성분의 신호를 통과시키는 필터. 이 필터는 검사원이 설정한 주파수 이하의 저주파수 아날로그 신호는 통과되고, 전기 잡음과 같은 불필요한 고주파 신호는 억제되거나 최소화된다.

- **저항**(resistance): 전기 회로에서 전류 흐름에 방해하여 열의 형태로 전력이 소실되는 재료의 성질.

- **전기적 중심**(electrical center): 보빈(또는 관통) 코일 내부의 전자기장 분포를 기준으로 설정된 중심. 전기적 중심은 검사 코일의 물리적 중심과 다를 수 있다.

- **전류**(current): 전하가 연속적으로 이동하는 현상. 전류의 방향은 전위가 높은 곳에서 낮은 곳으로 향하며 양전하의 흐름 방향이다. 전자는 양전하의 흐름 방향과 반대로 이동한다. 전류의 크기는 암페어(A) 단위로 표시하며 기호는 "I"로 표시한다.

- **전자기**(electromagnetism): 전기와 자기를 통틀어 일컫는 용어. 전기와 자기는 각각이 독립된 것이 아니라 서로 결합될 수 있어 두 물리적인 현상이 함께 결합되는 경우 "전자기"라고 한다. 즉, 전류가 흐르는 도체 주변에 자기장이 형성되고, 변화하는 자기장 근처의 도체에 전류가 유도되는 현상과 같이 전기와 자기는 상호 결합될 수 있다.

- **전자기 결합**(electromagnetic coupling): 와전류 코일에 의해 생성된 자기장과 재료 사이의 상호 작용으로 "유도결합"이라고도 함. 와전류 코일의 전자기 결합은 코일의 총 자속이 다른 코일 또는 재료와 결합되는 분률로 정의한다. 코일로부터 거리가 증가할수록 자기장의 세기가 감소하기 때문에 재료 표면에서 발생하는 와전류 세기도 감소한다. 즉 탐촉자 코일과 재료 사이의 전자기적 결합은 코일과 재료 사이의 거리에 따라 좌우된다.

- **전자기 유도 법칙**: 도체 주변에 형성된 자기장의 자속의 변화에 의해 도체에 기전력을 생성시켜 전류를 유도하는 현상을 설명하는 법칙. 유도 기전력의 크기는 코일(폐회로) 내를

통과하는 자속의 변화율에 비례한다는 관계를 1823년 영국의 패러데이(Michael Faraday)가 발견하였으며, 이것이 와전류검사의 기본 원리이다.

- **절대 모드**(absolute mode): 두 개의 코일로 구성된 탐촉자의 코일 중에서 오직 첫 번째 코일의 자기장 내에 위치한 검사 재료의 전자기 특성을 측정하는 운전 모드.

- **절대시스템**(absolute system): 다른 재료(기준 재료)의 와전류 신호와 비교하지 않고 직접적으로 검사 대상 재료의 전체 전자기적 성질을 측정하기 위한 와전류검사 장치

- **정규화**(normalization): 와전류검사 응답 신호를 공통 기준 또는 참조(대비) 값으로 변환하는 과정

- **주기**(period): 사인파의 한 번의 사이클을 순환하는 데 필요한 시간. 기호는 시간을 나타내는 "T"로 표기하고, 크기는 SI 단위로 s(초)를 사용한다.

- **주파수**(frequency): 사인파의 초당 사이클 횟수. 기호는 "f" 로 표기하고, 크기는 SI 단위로 Hz를 사용한다.

- **중간 스팬**(mid-span): 열교환기 튜브 지지판(TSP) 사이 중앙에 위치한 튜브 부분.

- **진폭**(amplitude): 와전류 신호의 크기를 나타내는 매개변수. 사인함수로 표현되는 와전류 신호의 진폭은 영(0)부터 변하는 크기로서 볼트(volts)로 표시한다.

- **진폭 신호 분석**(amplitude analysis): 와전류 리사주 신호를 구성하는 진폭(전압)과 위상각 중에서 진폭을 사용하여 사전 설정된 상관관계 교정 곡선을 기반으로 결함의 깊이를 추정하는 와전류 신호의 분석

- **찌그러짐/덴트**(dent): 튜브 외경(OD) 측으로부터 안쪽으로 국부적으로 변형된 부분. 일반적으로 열교환기 튜브의 부주의한 취급으로 인해 제조와 운반 중에 주로 발생한다. 찌그러짐에 대한 와전류 신호 응답은 보통 리프트 오프 신호 변화 궤적과 일치한다.

- **차동 보빈 탐촉자**(differential bobbin probe): 서로 반대 방향으로 권선된 두 개의 코일이 포함된 내삽형 탐촉자. 튜브 내부로 탐촉자를 통과시켜 검사를 수행한다. 코일의 권선 방향이 튜브의 원주 방향이며 튜브 축 방향의 두 부위의 와전류 반응을 비교한다. 두 코일에 대한 주변 조건이 동일하면 출력 신호는 영(0)이 되지만, 두 코일에 대한 주변 조건이 다르면 평형이 깨져 크기를 갖는 출력 신호를 표시한다. 국소적인 작은 결함의 검출은 효과적이나, 점진적인 긴 결함은 결함의 양 끝단만 검출된다.

- **차동 송수신 관통형 탐촉자**(differential encircling driver-pickup probe): 송신(구동) 코일과 전기적으로 절연된 차동 수신 코일 쌍을 포함하는 탐촉자. 탐촉자는 검사 재료의 서로 다른 두 부위를 비교한다. 각 수신 코일에 대한 주변 조건이 동일하면 출력 신호는 영(0)이 되나, 두 코일 사이에 대한 주변 조건이 다르면 크기를 갖는 출력 신호를 표시한다. 국소적인 작은 결함의 검출은 효과적이나, 점진적인 긴 결함의 검출은 권장되지 않다.

- **채널 표준화**(channel standardization): 와전류 배열 탐촉자 내의 모든 채널에 균일한 코일 감도를 제공하기 위해 사용하는 데이터 처리 과정

- **최대 위상 변화율**: 결함 신호의 최대 기울기. 즉 최대 변화율이 발생한 점의 위상각을 측정하여 평가하는 방법으로 차동 모드에서 자주 사용된다. 일반적으로 위상각 측정에만 적용되고 진폭 측정은 적용되지 않는다.

- **최적 주파수**(optimum frequency): 다중 주파수 검사에서 사용되는 4개 주파수 중 가장 높은 주파수. 최적 주파수는 주로 위상각 기반의 신호 분석에 사용된다. 이 주파수는 KEPIC (또는 ASME) 교정시험편의 튜브 벽두께 100 % 관통공 신호와 외면 20 % 깊이 4개 평저공 신호 사이의 위상각 차이를 $50° \sim 120°$ 발생시킨다.

- **축 방향 균열**(axial crack): 균열의 길이가 튜브 축 방향과 평행하게 형성된 균열. 이 균열은 발전소 열교환기 튜브에서 흔히 발견되는 손상 형태로서 일반적으로 튜브의 외경(OD) 측에서 시작하며, 튜브의 어느 위치에서나 발생된다.

- **충전율**(FF, fill factor): 보빈 탐촉자와 관통형 탐촉자를 사용할 때, 코일의 단면적과 코일과 근접된 검사 대상체 표면에 해당하는 원형의 단면적 비. 충전율은 표면 코일의 리프트 오프와 유사하며 와전류검사 감도에 영향을 미친다. 보빈 코일과 관통 코일의 충전율은 다음과 같이 정의한다.
  - **보빈 탐촉자**: 튜브 내경 유효 단면적에 대한 탐촉자의 코일 외경에 의한 단면적의 비.
  - **관통형 탐촉자**: 관통 코일 내경에 의한 유효 단면적에 대한 검사 대상체 외경에 의한 단면적의 비.

- **침투 깊이**(depth of penetration): 와전류가 주어진 특정 주파수에서 재료 내부로 침투할 수 있는 깊이.

- **코일 간격**(coil spacing): 두 코일 사이의 평균 거리. 차동 와전류 탐촉자의 두 개 원형 코일 사이의 중심 축 간 거리

- **탐촉자 떨림(wobble)**: 탐촉자를 스캔할 때, 탐촉자의 떨림에 의해 코일과 검사 재료 사이의 간격(리프트 오프) 변화로부터 나타나는 신호. 잡음에 해당하기 때문에 가급적 최소화되도록 해야 한다.

- **탐촉자 삽입/인출 장치(probe pusher/puller)**: 열교환기 튜브 내부로 와전류 보빈 탐촉자를 삽입하고 인출하기 위해 사용되는 장치. 보통 컴퓨터로 제어하거나 수동으로 제어할 수 있다.

- **텍스트 정보(text information)**: 수집된 와전류 데이터를 뒷받침하는 기록매체에 저장된 정보. 예를 들어 검사 튜브 및 증기발생기의 식별, 검사원 성명, 검사일 및 결과 요약 등을 포함할 수 있다.

- **투자율(permeability)**: 자성체가 외부 자기장에 대해 자화되는 정도, 즉 재료가 자속을 집속할 수 있는 능력을 나타내며 $\mu$(mu)로 표기한다. 투자율은 재료에 가해진 외부 자기장(H)과 이로 인해 유도되는 재료 내의 자속밀도(B)의 비율이며 아래 식으로 주어진다.

$$\mu=B/H$$

- **튜브 관막음 기준(plugging criteria)**: 열교환기 튜브를 운전에서 제외하거나 "관막음(plugging)"해야 하는 기준으로 설정된 관통 벽 깊이. 관막음 대상 튜브는 검사 중 와전류 결과를 기반으로 식별된다.

- **튜브 관판(tubesheet)**: 열교환기 수실 내에서 모든 튜브의 끝단을 지지하는 두꺼운 금속판

- **튜브 관판 맵(tubesheet map)**: 튜브 다발 내 모든 튜브의 위치와 번호 체계를 보여주는 튜브 배치도

- **튜브 내경(ID) 측 결함 평면**: 열교환기 튜브의 내경(ID) 측 표면에서 발생할 수 있는 결함 신호가 위치하는 위상각 범위. 벽두께 100 % 관통공구멍 신호를 기준으로 시계 반대 방향으로 대략 0° ~ 35° 위상각 범위에 해당한다.

- **튜브 내경(ID) 측 침식**: 터빈 계통 열교환기에 설치된 튜브의 내부 표면에서 주로 발견되는 일반적인 손상 형태. 높은 유속이 튜브 내면을 침식할 때 발생하므로 주로 튜브 끝단 바로 안쪽에서 발생하지만, 튜브의 직경에 따라 내부 쪽으로 더 확장될 수 있다. 튜브의 입구 또는 출구 끝에서 발생할 수 있으며 구리 기반 튜브에서 가장 흔하게 발생한다.

- **튜브 내경(ID) 측 피팅**: 열교환기 튜브의 내면에서 발견되는 손상 형태. 튜브 내부의 냉각 유체에 포함된 모래, 슬럿, 미생물 및 기타 이물질과 같은 오염 물질로 인해 발생한다. 일반적으로 구리 기반 재료에서 주로 발생하지만, 스테인리스강 304와 같은 일부 합금강 재료에서도 발견된다. 주기적으로 튜브를 청소하고 용수의 화학성분을 적절하게 관리하여 이 같은 손상 발생을 최소화할 수 있다.

- **튜브 대 튜브 마모(tube to tube wear)**: 튜브 지지판 사이의 중간 스팬 영역에서 튜브 진동으로 인해 서로 접촉하여 마모가 발생하는 손상 형태. 접촉으로 인해 발생하므로 주로 튜브 외면에서 발견된다.

- **튜브 배플(baffles)**: 튜브를 안정하게 지지하고 튜브 다발의 상하 및 주변으로 동체 측 매체의 흐름을 유도하여 열전달을 극대화하는 열교환기 내부 구조물.

- **튜브 외경(OD) 측 침식**: 터빈 계통 열교환기에 설치된 튜브에서 발견되는 손상 형태. 침식 발생의 주된 원인은 증기에 의한 침식으로서 동체 측에 증기를 사용하는 열교환기에서 발생한다. 빠른 속도로 유동하는 습증기가 튜브 외면에 충돌하여 튜브 벽 손실을 유발하므로, 주로 튜브의 외경(OD) 측 표면에서 발생한다.

- **튜브 지지판(TSP, tube support plate)**: 튜브를 제자리에 안정적으로 고정하기 위한 열교환기 내부 구조물.

- **튜브 지지판(TSP) 마모**: 발전소 터빈 계통 열교환기에 설치된 튜브의 외부 표면에서 흔히 발견되는 손상 형태. 튜브가 진동하여 TSP 또는 반진동봉(AVB)과 간섭되어 일어나는 마모이다. 튜브 둘레에 부분적으로만 형성되는 경향이 있기 때문에 "말안장 마모"라고도 한다.

- **튜브 확관(tube expansion rolling)**: 열교환기 튜브 끝단을 관판에 고정 또는 접착하기 위한 방법. 각 튜브 끝단은 내경(ID) 측에서 특수 공구 또는 폭발 장치를 사용하여 확관된다. 확관부는 관판의 전체 또는 일부 두께가 포함될 수 있다. 확관부 끝단은 때때로 밀봉 용접으로 보완하여 압력경계를 형성한다.

- **평형점(balance or null point)**: 와전류 신호의 기준점으로 영(0)점이라고도 함. 검사 재료의 결함이 없는 건전부에 탐촉자를 놓고 장비(시스템)의 영(0)점을 전자적으로 설정한다. 장비의 임피던스 평면에 탐촉자의 평형상태에 대한 운전점을 결정하여 리사주 신호 디스플레이의 영점을 설정함으로써 다른 와전류 신호의 관찰과 분석을 용이하게 한다.

- **표준(대비)시험편**: 검사 대상체에서 예상되는 손상 형태를 모사한 인공 결함을 포함하는 시험편. 인공 결함은 기계 가공된 노치(notch), 드릴 구멍(drilled hole), 평저공(flat bottomed hole), 그루브(홈), 마모 등이 포함된다.

- **표준 침투 깊이(standard depth of penetration)**: 코일에 의해 유도된 자기장의 세기와 와전류의 세기가 재료 표면 값의 37 %로 감소되는 깊이. 표준 침투 깊이는 검사 재료의 투자율과 전기전도도, 검사 주파수의 지수함수이다.

- **표피 효과(skin effect)**: 주파수와 전기전도도 및 투자율에 의존한 자기 유도의 결과로 여기 코일에 인접한 검사할 제품의 표면 근처로 전자기장과 와전류 밀도가 집중되는 현상. 주파수가 높아질수록 와전류의 분포는 재료 표면 근처로 더 얇아진다.

- **품질계수(Q, quality factor)**: 공진회로에서 공진의 정도를 나타내는 무차원의 척도. 인덕터의 품질계수(Q) 값은 인덕터의 전체적인 성능을 나타내며 유도회로 설계에서 많이 사용되는 인자이다. Q값이 클수록 큰 진폭의 와전류 신호를 얻지만 Q값이 너무 크면 결함에 대한 반응 변화가 거의 나타나지 않을 수 있다.

- **피크 대 피크 전압(peak-to-peak voltage)**: 진동하는 와전류 신호 진폭의 양의 피크 값으로부터 음의 피크 값까지 측정한 최대 전압.

- **필터(filter)**: 특정 주파수 범위의 신호를 통과시키고 다른 주파수 영역 신호를 차단하거나 감쇠시키는 회로

- **헤르츠(Herz)**: 초당 사이클 횟수를 나타내는 주파수의 단위. 단위는 Hz로 표기한다.

| **옴(Ohm)의 법칙** | $$I = \dfrac{V}{Z}$$ | $I$ = 전류[A] <br> $V$ = 전압[V] <br> $Z$ = 임피던스[$\Omega$] |
|---|---|---|
| **임피던스(impedance)** | $$Z = \sqrt{R^2 + X_L^2}$$ | $Z$ = 임피던스[$\Omega$] <br> $R$ = 저항[$\Omega$] <br> $X_L$ = 리액턴스[$\Omega$] |
| **위상각(phase angle)** | $$\tan\Theta = \dfrac{X_L}{R}$$ | $\Theta$ = 위상각[deg] <br> $X_L$ = 유도 리액턴스[$\Omega$] <br> $R$ = 저항[$\Omega$] |
| **투자율** <br> (magnetic permeability) | $$\mu = \dfrac{B}{H}$$ | $\mu$ = 투자율[H/m] <br> $B$ = 자속 밀도[T] <br> $H$ = 외부 자기장 세기[A/m] |
| **상대 투자율** <br> (relative permeability) | $$\mu_r = \dfrac{\mu}{\mu_0}$$ | $\mu_r$ = 상대 투자율(무차원) <br> $\mu$ = 재료의 투자율[H/m] <br> $\mu_0$ = 공기 또는 진공 투자율[H/m] ($4\pi \times 10^{-7}$ [H/m]) |
| **전기전도도** <br> (electrical conductivity) | $$\sigma = \dfrac{1}{\rho}$$ | $\sigma$ = 전기전도도[S/m] <br> $\rho$ = 비저항[$\Omega \cdot$ m] |
| **전기전도도(%IACS)** <br> (electrical conductivity) | $$\sigma_{\%IACS} = \dfrac{172.41}{\rho}$$ | $\sigma_{\%IACS}$ = 전기전도도[%IACS] <br> $\rho$ = 비저항[$\mu\Omega \cdot$ cm] |

| | | |
|---|---|---|
| **표준 침투 깊이(m)**<br>(standard depth of penetration)<br>- 전기전도도를 S/m(℧/m) 값으로 적용할 때] | $$\delta = \dfrac{1}{\sqrt{\pi f \mu_0 \mu_r \sigma}}$$ | $\delta$ = 표준 침투 깊이[m]<br>$\pi$ = 3.14159<br>$f$ = 검사 주파수[Hz]<br>$\mu_0$ = $4\pi \times 10^{-7}$[H/m]<br>$\mu_r$ = 상대 투자율(무차원)<br>$\sigma$ = 전기전도도[S/m] 또는 [℧/m] |
| **표준 침투 깊이(mm)**<br>(standard depth of penetration)<br>- 전기전도도를 %IACS 값으로 적용할 때 | $$\delta = \dfrac{660}{\sqrt{f \mu_r \sigma}}$$ | $\delta$ = 표준 침투 깊이[mm]<br>$f$ = 검사 주파수[Hz]<br>$\mu_r$ = 상대 투자율(무차원)<br>$\sigma$ = 전기전도도[% IACS] |
| **표준 침투 깊이(inch)**<br>(standard depth of penetration)<br>- 전기전도도를 %IACS 값으로 적용할 때 | $$\delta = \dfrac{26}{\sqrt{f \mu_r \sigma}}$$ | $\delta$ = 표준 침투 깊이[in.]<br>$f$ = 검사 주파수[Hz]<br>$\mu_r$ = 상대 투자율(무차원)<br>$\sigma$ = 전기전도도[% IACS] |
| **표준 침투 깊이(mm)**<br>(standard depth of penetration)<br>- 비저항을 $\mu\Omega\cdot\text{cm}$ 값으로 적용할 때 | $$\delta = 50 \sqrt{\dfrac{\rho}{f \mu_r}}$$ | $\delta$ = 표준 침투 깊이[mm]<br>$\rho$ = 비저항[$\mu\Omega \cdot$ cm]<br>$f$ = 검사 주파수[Hz]<br>$\mu_r$ = 상대 투자율(무차원) |
| **표준 침투 깊이(inch)**<br>(standard depth of penetration)<br>- 비저항을 $\mu\Omega\cdot\text{cm}$ 값으로 적용할 때 | $$\delta = 1.98 \sqrt{\dfrac{\rho}{f \mu_r}}$$ | $\delta$ = 표준 침투 깊이[in.]<br>$\rho$ = 비저항[$\mu\Omega \cdot$ cm]<br>$f$ = 검사 주파수[Hz]<br>$\mu_r$ = 상대 투자율(무차원) |
| **와전류 밀도**<br>(eddy current density) | $$J_x = J_0 e^{\frac{-x}{\delta}}$$ | $J_x$ = 깊이 $x$에서 와전류 밀도[A/㎡]<br>$J_0$ = 표면의 와전류 밀도[A/㎡]<br>$e$ = 자연 로그(=2.71828)<br>$x$ = 표면 아래 깊이[m]<br>$\delta$ = 표준 침투 깊이[m] |

| | | |
|---|---|---|
| **와전류의 위상 지연**(radians)<br>(phase lag) | $\theta = x\sqrt{\pi f \mu_0 \mu_r \sigma}$ | $\theta$ = 위상 지연<br>$x$ = 표면 아래 깊이[m]<br>$\pi$ = 3.14159<br>$f$ = 검사 주파수[Hz]<br>$\mu_0$ = $4\pi \times 10^{-7}$[H/m]<br>$\mu_r$ = 상대 투자율(무차원)<br>$\sigma$ = 전기전도도[S/m] 또는 [℧/m] |
| **와전류의 위상 지연**(radians)<br>(phase lag) | $\theta = \dfrac{x}{\delta}$ | $\theta$ = 위상 지연[rad]<br>$x$ = 표면 아래 거리<br>$\delta$ = 표준 침투 깊이 |
| **와전류의 위상 지연**(degrees)<br>(phase lag) | $\theta \approx 57 \times \dfrac{x}{\delta}$ | $\theta$ = 위상 지연[rad]<br>$x$ = 표면 아래 거리<br>$\delta$ = 표준 침투 깊이 |
| **코일 품질계수**<br>(quality factor) | $Q = \dfrac{X_L}{R}$ | $Q$ = 코일의 품질계수<br>$X_L$ = 코일 리액턴스[Ω]<br>$R$ = 코일 저항[Ω] |
| **충전율(보빈 코일)**<br>(fill factor for bobbin coil) | $\eta = \dfrac{d^2}{D^2}$ | $\eta$ = 보빈 코일의 충전율<br>$d$ = 보빈 코일의 바깥지름[mm]<br>$D$ = 튜브 안지름[mm] |
| **충전율(관통 코일)**<br>(fill factor for encircling coil) | $\eta = \dfrac{d^2}{D^2}$ | $\eta$ = 관통 코일의 충전율<br>$d$ = 튜브 또는 봉의 바깥지름[mm]<br>$D$ = 관통 코일의 안지름[mm] |
| **코일 특성인자** | $P_c = 7.9 \times 10^{-4} \bar{r}^2 \dfrac{f}{\rho}$ | $P_c$ = 코일 특성인자<br>$\bar{r}$ = 코일 평균반지름[mm]<br>$\rho$ = 비저항[$\mu\Omega \cdot$cm] |
| **표준 주파수**<br>**(상자성체에만 적용함)** | $f_s = K\dfrac{\rho}{t^2}$ | $f_s$ = 표준 주파수[kHz]<br>$K$ = 2.5[mm 단위를 사용할 때]<br>0.0039[in. 단위를 사용할 때]<br>$\rho$ = 비저항[$\mu\Omega \cdot$cm])<br>$t$ = 튜브 벽두께[mm] 또는 [inch] |

| **크기 측정 최적 주파수** | $$f_o = K\dfrac{\rho}{t^2}$$ | $f_o$ = | 크기 측정 최적 주파수[kHz] |

**크기 측정 최적 주파수**

$$f_o = K\frac{\rho}{t^2}$$

$f_o$ = 크기 측정 최적 주파수[kHz]

$K$ = 6.45[mm 단위를 사용할 때]
0.01[in. 단위를 사용할 때]

$\rho$ = 비저항[$\mu\Omega\cdot$cm])

$t$ = 튜브 벽두께[mm] 또는 [inch]

**검출 주파수**

$$f_{90} = K\frac{\rho}{t^2}$$

$f_{90}$ = 검출 주파수[kHz]

$K$ = 3[mm 단위를 사용할 때]
0.0047[in. 단위를 사용할 때]

$\rho$ = 비저항[$\mu\Omega\cdot$cm])

$t$ = 튜브 벽두께[mm] 또는 [inch]

**중간 주파수**

$$f_M = f_o/4$$

$f_M$ = 중간 주파수[kHz]

$f_o$ = 크기 측정 최적 주파수[kHz]

**저주파수**

$$f_L = f_o/8$$

$f_L$ = 저주파수[kHz]

$f_o$ = 크기 측정 최적 주파수[kHz]

**공진 주파수**
(resonance frequency)

$$f_r = \frac{1}{2\pi\sqrt{LC}}$$

$f_r$ = 공진 주파수[Hz]

$L$ = 코일 인덕턴스[H]

$C$ = 케이블 캐퍼시턴스[F]

**탐촉자 최대 스캔 속도**
(inch/sec)

$$ss_{\max} = \frac{sr}{dr_{\min}}$$

$ss_m$ = 탐촉자 최대 스캔 속도[in./s]

$sr$ = 초당 신호 수집률[samples/s]

$dr_m$ = 최소 데이터 취득률
[samples/in.]

# 참고문헌


[1] AECL, "Eddy Current Testing" Volume 1, V.S. Cecco, G. Van Drunen and F.L. Sharp, Chalk River Nuclear Laboratories Chalk River, Ontario KOJ IJO, 1981 November.

[2] KEPRI, "원자로 제어봉집합체 와전류검사 기술개발" 이희종, 남민우, 한전전력연구원, 2003년

[3] KEPIC, KEPIC-MEN, A8 의무부록 II "비강자성 열교환기 튜브의 와전류검사" 2022년

[4] H.L. Libby, "Introduction to Electromagnetic Nondestructive Test Methods", Wiley-Interscience, New York (1971).

[5] ASNT, "Electromagnetic Testing" Handbook, Satish S. Udpa, Patrick O. Moore, 7th Edition

[6] ASM, "Nondestructive Inspection and Quality Control", Metals Handbook, Vol. 11, 8th edition, American Society for Metals, Metals Park, Ohio, p. 75-92 (1976).

[7] EPRI, "Nondestructive Evaluation: Electromagnetic NDE Guide for Balance of Plant Heat Exchangers, Revision 3, 2009

[8] "Eddy Current Testing, Classroom Training Handbook", General Dynamics/Convair Division, San Diego, California (1979). CT-6-5 Second Edition.

## 저자 소개

### 이 희 종

- 국립충남대학교 기계공학 공학박사
- 비파괴검사 기술사, ASNT NDT Level III
- 전 한전 전력연구원 NDE 센터장
    EPRI Steam Generator Qualified data Analyst(QDA)
    KEPIC 원전가동중검사 분과위원회 위원장

### 이 정 기

- 한국과학기술원 물리학과 이학박사
- 현 나우㈜ 첨단NDT 교육센터장
    (사)한국비파괴검사학회 편집위원 및 부회장
    (사)법안전융합연구소 연구위원
- 전 대한검사기술(주) 부설연구소장
    전남대학교 중화학설비안전진단센터 학술연구교수

### 정 구 범

- 비파괴검사 기술사, ASNT NDT Level III
- 현 ㈜아거스 연구소장
    (사)한국비파괴검사학회 부회장 및 인력양성센터장
    (사)한국비파괴검사협회 기술위원장
    국가기술표준원 기술심의위원

### 이 진 이

- 일본 토후쿠대학 항공우주공학 박사
- 현 조선대학교 전자공학과 교수
    일본 토후쿠대학 특임교수
- 전 ㈜레이콤 기술연구소 수석연구원
    조선대학교 실시간 IT-NDT 연구센터장

와전류검사 입문 및 현상 실무를 위한

# 와전류검사 기초 및 응용

발 행 일 | 2025년 5월 26일

글 쓴 이 | 이희종, 이정기, 정구범, 이진이
발 행 인 | 박승합
발 행 처 | 노드미디어

주    소 | 서울특별시 용산구 한강대로 341 대한빌딩 206호
전    화 | 02-754-1867
팩    스 | 02-753-1867
이 메 일 | enodemedia@daum.net
홈페이지 | http://www.enodemedia.co.kr

등록번호 | 제302-2008-000043호

I S B N | 978-89-8458-356-6 93550

정가 33,000원